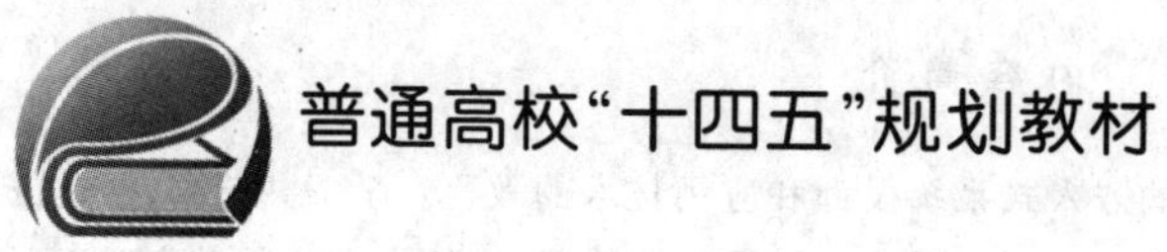

Linux/Android 嵌入式系统实践设计

徐　伟　郭占龙　耿生玲　编著

北京航空航天大学出版社

内 容 简 介

本书是基于 MPTS－A9 教学平台的嵌入式系统设计和应用技术的教程。全书共 7 章，概述嵌入式系统的基本原理、基于 Linux 系统和 Android 系统的开发环境构建，介绍了多个基础实验以及驱动程序实验的开发、编译和执行，系统移植和 Qt 的安装和应用。书中重点介绍在 Linux 系统下的系统安装、软件配置，驱动开发、程序编译运行以及系统移植，并针对每一个实验有详细的过程介绍和截图。全书每个程序都经过逐一调试。

本书可作为高等学校电子信息类、自动化类、计算机类、电气类、机电类等专业的本科生、研究生的教材。

图书在版编目(CIP)数据

Linux/Android 嵌入式系统实践设计 / 徐伟，郭占龙，耿生玲编著. -- 北京：北京航空航天大学出版社，2022.2

ISBN 978－7－5124－3732－6

Ⅰ. ①L… Ⅱ. ①徐… ②郭… ③耿… Ⅲ. ①微处理器—程序设计②Linux 操作系统—程序设计③移动终端—应用程序—程序设计 Ⅳ. ①TP332②TP316.89③TN929.53

中国版本图书馆 CIP 数据核字(2022)第 008406 号

Linux/Android 嵌入式系统实践设计

徐　伟　郭占龙　耿生玲　编著

策划编辑　胡晓柏　　责任编辑　胡晓柏　张　楠

*

北京航空航天大学出版社出版发行

北京市海淀区学院路 37 号(邮编 100191)　http://www.buaapress.com.cn

发行部电话：(010)82317024　传真：(010)82328026

读者信箱：emsbook@buaacm.com.cn　邮购电话：(010)82316936

三河市华骏印务包装有限公司印装　各地书店经销

*

开本：710×1 000　1/16　印张：15.5　字数：330 千字

2022 年 2 月第 1 版　2022 年 2 月第 1 次印刷　印数：3 000 册

ISBN 978－7－5124－3732－6　定价：49.00 元

若本书有倒页、脱页、缺页等印装质量问题，请与本社发行部联系调换。联系电话：010－82317024

前 言

随着嵌入式技术的发展和应用领域的不断拓展，社会对嵌入式技术人才的需求越来越大。为了适应市场需求，许多高校先后都开设了嵌入式系统相关课程，一些院校甚至开设嵌入式技术与应用专业。但由于嵌入式软硬件平台和开发工具的多样性，以及各个学校不同的学科背景，开设的嵌入式系统相关课程的教学内容存在较大差异。为此，本书根据当前市场的需求和学习者的实际情况，偏重于实践动手能力，旨在帮助读者能够全面地学习嵌入式系统的开发过程。

本书概念清晰、图文并茂，具有实践性强、知识面广、浅显易懂的特点。按照由浅入深的原则，既注重基础理论知识的介绍，又侧重于实践动手能力，采用典型案例教学和实验相结合的模式，详细介绍了嵌入式系统基础、开发环境的建立、系统移植、多种实验程序设计以及 Qt 界面配置等知识。因此，本书也作为高等学校电子信息类、自动化类、计算机类、机电类等专业的本科生教材。

本书共分为 7 章。

第 1 章主要介绍嵌入式系统技术的基础方面；第 2 章详细介绍嵌入式 Linux 系统开发环境的建立；第 3 章简要介绍嵌入式系统 make 工程管理器和 3 个基础实验；第 4 章介绍嵌入式 Linux 系统驱动模块实验；第 5 章介绍嵌入式 Linux 系统移植；第 6 章和第 7 章介绍嵌入式 Qt 和嵌入式 Android 系统应用。

本书的第 1、2、3、5 章由徐伟编写，第 4、6 章由郭占龙编写，第 7 章由耿生玲编写。全是由徐伟统稿。

本书的编写得到了天津乐而学教育科技有限公司的大力支持。他们为本书的实验提供了硬件设备和程序源码。在此，我们表示由衷的感谢！同时，也感谢李明原、樊静妍等同学提供的帮助。此外，在本书的编写过程中，参考了众多的书籍和网络资料，在此对书籍和资料的作者一并表示感谢！

由于作者水平有限，书中难免有疏漏之处，敬请广大读者批评指正。

作 者

2021 年 10 月

目　录

第1章

嵌入式系统概述

1.1 嵌入式系统定义及特点

自20世纪90年代以来，嵌入式系统广泛应用在消费电子、智能家电、医疗仪器、环境工程、网络设备、工业控制、航天设备、交通管理等行业中。随着信息技术的发展，嵌入式产品无处不在。那么什么是嵌入式系统？又如何定义呢？通常的定义是以应用为中心，以计算机技术为基础，软硬件可裁减，对应用系统的功能、可靠性、成本、体积、功耗有严格要求的专用计算机系统。

嵌入式系统自身具有以下特点：

(1) 嵌入式系统主要是面向用户和产品应用，满足应用系统的功能、可靠性、成本、体积等要求。因此嵌入式系统是与应用紧密结合，具有很强的专用性，在开发设计中需要结合实际系统需求进行针对性地合理裁减和选择，而现在微内核使得这种扩展非常方便。

(2) 嵌入式系统是将先进的计算机技术、微电子技术，以及软件技术和行业的应用相结合，是一个技术密集、高度分散、不断创新的知识集成系统。

(3) 嵌入式系统要求系统软件(操作系统)具有高实时性。嵌入式系统程序代码必须要求有高质量和高可靠性，而且通常都固化在存储器中以便提高访问速度。例如，应用在火星车上的装有 VxWorks 系统的嵌入式设备就具备高实时性和高可靠性。

(4) 嵌入式系统本身不具备自举开发能力。开发时需要在宿主机和目标机交替结合进行，在主机上进行程序开发，在目标机上测试执行，程序开发完成以后用户通常也不能修改其程序功能。系统开发的工具和环境一般是基于通用计算机上的软件、硬件设备以及各种逻辑分析仪、混合信号示波器、专有接口等。

1.2 嵌入式系统的体系结构

1.2.1 硬件层

硬件层是整个嵌入式系统的基础和根本。硬件层中包含嵌入式微处理器、存储器(如 SDRAM、ROM、Flash 等)、通用设备接口和 I/O 接口(如 A/D、D/A、I/O 等)。在嵌入式处理器基础上添加电源和时钟电路,以及存储器电路就组成了一块嵌入式核心控制模块。ROM 存储器可用于固化操作系统和应用程序。

嵌入式微处理器是嵌入式系统硬件层的核心,它与通用 CPU 最大的不同在于是为特定用户群专门设计的系统,也将通用 CPU 中部分板卡完成的工作集成在芯片内部,以利于嵌入式系统的小型化、高效率和高可靠性。

嵌入式系统的存储器用来存放可执行代码和数据,包含 Cache、内存和外存。

嵌入式系统和外界交互通过特定功能的通用设备接口,如 A/D、D/A、I/O 等,外设通过连接片外传感器件或其他设备来实现微处理器的输入/输出功能。每个外设的功能通常都是单一的,可以内置在芯片中或在芯片外。外设的种类很多,可从一个简单的串行通信设备到非常复杂的 802.11 无线设备。

1.2.2 设备驱动层

设备驱动层(Board Support Package, BSP)包含了嵌入式系统中所有与硬件有关的代码。BSP 的基本思想是把嵌入式操作系统与具体的硬件平台隔离开来,并向上层提供一个虚拟的硬件平台;操作系统运行在虚拟平台上并使用一组定义好的编程接口与 BSP 交互,通过 BSP 访问真正的硬件。

BSP 主要实现引导 BootLoader 和设备驱动程序的功能。它将系统上层软件与底层硬件分离开来,使系统的底层驱动程序与硬件无关,上层软件开发人员无须关心底层的具体硬件,根据 BSP 层提供的接口即可进行开发。该层一般包含相关底层硬件的初始化、输入/输出和硬件配置功能。因此,BSP 实际上是一个介于操作系统和底层硬件之间的软件层面,它包含了系统中大部分与硬件联系紧密的软件模块。进行完整的 BSP 设计需要完成嵌入式系统的硬件初始化及 BSP 功能和硬件相关的设备驱动。

1.2.3 操作系统层

嵌入式操作系统(Embedded Operation System,EOS)是指通用嵌入式实时操作

系统。它具有通用操作系统的一般功能，为应用软件提供用户接口，向硬件设备提供交互的接口，管理系统的软硬件资源。

1.2.4　应用软件

应用软件是基于某个硬件平台，针对特定的应用领域而完成需求目标的计算机软件。嵌入式系统的应用软件不仅要求编写的程序准确、安全和稳定，更要求代码精炼，减少对系统资源的消耗，降低硬件成本。

1.3　嵌入式操作系统

1.3.1　嵌入式操作系统简介

嵌入式操作系统具有通用操作系统的基本特点，管理系统的软硬件资源，并且把硬件虚拟化，能够提供库函数、工具集、驱动程序和应用程序。嵌入式操作系统和通用操作系统相比，它的实时性、扩展性、可靠性、可裁减和固化（嵌入）以及专用性等方面更为突出。

嵌入式操作系统分类比较复杂。从实时性角度分为硬实时操作系统和软实时操作系统。从商业模式角度分为开源和闭源（私有）。从应用角度分为通用的嵌入式操作系统和专用的嵌入式操作系统。比如 VxWork 就是硬实时、私有和专用的操作系统，而嵌入式 Linux 就是软实时、开源和通用操作系统。硬实时的嵌入式操作系统，一般称为 RTOS（实时多任务操作系统）。历史上某些 RTOS 不是嵌入式操作系统，比如某些实时的 Unix，它是运行在小型和微型计算机系统，今天多数类似的产品都已经发展成嵌入式操作系统，即可以运行在嵌入式系统上，一般称之为嵌入式实时多任务操作系统。

1.3.2　几种代表性的嵌入式操作系统

1. VxWorks

VxWorks 是美国 WindRiver 公司的产品，是目前嵌入式系统领域中应用较为广泛，市场占有率比较高的嵌入式操作系统。VxWorks 实时操作系统由 400 多个相对独立、短小精悍的目标模块组成，用户可根据需要选择适当的模块来裁减和配置系统；提供基于优先级的任务调度、任务间同步与通信、中断处理、定时器和内存管理等功能，内建符合 POSIX（可移植操作系统接口）规范的内存管理，以及多处理器控制程序。它具有良好的持续发展能力、高性能的内核以及友好的用户开发环境，在嵌入式实时操作系统领域占据一席之地。

VxWorks 所具有的显著特点是：可靠性和实时性都很好，可裁减性强。但是它价格昂贵，不提供源代码，只提供二进制代码，对开发和维护的技术人员要求很高。因此该操作系统的开发和维护成本很高。

2. Windows CE

Windows CE 由美国 Microsoft 公司推出的嵌入式操作系统，支持众多的硬件平台，其最主要特点是拥有与桌上型 Windows 家族一致的程序开发界面。因此，桌面操作系统 Windows 家族开发的程序可以直接在 Windows CE 上运行，主要应用于 PDA(个人数字助理)、平板电脑、智能手机等消费类电子产品。Windows CE 在追求高效、低功耗这方便不足。另外它占用内存过大，应用程序庞大，界面也比较统一，不开放源代码。

3. 嵌入式 Linux

嵌入式 Linux(Embedded Linux)是标准 Linux 经过小型化裁减处理之后的专用 Linux 操作系统，能够固化于容量只有几 KB 或者几 MB 的存储器芯片或者单片机中，适合于特定嵌入式应用场合。目前已经开发成功的嵌入式系统中，嵌入式 Linux 占有约 50%的份额。

嵌入式 Linux 和普通的 Linux 并无本质区别，因此它具有 Linux 系统的所有优点。嵌入式 Linux 系统具有鲜明的层次结构和完全的内核代码完全开源。嵌入式 Linux 由很多体积小且性能高的微内核和系统组成。开发者可以根据自己的应用需要很容易地对内核进行裁减，设计和开发出真正满足自己需要的嵌入式系统。

嵌入式 Linux 继承了 Linux 具有强大的网络支持功能，支持所有标准因特网协议，并且可以其网络协议栈开发出嵌入式 TCP/IP 网络协议栈。

嵌入式 Linux 具备一套完整的工具链，容易自行建立嵌入式系统的开发环境和交叉运行环境，并且可以跨越嵌入式系统开发中仿真工具的障碍。通常，嵌入式操作系统的程序调试和跟踪都是使用仿真器来实现的，而使用 Linux 系统做原型的时候就可以绕过这个障碍，直接使用内核调试器来进行操作系统的内核调试。

嵌入式 Linux 具有广泛的硬件支持特性。无论是 RISC 还是 CISC，无论是 32 位还是 64 位处理器，Linux 都能在其上运行。嵌入式 Linux 不仅支持 X86 CPU，还可以支持其他数十种 CPU 芯片。

基于上述诸多优点，它成为嵌入式系统开发者十分喜欢的操作系统。但是，嵌入式 Linux 有一个非常致命的缺点，就是一些实时软件模块在内核空间运行时，代码错误可能会破坏整个操作系统，从而影响系统的运行，这是开发者必须要注意的问题。

4. μC/OS-II

μC/OS-II 与 Linux 一样，是一款公开源代码的免费实时内核，已在各个领域得

到了广泛的应用。μC/OS 具有 RTOS 的基本性能、代码短小，结构简明、易移植、可裁减，提供完善的嵌入式实时内核源代码等优点。但 μC/OS－II 仅为一个实时内核软件，仅提供一些 API 函数接口，因此有很多工作需要开发者自己去完成。

5. Android 操作系统

Android 操作系统是基于 Linux 内核再度开发的一个开源操作系统和软件平台，最早由 Google 公司进行研究和开发。此后 Google 公司为了推广 Android 操作系统，它和几十家手机通信运营商和制造商(如中国移动、HTC、三星、摩托罗拉等)，建立了开放手机联盟，共同开发 Android 移动设备平台。

Android 系统采用的架构主要分为 4 部分，其最底层是基于 Linux 内核进行再度开发的，Linux 内核提供最为基础的功能；中间层由虚拟机 Virtual Machine(VM)和函数库 Library 组成；上两层由应用程序框架(Application Framework)和应用程序(Application)组成(见图 1.1)，各种应用软件，包括通话程序、短信程序等。应用软件则由各公司自行开发，使用 Java 编写。每个 Android 应用程序都在 VM 的一个实例中运行，这个实例驻留在一个由 Linux 内核管理的进程中。

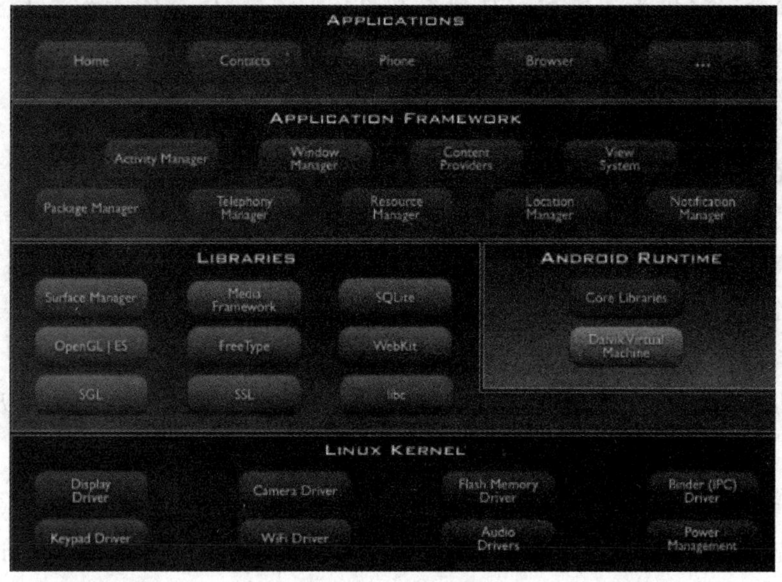

图 1.1　Android 系统体系结构

Android 操作系统的内核系统服务如文件管理、内存管理、进程管理、网络通信和驱动模型依赖于 Linux 内核，Linux 内核也同时作为硬件和软件堆栈之间的抽象层。

Android 系统继承了 Java 跨平台的优点。任何 Android 系统应用几乎无须任何修改就能运行于所有的 Android 设备。Android 最底层使用 Linux 内核，使用 GPL

许可证，相关的代码是开源的。另外，谷歌公司一开始致力于 Android 系统的大力推广，逐步形成一个应用 Android 操作系统的生态圈，建立了丰富的支持，使得 Android 系统形成一个良性循环，有利于用户开发。

1.4 嵌入式系统的开发过程

嵌入式开发已经逐步规范化，在遵循一般工程开发流程的基础上，嵌入式开发有其自身的一些特点。图 1.2 所示为嵌入式系统开发的一般流程，主要包括系统需求分析、体系结构设计、软硬件及系统设计、系统集成、系统测试，最终得到定型产品。

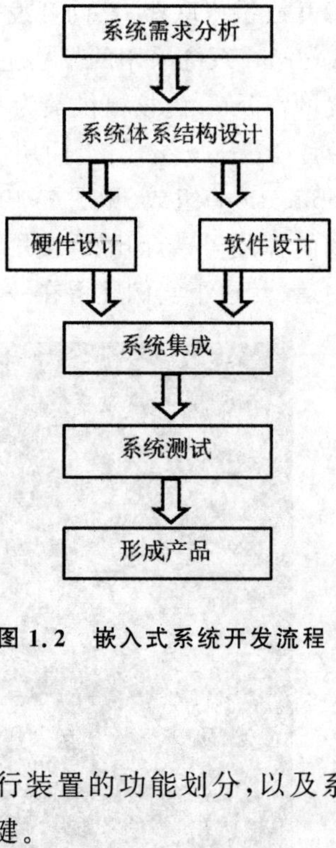

图 1.2 嵌入式系统开发流程

1. 系统需求分析

系统需求分析需要确定设计任务和目标，并提炼出需求规格说明书，作为正式设计指导和验收的标准。系统需求一般分为功能性需求和非功能性需求两部分。功能性需求是指系统的基本功能，如输入输出信号、操作方式等；非功能需求包括系统性能、功耗、成本、重量、体积等因素。

2. 体系结构设计

体系结构设计主要是描述系统如何实现需求的功能以及非功能需求，包括对硬件、软件与执行装置的功能划分，以及系统的选型等。科学合理的体系结构设计是系统成功的关键。

3. 硬件/软件协同设计

系统软硬件的详细设计是依据体系结构而进行设计的。嵌入式系统设计的大部分工作在于软件设计，其方法和技术设计可采用现代软件工程的面向对象技术、软件组件技术、模块化设计等方法，也可采取并行设计的方法以缩短开发周期。

4. 系统集成

把系统的软件、硬件和执行装置集成在一起进行系统调试，发现并改进单元设计中的不足之处。

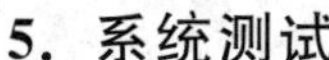

5. 系统测试

按照需求规格说明书对系统进行全面的系统测试,验证开发的系统是否满足规格说明书中的功能需求和非功能需求。

嵌入式软件开发的一般流程为软件需求分析、软件概要设计、软件详细设计、软件实现和软件测试。与一般软件开发的区别主要在于软件实现的编译和调试两部分,即交叉编译与交叉调试。

1.5 MPTS-A9 教学平台简介

1.5.1 MPTS-A9 教学平台功能简述

MPTS-A9 教学平台属于一种综合的教学实验系统,该系统基于 Cortex-A9 的 4 核处理器,实现了多模块的应用实验,它是集学习、应用编程、开发研究于一体的多功能创新平台。用户可根据自己的需求选用不同类型的 CPU 适配板,本系统标配是 Cortex-A9 核心板,同时,实验系统上的扩展模块接口能够拓展较为丰富的实验接口板。用户在了解扩展模块的接口定义后,能方便地研发出满足自身需求的实验接口板。除此之外,实验板上有丰富的外围扩展资源,如拨动键盘与 LED 显示、7 寸液晶(电容屏)、16×16 LED 汉字点阵、光耦/继电器、RFID 模块、电机控制模块和各种传感器模块等。MPTS-A9 教学平台底板的平面框图如图 1.3 所示。

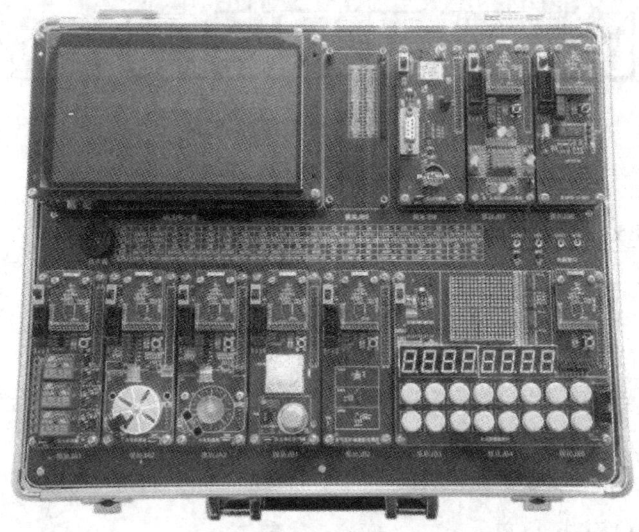

图 1.3 MPTS-A9 教学平台参考图

1.5.2 CPU 核心板资源介绍

该实验系统采用底板+CPU 核心板+扩展模块的结构方式,CPU 通过双排针扩展槽扩展。用户可根据自己的需求选用不同类型的 CPU 板。不同类型的 CPU 板在 MPTS-A9 教学平台的硬件资源上是完全兼容的,支持不同种类的 CPU 板混合使用。Cortex-A9 核心板资源分布图如图 1.4 所示。

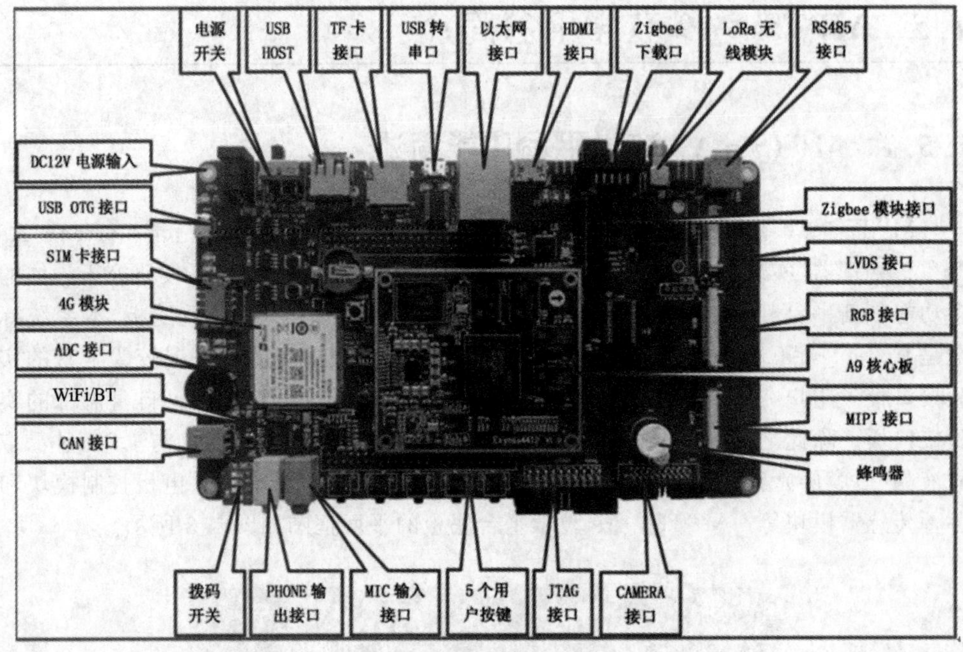

图 1.4 核心板资源分布图

MPTS-A9 教学平台开发板板载资源如下:

- CPU:Exynos 4412,4 核 Cortex-A9,主频 1.4~1.6 GHz。
- 内存:1 GB 双通道 DDR3。
- 存储:8 GB EMMC。
- 电源接口:输入电压 DC12V。
- 电源开关:用于选择外接电源供电还是 MPTS-A9 教学平台供电。
- 电源指示灯(蓝色)。
- RTC 后背电池单元。
- USB HOST 接口单元。
- USB OTG 单元。
- 4G 模块单元。

- WiFi/BT 单元。
- CAN 接口单元。
- 拨码开关单元。
- 耳机输出单元。
- MIC 输入单元。
- 5 个用户按键。
- 20 针标准 JTAG 下载口。
- CAMERA 接口单元。
- 蜂鸣器单元。
- MIPI 接口单元。
- RGB 接口单元。
- LVDS 接口单元。
- RS485 接口单元。
- LoRa 无线模块单元。
- ZigBee 无线模块单元。
- HDMI 接口单元。
- 以太网接口单元。
- USB 转串口单元。
- TF 卡接口单元。

1.5.3　底板资源分布图

MPTS－A9 教学平台底板资源分布图如图 1.5 所示。

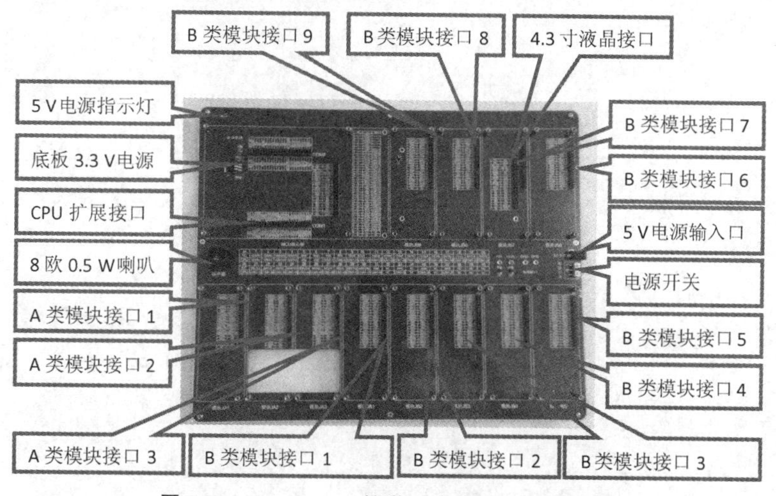

图 1.5　MPTS－A9 教学平台底板资源分布图

底板主要由以下模块组成：

- 电源模块单元。
- 核心板接口单元。
- 外部扩展模块接口 A/B 单元。
- 扬声器单元(8 Ω、0.5 W)。
- 光电耦合器与继电器单元。
- 直流电机单元(带测速功能)。
- 步进电机单元(五线四相八拍)。
- 气体传感器单元(MQ-2)。
- 热释电人体红外单元(BIS0001)。
- 加速度传感器单元(MMA7455/ADXL345)。
- 气压计传感器单元(BMP180)。
- 光照度传感器单元(BH1750)。
- 13.56M RFID 读卡单元(FM1702)。
- 16×16 点阵显示单元。
- 键盘数码管单元(2×8 键盘，8 位 LED 数码管)。
- 温湿度传感器单元(DHT11)。
- 交通灯单元。
- 超声波传感器单元。
- 陀螺仪传感器单元(MPU6050)。
- GSM 模块单元。
- GPS 模块单元。
- ZigBee 模块单元(CC2530)。
- WiFi 模块单元。

第2章

建立嵌入式 Linux 系统主机的开发环境

学习嵌入式系统开发和应用的首要任务是搭建嵌入式系统环境。因此本章将介绍安装虚拟机、Ubuntu 系统，以及软件的安装和环境变量的配置等。

2.1 虚拟机的安装

2.1.1 虚拟机简介

虚拟机(Virtual Machine)是通过软件来模拟完整硬件系统功能并运行在一个完全隔离环境中的完整计算机系统。通过虚拟机软件，可以在一台物理计算机上模拟出一台甚至多台虚拟的计算机，这些虚拟机完全就像真正的计算机一样工作，如安装操作系统、应用程序或网络资源等。从用户角度而言，就好像是运行在物理机上的一个应用程序，但对于在虚拟机中运行的应用程序来讲，如同运行在真正的计算机系统中一样。

搭建交叉编译环境时首先在 Windows 系统下安装虚拟机，然后在虚拟机中安装 Linux 系统。既可以使用 Windows 系统中的软件，又能较好地兼具 Linux 环境，对初学者来说是一个很好的选择。

2.1.2 VMware WorkStation 安装

VMware Workstation(中文名“威睿工作站”)是一款功能强大的桌面虚拟计算机软件，用户可以在单一的桌面上同时运行不同的操作系统，可以进行开发、测试和部署新的应用程序。VMware Workstation 可在物理机器上模拟完整的网络环境或是便携的虚拟机器，以更好的灵活性和先进的技术优胜于其他的虚拟软件。对于企业的开发人员和系统管理员而言，VMware 在虚拟网络、实时快照、拖曳共享文件夹、支持 PXE 等方面的特点使它成为必选的工具。

VMware WorkStation 安装文件可以在其官方网站 www.vmware.com 上下

载。本书介绍基于 Win7－64 位操作系统的 VMware_Workstation_wmb.zip 文件的安装方法。虚拟机安装完成后，双击快捷方式就可以打开虚拟机。

需要注意安装时可能会遇到的创建虚拟机错误的 BIOS 的处理方式。VMware Workstation 虚拟机安装使用 64 位操作系统时涉及一个 CPU 虚拟化的问题，如果 BIOS 没有开启 CPU 的虚拟化选项，创建和打开 64 位虚拟机就会报错，如图 2.1所示。

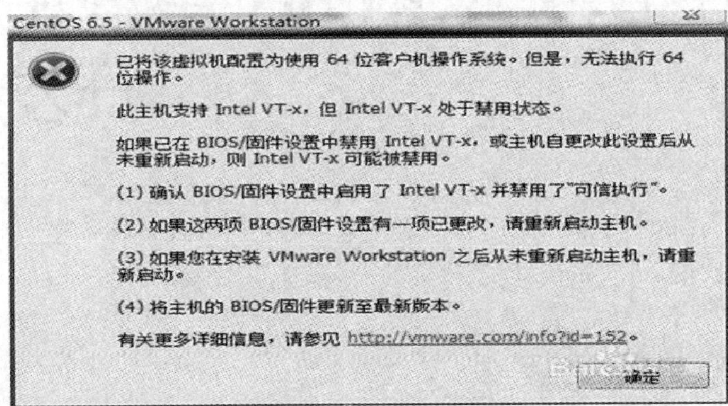

图 2.1　64 位虚拟机报错

如果计算机的虚拟选项没有打开，则需要重启计算机，启动时按 Delete 键（不同型号的计算机按不同的功能键，如 F2 或者其他功能键）进入 BIOS 模式，找到【CPU Configuration】选项，如图 2.2 所示。找到 CPU 虚拟化配置选项，这里是【Virtualization Technology】选项，改为 Enable 即可启用虚拟化，然后按 F10 功能键保存 BIOS 配置，重启计算机之后再次打开虚拟机正常启动。

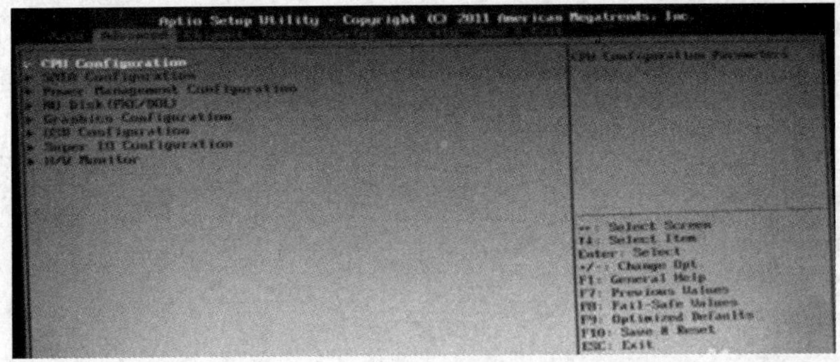

图 2.2　启用虚拟化

2.2　Ubuntu 系统安装

(1) Ubuntu 是一个以桌面应用为主的开源 GNU/Linux 操作系统，基于 Debian

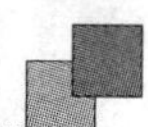

GNU/Linux，支持 X86、AMD64（即 X64）和 PPC 架构，由全球化的专业开发团队（Canonical Ltd.）打造。Ubuntu 基于 Debian 发行版和 GNOME 桌面环境，而从 11.04 版起，Ubuntu 发行版放弃了 GNOME 桌面环境，改为 Unity，与 Debian 的不同之处是它每 6 个月发布一个新版本。Ubuntu 的目标是为一般用户提供一个主要由自由软件构建而成的操作系统。

如果 Windows 操作系统是 64 位，也要选择 64 位 Ubuntu 系统。在安装的时候，保证分配 30 GB 以上的空间，最好分配 50 GB。因为源代码占用接近 30 GB 的空间。另外安装好 Ubuntu 系统后还需要关闭防火墙。Ubuntu 中的 root 用户在初装系统时是被禁用的。

(2) 安装过程中系统会提示创建的用户在 admin 组。admin 组的用户可以启用并设置 root 账户的密码。

打开 Ubuntu 终端后输入命令“sudo passwd”，根据提示输入当前用户的密码，接着输入超级用户的密码 2 次，则提示 root 账户密码启动成功。

然后在如图 2.3 所示的 Ubuntu 终端中，输入登录命令“su root”并输入设置的密码。# xxx xxx 表示用户设置的 root 账户密码。注意：执行最高权限的命令时都需要先登录 root 用户。

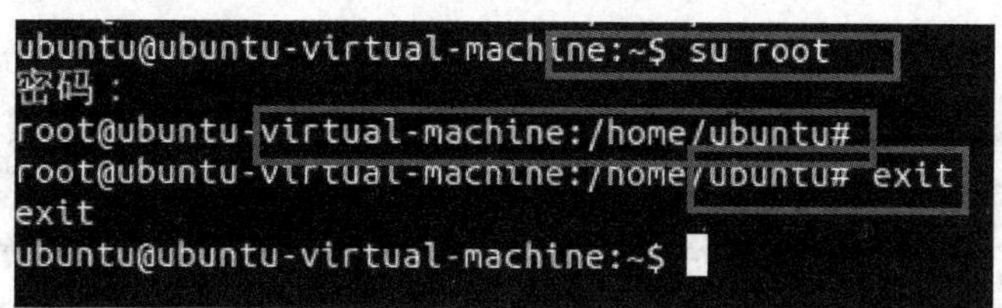

图 2.3　登录并设置 root 用户

(3) 设置网络连接方式。

VMWare WorkStation 上安装的是 Ubuntu 系统。对外界而言，Windows 真实机器、Ubuntu 虚拟机，都是真实的计算机系统，它们都要使用同一个网卡连接互联网（如果 Windows 使用 A 网卡，那么 Ubuntu 也要使用 A 网卡）。

桥接模式就是将主机网卡与虚拟机的虚拟网卡使用虚拟网桥进行通信连接。桥接模式类似于把物理主机虚拟成一个交换机，桥接设置的虚拟机连接到这个交换机接口上，物理主机也同样地接入到这个交换机中。因此，所有桥接下的网卡之间（包括虚拟网卡）都是交换模式。在桥接模式下，虚拟机 IP 地址必须与主机在同一个网段，如果需要联网，则网关地址与 DNS 地址要与主机网卡地址一致。对于有双网卡或多网卡的计算机，建议将没有使用的网卡禁用。

如果 Ubuntu 无法联网，即在控制台中 ping www.baidu.com 无反应时，可以先关闭 Ubuntu，选中 VMWare 的菜单项：Edit → Virtual Network Editor。

打开网络配置文件：sudo vi /etc/network/interfaces

打开 interface 文件后进行如下的配置命令：

```
auto  eth0
iface eth0 inet static(数字 0)
address 192.168.1.100(IP 地址)
netmask 255.255.255.0(子网掩码)
gateway 192.168.1.1(网关)
```

配置完后退出 interfaces 文件，进入终端输入以下命令：

```
sudo  vi  /etc/resolv.conf(此文件，开机清零)
nameserver  192.168.1.1
```

重启配置文件生效：

```
sudo /etc/init.d/networking restart
```

至此完成了对宿主机的网络 IP 地址的配置(192.168.1.100)。

2.3 安装并配置 NFS 服务

NFS 是 Network File System 的缩写，即网络文件系统。它是 Linux 中常用的一种文件共享系统，可以让不同的设备、不同的操作系统通过网络彼此共享文件。NFS 服务对于本地客户机器来说，远程服务器上的目录就像本地主机上的一样。在基于 Linux 的嵌入式系统开发中可以将嵌入式开发板所需要的文件放到 NFS 服务器上。不需要把程序写入开发板的 Flash，开发板就可以执行 NFS 服务器端特定目录中的可执行程序，减少了 Flash 的烧写次数，方便程序的运行与调试。

2.3.1 安装 NFS 服务

在 ubuntu 终端进入 root 的权限，输入以下命令，如图 2.4 所示。

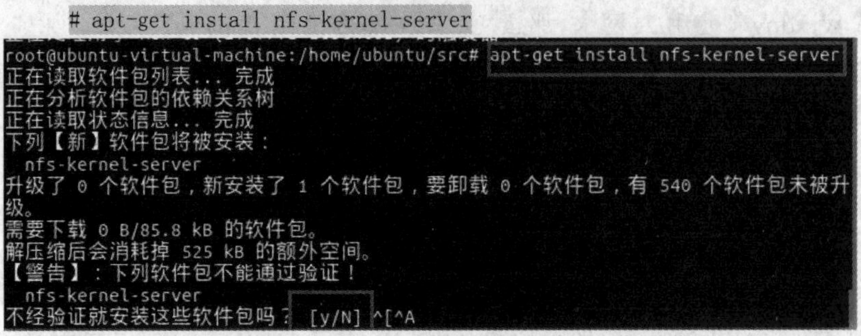

```
# apt-get install nfs-kernel-server
```

```
root@ubuntu-virtual-machine:/home/ubuntu/src# apt-get install nfs-kernel-server
正在读取软件包列表... 完成
正在分析软件包的依赖关系树
正在读取状态信息... 完成
下列【新】软件包将被安装：
  nfs-kernel-server
升级了 0 个软件包，新安装了 1 个软件包，要卸载 0 个软件包，有 540 个软件包未被升
级。
需要下载 0 B/85.8 kB 的软件包。
解压缩后会消耗掉 525 kB 的额外空间。
【警告】：下列软件包不能通过验证！
  nfs-kernel-server
不经验证就安装这些软件包吗？ [y/N] ^[^A
```

图 2.4 安装 NFS 工具服务器端程序

然后选择“y”继续安装，如图 2.5 所示，NFS 工具安装完成。

```
不经验证就安装这些软件包吗？ [y/N] y
正在选中未选择的软件包 nfs-kernel-server。
(正在读取数据库 ... 系统当前共安装有 181484 个文件和目录。)
正准备解包 .../nfs-kernel-server_1%3a1.2.8-6ubuntu1.2_amd64.deb  ...
正在解包 nfs-kernel-server (1:1.2.8-6ubuntu1.2) ...
正在处理用于 man-db (2.6.7.1-1ubuntu1) 的触发器 ...
正在处理用于 ureadahead (0.100.0-16) 的触发器 ...
ureadahead will be reprofiled on next reboot
正在设置 nfs-kernel-server (1:1.2.8-6ubuntu1.2) ...
 * Stopping NFS kernel daemon                                          [ OK ]
 * Unexporting directories for NFS kernel daemon...                    [ OK ]
 * Exporting directories for NFS kernel daemon...
exportfs: No options for /home/ubuntu/nfs/ *: suggest *(sync) to avoid warning
exportfs: /etc/exports [1]: Neither 'subtree_check' or 'no_subtree_check' specif
ied for export "*:/home/ubuntu/nfs/".
```

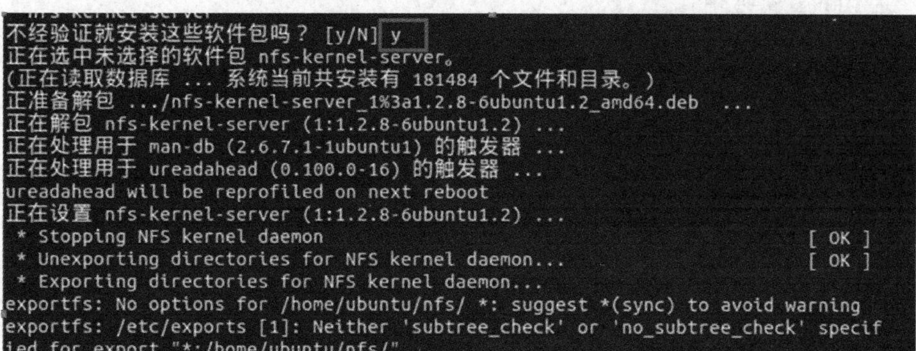

图 2.5　直接进入 NFS 工具安装步骤

2.3.2　配置网络共享文件夹 NFS

退出 root 用户并创建共享文件夹 NFS，如图 2.6 所示。

```
root@ubuntu-virtual-machine:/home/ubuntu# exit
exit
ubuntu@ubuntu-virtual-machine:~$ cd /home/ubuntu/
ubuntu@ubuntu-virtual-machine:~$ mkdir nfs
```

图 2.6　创建 NFS 共享文件夹

进入/etc/exports 文件，使用 vi 打开 exports 文件，如图 2.7 所示。

```
sudo vi /etc/exports
```

图 2.7　打开配置文件

在文件末尾增加命令：/home/Ubuntu/nfs/ *（async，insecure，no_root_squash，no_subtree_check，rw），如图 2.8 所示。

```
/home/ubuntu/nfs/ * (async insecure no_root_squash no_subtree_check rw)
~
```

图 2.8　设置 NFS 文件权限

注：/home/Ubuntu/nfs 中 NFS 共享的文件目录，* 代表允许所有的网络段访问。

下面介绍部分 NFS 共享的常用参数：

1）访问权限选项

设置输出目录只读：ro，设置输出目录读写：rw。

2）用户映射选项

all_squash：将远程访问的所有普通用户及所属组都映射为匿名用户或用户组（nfsnobody）；

no_all_squash：与 all_squash 取反（默认设置）；

root_squash：将 root 用户及所属组都映射为匿名用户或用户组（默认设置）；

no_root_squash：与 rootsquash 取反；

anonuid＝xxx：将远程访问的所有用户都映射为匿名用户，并指定该用户为本地用户（UID＝xxx）；

anongid＝xxx：将远程访问的所有用户组都映射为匿名用户组账户，并指定该匿名用户组账户为本地用户组账户（GID＝xxx）。

3）其他选项

secure：限制客户端只能从小于 1 024 的 TCP/IP 端口连接 NFS 服务器（默认设置）；

insecure：允许客户端从大于 1 024 的 TCP/IP 端口连接服务器；

sync：将数据同步写入内存缓冲区与磁盘中，效率低，但可以保证数据的一致性；

async：将数据先保存在内存缓冲区中，必要时才写入磁盘；

wdelay：检查是否有相关的写操作，如果有则将这些写操作一起执行，这样可以提高效率（默认设置）；

no_wdelay：若有写操作则立即执行，应与 sync 配合使用；

subtree：若输出目录是一个子目录，则 NFS 服务器将检查其父目录的权限（默认设置）；

no_subtree：即使输出目录是一个子目录，NFS 服务器也不检查其父目录的权限，以便提高效率。

2.3.3 NFS 服务启动

通过命令 sudo /etc/init.d/rpcbind restart

sudo /etc/init.d/nfs-kernel-server restart

来启动 NFS 服务，如图 2.9 和图 2.10 所示。

```
ubuntu@ubuntu-virtual-machine:~$ sudo /etc/init.d/rpcbind restart
rpcbind stop/waiting
rpcbind start/running, process 4472
```

图 2.9 启动 NFS 服务 1

到此，NFS 服务配置完成。

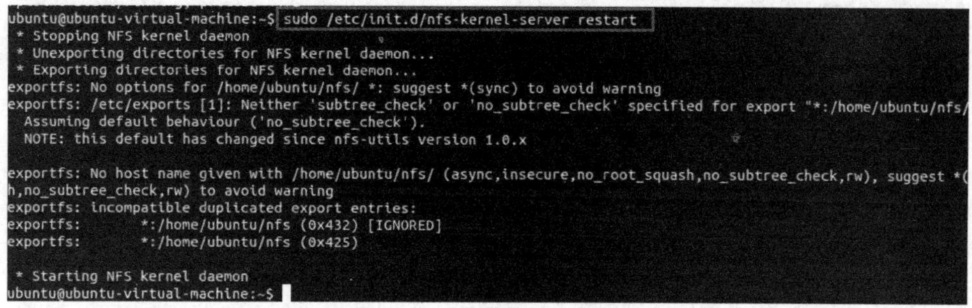

```
ubuntu@ubuntu-virtual-machine:~$ sudo /etc/init.d/nfs-kernel-server restart
 * Stopping NFS kernel daemon
 * Unexporting directories for NFS kernel daemon...
 * Exporting directories for NFS kernel daemon...
exportfs: No options for /home/ubuntu/nfs/ *: suggest *(sync) to avoid warning
exportfs: /etc/exports [1]: Neither 'subtree_check' or 'no_subtree_check' specified for export "*:/home/ubuntu/nfs/
  Assuming default behaviour ('no_subtree_check').
  NOTE: this default has changed since nfs-utils version 1.0.x

exportfs: No host name given with /home/ubuntu/nfs/ (async,insecure,no_root_squash,no_subtree_check,rw), suggest *(
h,no_subtree_check,rw) to avoid warning
exportfs: incompatible duplicated export entries:
exportfs:       *:/home/ubuntu/nfs (0x432) [IGNORED]
exportfs:       *:/home/ubuntu/nfs (0x425)

 * Starting NFS kernel daemon
ubuntu@ubuntu-virtual-machine:~$
```

图 2.10　启动 NFS 服务 2

2.4　安装 Samba 服务

Samba 是在 Linux 操作系统和 UNIX 操作系统上实现 SMB 协议的免费软件，由服务器程序和客户端程序组成，可在 Windows 和 Unix-Like 两个平台之间实现文档和数据的共享。其工作原理是：客户端向 Samba 服务器发起共享目录的访问请求，Samba 服务器接收请求并通过对 smb.conf 文件的查询，确定共享目录的存在与否和访问权限，也将允许访问的客户端的信息以及访问行为信息存放在日志文件中。

1. 安装 NFS 软件

在终端上输入命令 sudo apt-get install Samba，如图 2.11 所示。

```
您希望继续执行吗？ [Y/n] y
获取:1 http://cn.archive.ubuntu.com/ubuntu xenial-updates/main amd64 samba-libs
amd64 2:4.3.11+dfsg-0ubuntu0.16.04.21 [5,170 kB]
9% [1 samba-libs 1,002 kB/5,170 kB 19%]                    73.1 kB/s 1分 46秒
```

图 2.11　继续执行 Samba 服务的安装 1

下一步选择“Y”，如图 2.12 所示。

```
ubuntu@ubuntu-virtual-machine:~$ sudo apt-get install samba
[sudo] password for ubuntu:
正在读取软件包列表... 完成
正在分析软件包的依赖关系树
正在读取状态信息... 完成
将会安装下列额外的软件包：
  libsmbclient python-samba samba-common samba-common-bin samba-dsdb-modules
  samba-libs samba-vfs-modules smbclient
建议安装的软件包：
  bind9 bind9utils ldb-tools ntp smbldap-tools winbind heimdal-clients
  cifs-utils
下列软件包将被升级：
  libsmbclient python-samba samba samba-common samba-common-bin
  samba-dsdb-modules samba-libs samba-vfs-modules smbclient
升级了 9 个软件包，新安装了 0 个软件包，要卸载 0 个软件包，有 531 个软件包未被升级。
需要下载 8,537 kB 的软件包。
解压缩后会消耗掉 2,048 B 的额外空间。
您希望继续执行吗？ [Y/n]
```

图 2.12　继续执行 Samba 服务的安装 2

2. 配置 smb. conf 文件

在终端上输入命令 $ sudo vim /etc/Samba/smb.conf

在 smb. conf 文件最下面输入以下语句,如图 2.13 所示。

```
[print]
comment = print
path = /home/x4412
browseable = yes
writeable = yes
public = yes
create mask = 0777
directory mask = 0777
```

```
[print$]
   comment = Printer Drivers
   path = /var/lib/samba/printers
   browseable = yes
   read only = yes
   guest ok = no
# Uncomment to allow remote administration of Windows print driver
# You may need to replace 'lpadmin' with the name of the group you
# admin users are members of.
# Please note that you also need to set appropriate Unix permissio
# to the drivers directory for these users to have write rights in
;   write list = root, @lpadmin
[print]

comment = print
path = /home/x4412
browseable = yes
writeable = yes
public = yes
create mask = 0777
directory mask = 0777
```

图 2.13 配置 smb. conf 文件

3. 创建共享目录并设置权限

在终端输入如下命令,如图 2.14 所示。

```
$ sudo mkdir /home/x4412
$ sudo chmod 777  /home/x4412
```

图 2.14 设置共享目录权限

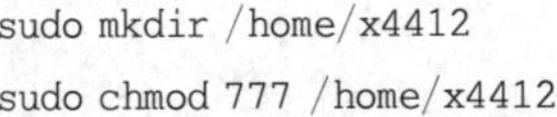


```
sudo mkdir /home/x4412
sudo chmod 777 /home/x4412
```

重启 Samba 服务，查看虚拟机的 IP，如图 2.15 所示显示。

```
sudo /etc/init.d/smbd restart
```

```
[ ok ] Restarting smbd (via systemctl): smbd.service.
```

图 2.15　重启 Samba 服务

执行 ifconfig 命令后，显示配置的 IP 地址，如图 2.16 所示的方框。

```
ens33     Link encap:以太网  硬件地址 00:0c:29:9a:d9:f2
          inet 地址:192.168.133.132  广播:192.168.133.255  掩码:255.255.255
          inet6 地址: fe80::137e:89f2:c505:43aa/64 Scope:Link
          UP BROADCAST RUNNING MULTICAST  MTU:1500  跃点数:1
          接收数据包:18386 错误:0 丢弃:0 过载:0 帧数:0
          发送数据包:4815 错误:0 丢弃:0 过载:0 载波:0
          碰撞:0 发送队列长度:1000
          接收字节:22753060 (22.7 MB)  发送字节:426668 (426.6 KB)
```

图 2.16　查看 IP 地址

在 Windows 下，在计算机“开始”中“搜索程序和文件”中键入 IP 地址，如图 2.17 所示。

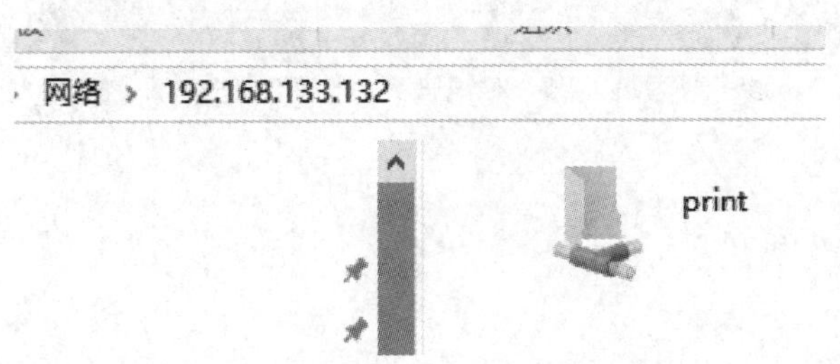

图 2.17　Windows 系统中输入 IP 地址

键入回车显示出 print 文件夹，表示 Samba 安装成功，在 print 文件夹内，将需要共享的文件存入，以实现与虚拟机的共享。

2.5　安装 VMware Tools 工具

VMtools 工具软件是 VMware 软件中的一个组件工具。使用此工具可以很方便地进行虚拟主机与本机的交互，如从本机向虚拟主机拖放文件、共享文件夹等。在 Windows 和 Ubuntu 之间很方便地实现同步的传输文件。

2.5.1 安装 VMware Tools 工具

选择 VMware Workstation 虚拟机的选项,然后单击 VMware Tools 或者“重新安装 VMware Tools”,如图 2.18 所示。

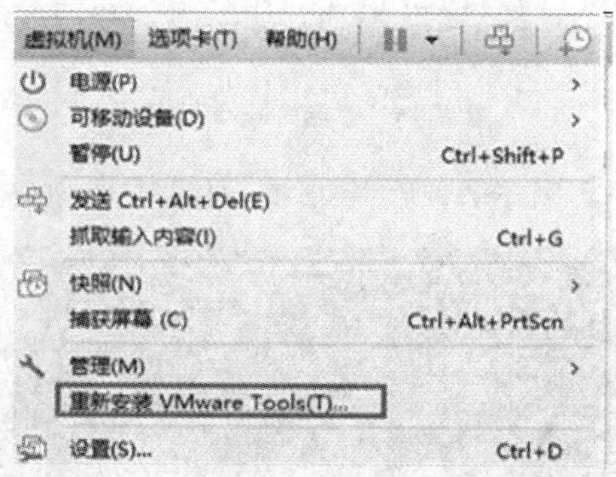

图 2.18　重新安装 VMware Tools 工具

之后在 Ubuntu 系统中显示 VMware Tools 文件夹,如图 2.19 所示。

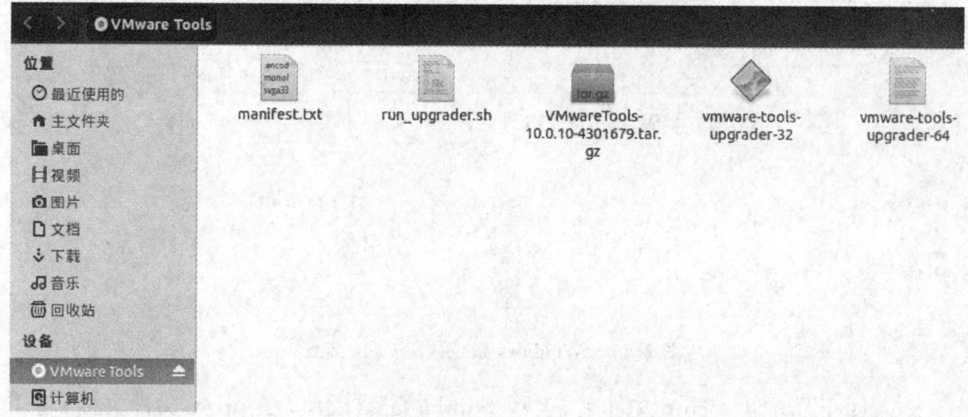

图 2.19　显示 VMware Tools 目录

在 Ubuntu 终端下输入下面的命令后进入该文件夹,如图 2.20 所示。

```
$ cd /media/ubuntu/VMware\ Tools
```

复制文件命令为:

```
$ cp -rf VMware\ Tools/ /home/ubuntu/
```

输入如下命令进入该文件夹后,解压 VMwareTools-10. 0. 10-4301679. tar. gz,如图 2.21 所示。

```
ubuntu@ubuntu-virtual-machine:/$ cd /media/ubuntu/VMware\ Tools
ubuntu@ubuntu-virtual-machine:/media/ubuntu/VMware Tools$ ls
manifest.txt     VMwareTools-10.0.10-4301679.tar.gz  vmware-tools-upgrader-64
run_upgrader.sh  vmware-tools-upgrader-32
ubuntu@ubuntu-virtual-machine:/media/ubuntu/VMware Tools$
```

图 2.20　显示 VMware Tools 文件

```
$ cd /home/ubuntu/VMware\ Tools/
$ sudo tar -zxvf VMwareTools - 10.0.10-4301679.tar.gz
```

```
ubuntu@ubuntu-virtual-machine:~/VMware Tools$ cd /home/ubuntu/VMware\ Tools/
ubuntu@ubuntu-virtual-machine:~/VMware Tools$ sudo tar -zxvf VMwareTools-10.0.10-4301679.tar.gz
```

图 2.21　解压 VMwareTools-10.0.10-4301679.tar.gz 文件

解压之后生成 vmware-tools-distrib 文件夹，如图 2.22 所示。

```
ubuntu@ubuntu-virtual-machine:~/VMware Tools$ cd vmware-tools-distrib/
ubuntu@ubuntu-virtual-machine:~/VMware Tools/vmware-tools-distrib$ ls
bin  caf  doc  etc  FILES  INSTALL  installer  lib  vgauth  vmware-install.pl  vmware-install.real.pl
```

图 2.22　查看解压文件

进入该文件夹之后，执行 vmware-install.pl 文件，命令如下，根据提示，选择 yes，如图 2.23 所示。

```
$ sudo ./vmware-install.pl
```

```
ubuntu@ubuntu-virtual-machine:~/VMware Tools/vmware-tools-distrib$ sudo ./vmware-install.pl
open-vm-tools are available from the OS vendor and VMware recommends using
open-vm-tools. See http://kb.vmware.com/kb/2073803 for more information.
Do you still want to proceed with this legacy installer? [yes] y
```

图 2.23　选择 yes 命令继续安装

选择 yes 后进入图 2.24，此处在键盘上按下 Enter 键即可。

```
Installing VMware Tools.

In which directory do you want to install the binary files?
[/usr/bin]
```

图 2.24　继续安装

后续需要确认的都按 Enter 键，直到出现如图 2.25 所示的界面。

到此，VMware Tools 工具安装完成，重启 Ubuntu 虚拟系统。

重启之后，即可从 Windows 操作系统拖拽文件到 Ubuntu 系统的桌面上。用户也可以从 Windows 上面的文档里面复制信息后粘贴到 Ubuntu 系统里面。

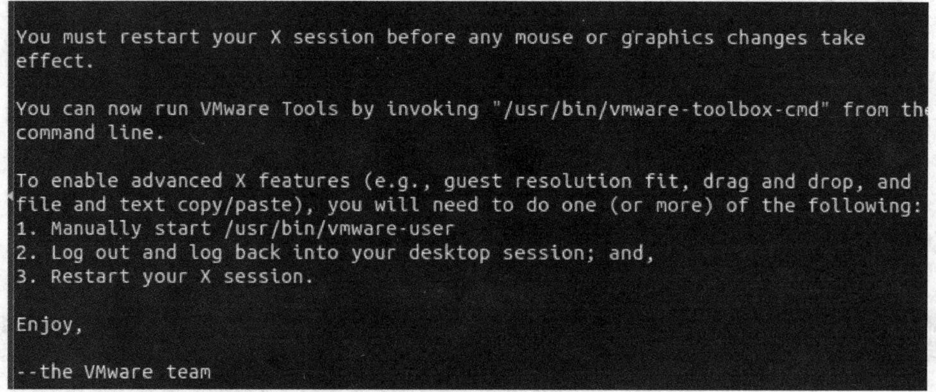

图 2.25 安装完成

2.5.2 建立 Window 系统与虚拟 Ubuntu 共享文件夹

(1) 单击 VMware Workstation 的虚拟机选项中的“设置”项,如图 2.26 所示。

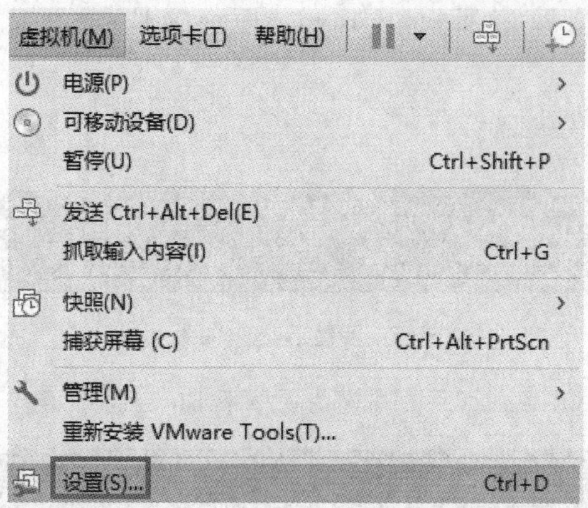

图 2.26 选择 VMware Workstation 虚拟机的“设置”选项

(2) 单击“选项”,选中“共享文件夹”,设置文件夹共享属性“总是启动”,然后单击“添加”按钮,如图 2.27 所示。

(3) 弹出界面,如图 2.28 所示,单击“下一步”按钮。

(4) 界面进入图 2.29,单击“浏览”按钮选中 Windows 磁盘的共享目录,然后单击“下一步”按钮。

(5) 在图 2.30 界面中,选中“启用此共享”复选框,然后单击“完成”按钮。

(6) 在 Ubuntu 终端下查看是否共享成功,在虚拟机中查看,如图 2.31 所示。

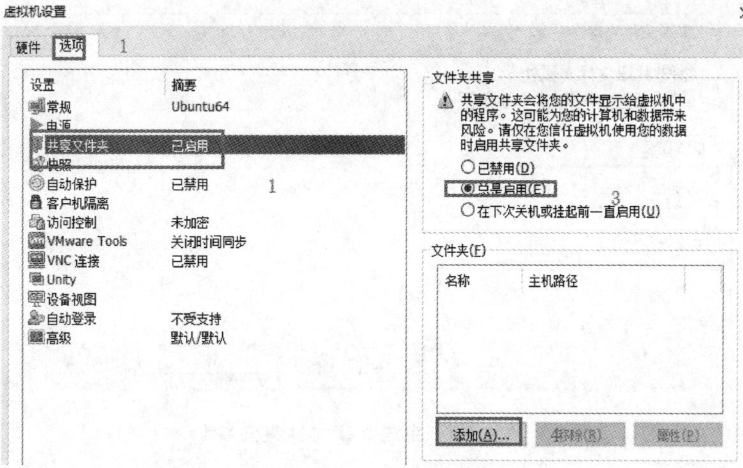

图 2.27　设置共享文件总是启动选项

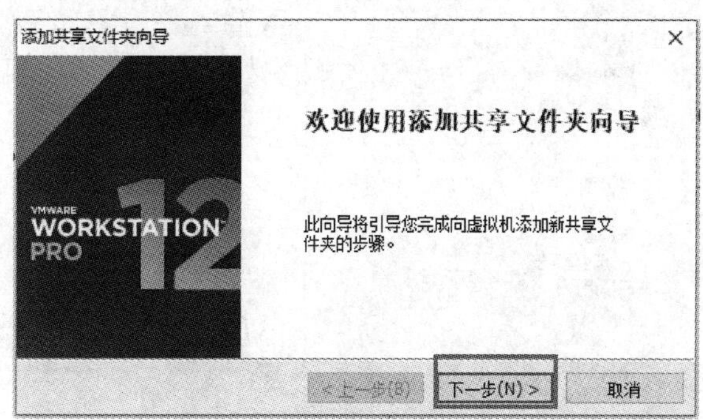

图 2.28　继续安装共享文件夹

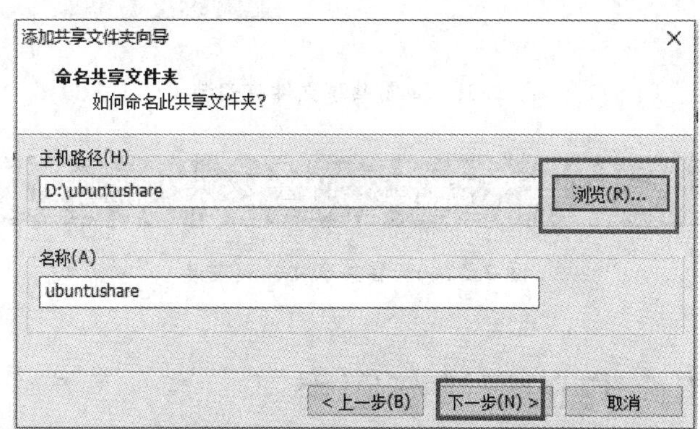

图 2.29　选择共享文件夹路径

也可以在 Ubuntu 系统的终端查看，输入命令 ls /mnt/hgfs/，如图 2.32 所示。

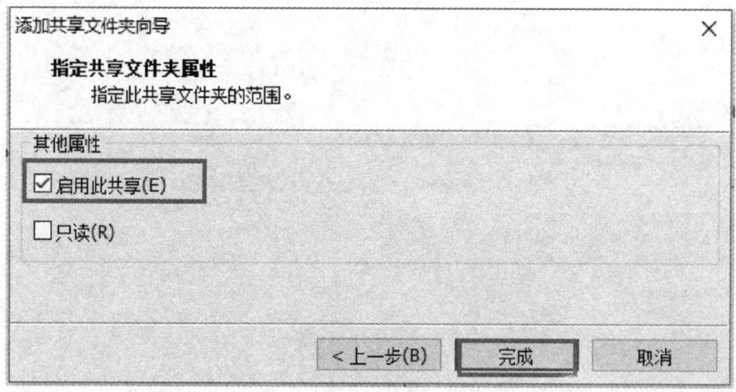

图 2.30　完成共享文件夹安装

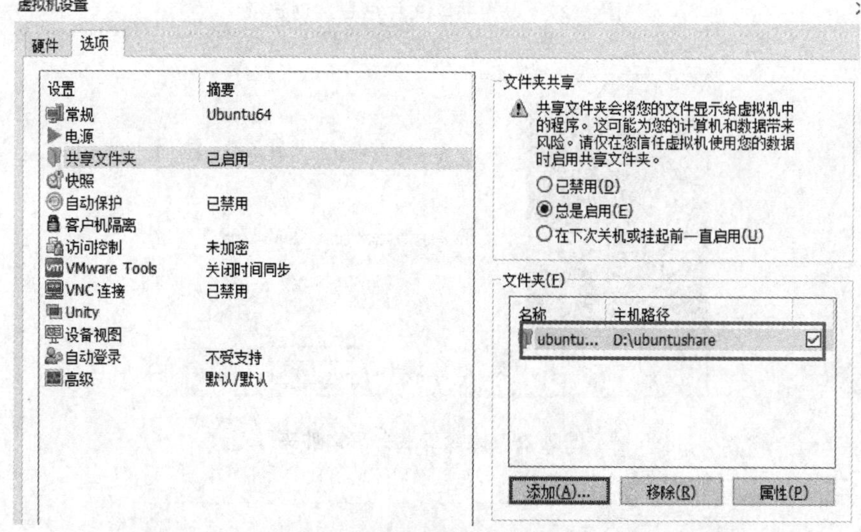

图 2.31　查看共享文件夹安装 1

图 2.32　查看共享文件夹安装

2.6　Xshell 软件的安装与使用

Xshell 是一个强大的安全终端模拟软件，支持 SSH1 和 SSH2，还有 Windows 的

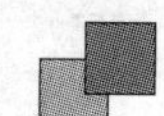

TELNET 协议。它支持 TELNET、SSH、SFTP、RLOGIN 和 SERIAL，是一款在 Windows 环境下远程连接 Linux 主机非常方便好用的工具。

(1) 使用 Xshell4 来安装时，双击"Xshell4. exe"文件后显示图 2.33 所示的界面，单击"Next"按钮。

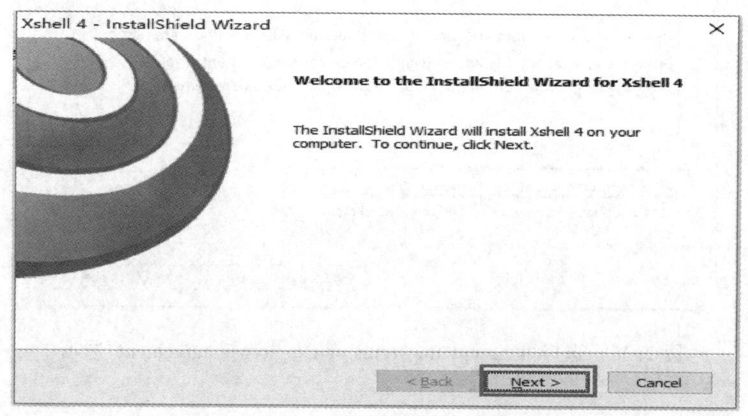

图 2.33　安装 Xshell 工具软件

(2) 进入图 2.34，选择"free for Home/School"单选框，单击"Next"按钮。

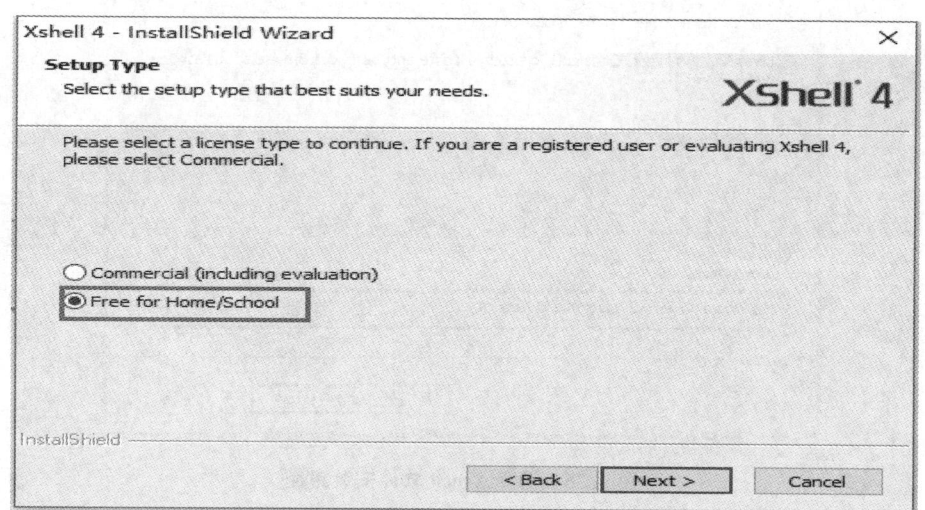

图 2.34　选择"free for Home/School"选项

(3) 进入图 2.35，选择"I accept the terms of the license agreement"单选框，单击"Next"按钮。

(4) 进入图 2.36，在此选择默认的安装路径即可，也可以自行选择安装路径。单击"Next"按钮进入下一步。

(5) 安装过程进入下一界面，如图 2.37 所示。出现语言选择，选择"简体中文"，

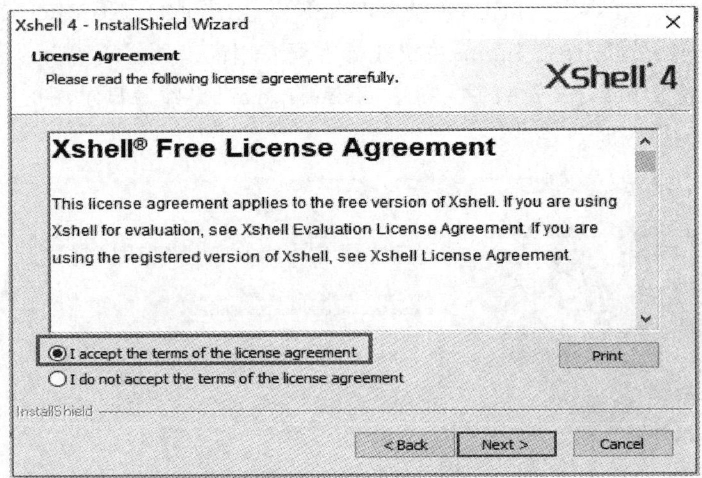

图 2.35　选择“I accept the terms of the license agreement”选项

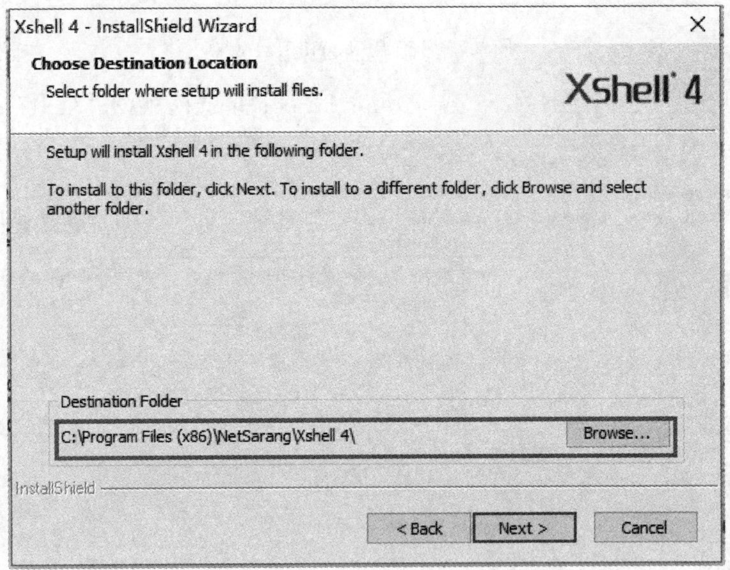

图 2.36　选择 Xshell 软件安装路径

单击“Install”按钮，继续下一步。

(6) 显示“Finish”表示安装完成，如图 2.38 所示。

(7) 单击桌面快捷方式，启动软件，查看能否正常使用。打开 Xshell4，如图 2.39 所示。

(8) 在图 2.39 中，单击“新建”按钮，进入图 2.40 界面。在“名称”文本框中输入所命名的名称。在此，连接命名为“4412”。“协议”选择“SERIAL”，单击“确定”按钮。

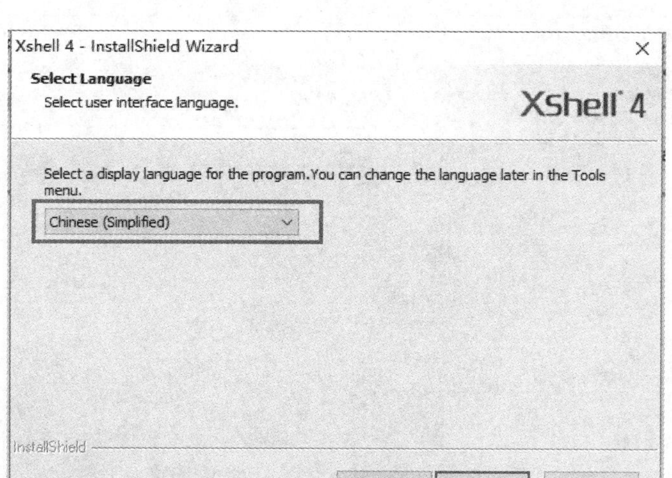

图 2.37　选择 Xshell 软件语言

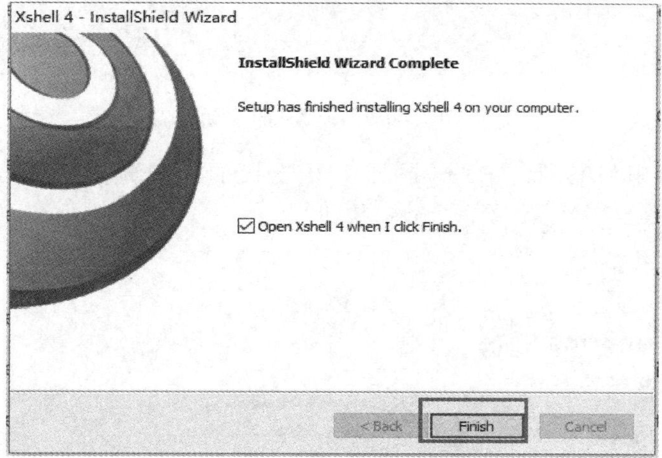

图 2.38　完成 Xshell 软件安装

图 2.39　打开 Xshell 软件

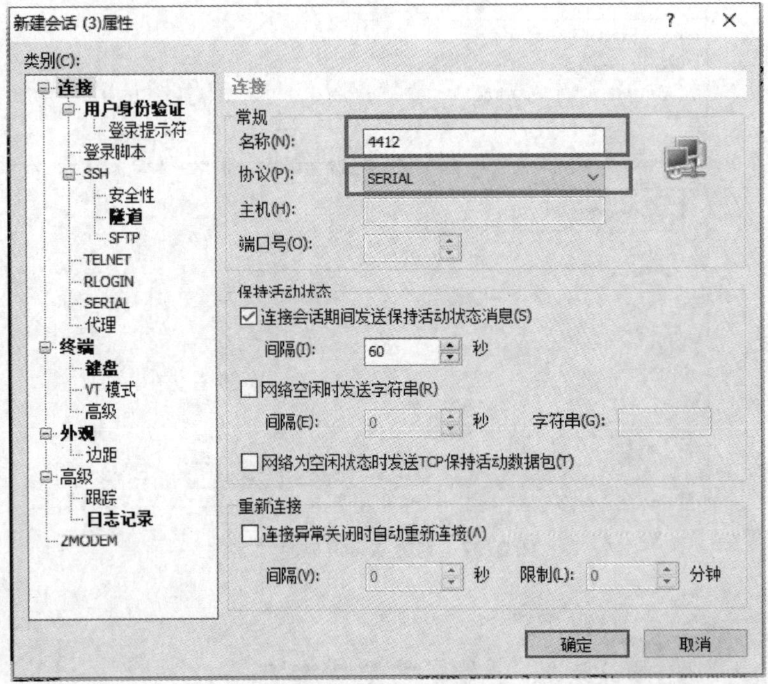

图 2.40　新建 Xshell 会话

(9) 配置串口特性,“Port”根据实际连接的串口选择,“Baud Rate”选择“115200”,如图 2.41 所示,单击“确认”按钮。

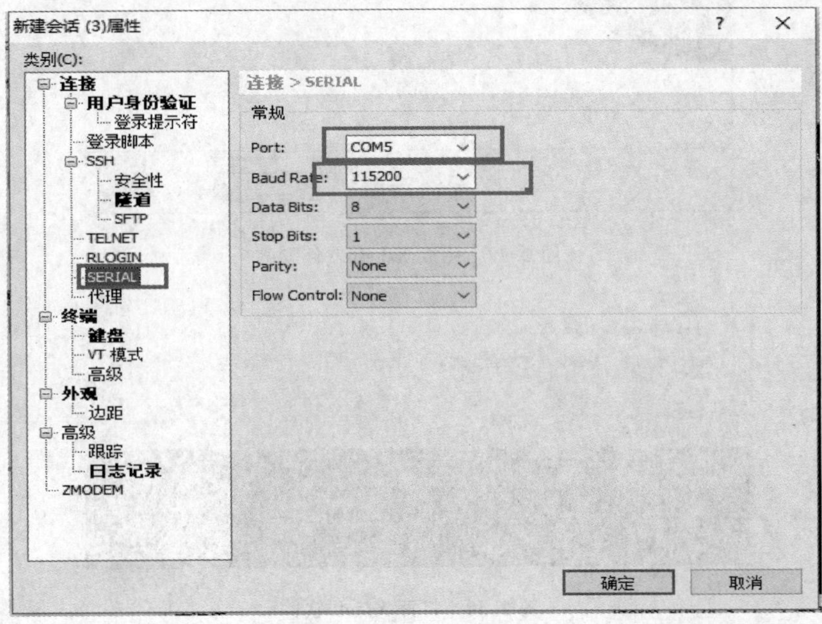

图 2.41　设置 Xshell 串口会话

(10) 在弹出的对话框中可以看到设置的会话，如图 2.42 所示。鼠标选中“4412”，单击“连接”按钮即可。

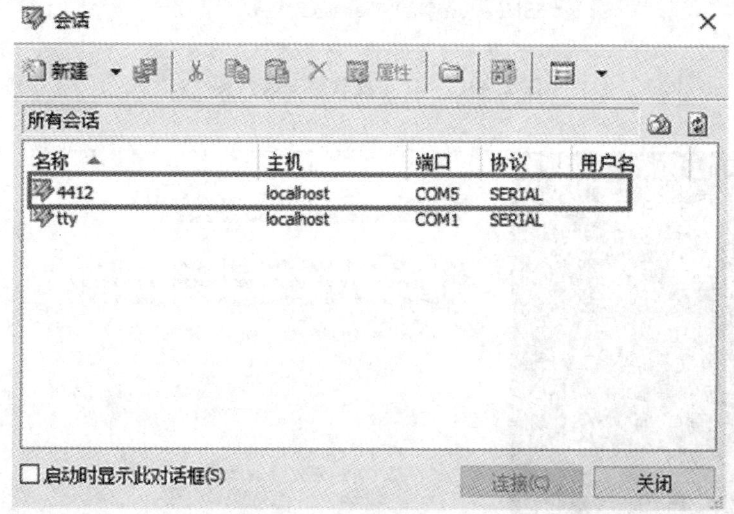

图 2.42　连接新建“4412”会话

2.7　安装和使用 SSH 工具软件

SSH 为 Secure Shell 的缩写，由 IETF 的网络小组(Network Working Group)所制定，是建立在应用层基础上的安全协议。SSH 协议是目前较为可靠的专为远程登录会话和其他网络服务提供安全性的协议。

通过 SSH 软件，用户可以很容易的实现 Windows 主机和虚拟机之间的通信。SSH 软件不仅需要在 Windows 上安装，还需要在 Ubuntu 系统上安装。

2.7.1　Windows 系统中安装 SSH 工具软件

(1) 这个软件的安装文件可在网上下载。下载 SSH 软件“SSH.zip”后解压，得到文件夹“SSH”，进入文件夹，如图 2.43 所示。

(2) 双击图 2.43 中的软件“SSHSecureShellClient-3.2.9.exe”，如图 2.44 所示，开始安装，单击“Next”按钮，继续安装。

(3) 如图 2.45 所示，单击“Yes”按钮，继续安装。

(4) 如图 2.46 所示，单击“Browse...”按钮，用户可以自定义安装路径，这里选择默认，单击“Next”按钮，如图 2.47 所示。后面整个安装过程都是单击“Next”按

图 2.43 SSH 工具软件安装文件

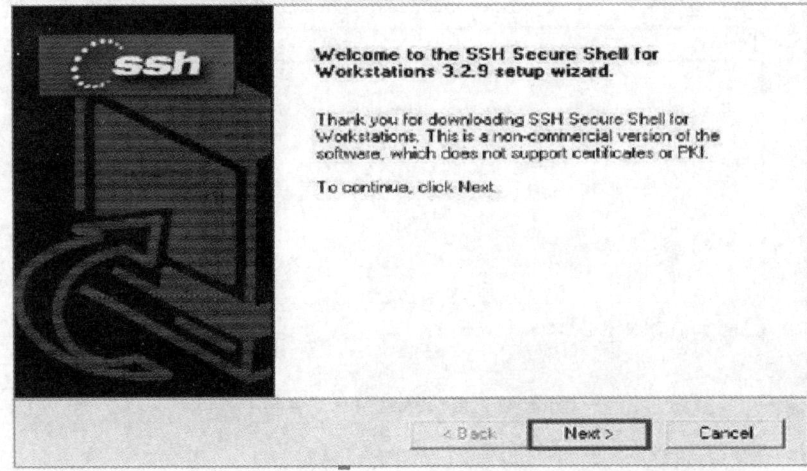

图 2.44 安装 SSH 工具软件

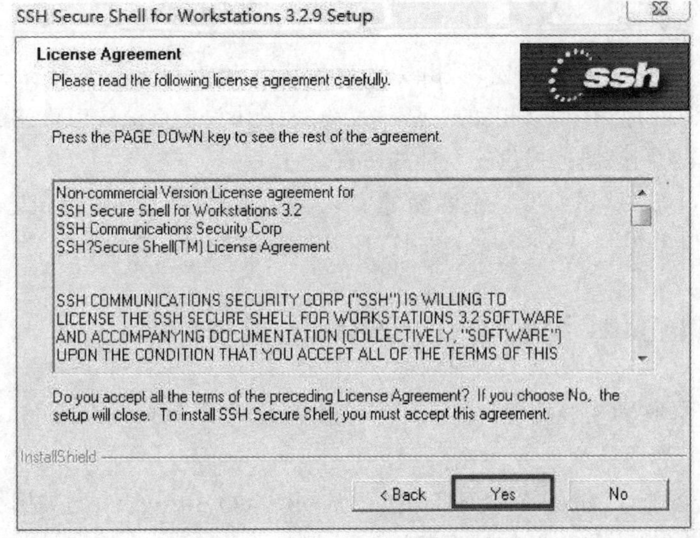

图 2.45 继续安装 SSH 工具软件

钮，直到完成。

（5）安装完成后，如图 2.48 所示。图上有两个图标，上面一个可以用作 Ubuntu

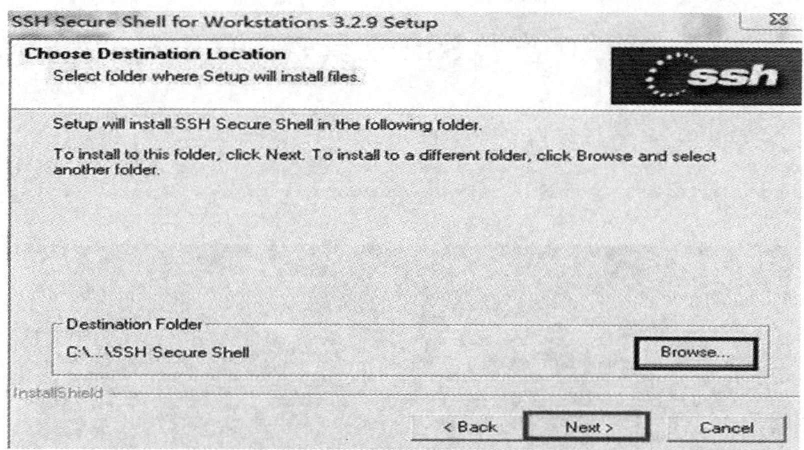

图 2.46　选择 SSH 工具安装路径

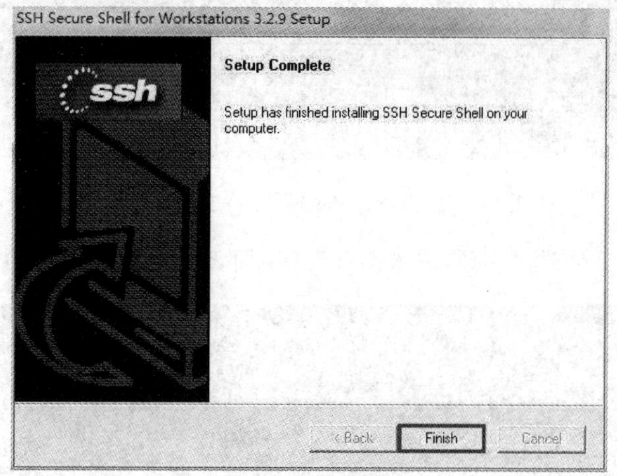

图 2.47　完成 SSH 工具安装

系统的终端，下面一个是用来传文件的。

图 2.48　SSH 工具软件的安装完成显示

2.7.2 Ubuntu 系统中安装 SSH 工具软件

(1) 在 Ubuntu 终端运行如下命令,安装 SSH。详见图 2.49。

```
#apt- get install ssh   或者 $ sudo apt- get install ssh
```

```
root@ubuntu:~#
root@ubuntu:~# apt-get install ssh
Reading package lists... Done
Building dependency tree
Reading state information... Done
The following package was automatically installed and is no longer required:
  thunderbird-globalmenu
Use 'apt-get autoremove' to remove them.
The following extra packages will be installed:
  openssh-client openssh-server ssh-import-id
Suggested packages:
  libpam-ssh keychain monkeysphere openssh-blacklist openssh-blacklist-extra
  rssh molly-guard
The following NEW packages will be installed:
  openssh-server ssh ssh-import-id
The following packages will be upgraded:
  openssh-client
1 upgraded, 3 newly installed, 0 to remove and 473 not upgraded.
Need to get 1,289 kB of archives.
After this operation, 910 kB of additional disk space will be used.
Do you want to continue [Y/n]?
```

图 2.49 在 Ubuntu 终端下安装 SSH 服务器端

(2) 在图 2.49 中选择“Y”,进入图 2.50 界面,SSH 工具安装完成。

```
) ...
Selecting previously unselected package ssh.
Unpacking ssh (from .../ssh_1%3a5.9p1-5ubuntu1.4_all.deb) ...
Selecting previously unselected package ssh-import-id.
Unpacking ssh-import-id (from .../ssh-import-id_2.10-0ubuntu1_all.deb) ...
Processing triggers for man-db ...
Processing triggers for ureadahead ...
ureadahead will be reprofiled on next reboot
Processing triggers for ufw ...
Setting up openssh-client (1:5.9p1-5ubuntu1.4) ...
Setting up openssh-server (1:5.9p1-5ubuntu1.4) ...
Creating SSH2 RSA key; this may take some time ...
Creating SSH2 DSA key; this may take some time ...
Creating SSH2 ECDSA key; this may take some time ...
ssh start/running, process 3979
Setting up ssh (1:5.9p1-5ubuntu1.4) ...
Setting up ssh-import-id (2.10-0ubuntu1) ...
root@ubuntu:~#
```

图 2.50 完成 Ubuntu 终端下 SSH 服务器端的安装

2.7.3　使用 SSH 工具传文件

下面介绍“SSH Secure File Transfer Client”的使用方法。

(1) 进入虚拟机的 Ubuntu 系统，使用 ifconfig 命令，确定 Ubuntu 的 IP 地址。如图 2.51 所示，用户的 IP 地址需要自己确认，这里只是以作者机器的 IP 为例，如图 2.51 所示。

```
root@ubuntu-virtual-machine: /home/ubuntu
正在设置 u-boot-tools (2011.09-2) ...
正在设置 uboot-mkimage (2011.09-2) ...
root@ubuntu-virtual-machine:/home/ubuntu#
root@ubuntu-virtual-machine:/home/ubuntu#
root@ubuntu-virtual-machine:/home/ubuntu# ifconfig
eth0      Link encap:以太网  硬件地址 00:0c:29:ca:bb:50
          inet 地址:192.168.123.101  广播:192.168.123.255  掩码:255.255.255.0
          inet6 地址: fe80::20c:29ff:feca:bb50/64 Scope:Link
          UP BROADCAST RUNNING MULTICAST  MTU:1500  跃点数:1
          接收数据包:9057 错误:0 丢弃:0 过载:0 帧数:0
          发送数据包:5328 错误:0 丢弃:0 过载:0 载波:0
          碰撞:0 发送队列长度:1000
          接收字节:10106454 (10.1 MB)  发送字节:521444 (521.4 KB)

lo        Link encap:本地环回
          inet 地址:127.0.0.1  掩码:255.0.0.0
          inet6 地址: ::1/128 Scope:Host
          UP LOOPBACK RUNNING  MTU:16436  跃点数:1
          接收数据包:129 错误:0 丢弃:0 过载:0 帧数:0
          发送数据包:129 错误:0 丢弃:0 过载:0 载波:0
          碰撞:0 发送队列长度:0
          接收字节:11279 (11.2 KB)  发送字节:11279 (11.2 KB)

root@ubuntu-virtual-machine:/home/ubuntu#
```

图 2.51　查看 eth0 网卡信息

(2) 双击快捷方式“SSH Secure File Transfer Client”，打开 SSH 工具，如图 2.52 所示。

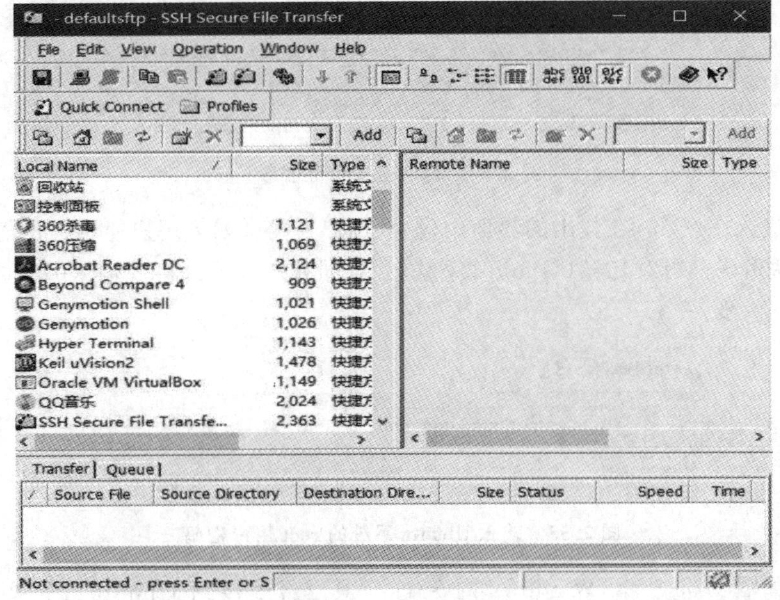

图 2.52　打开 SSH 工具

(3) 在图 2.52 所示的界面中,选择“File”菜单中的“Quick Connnect”选项,然后弹出如图 2.53 所示的对话框,在对话框中的“User Name”里面输入“root”。“Host Name”中输入的是前面查看到的 Ubuntu 的 IP 地址(图中 192.168.198.133 当修改为 192.168.123.101),“root”用户需要在安装 Ubuntu 之后新建。“Port”默认 22。单击“Connect”按钮进入下一界面。

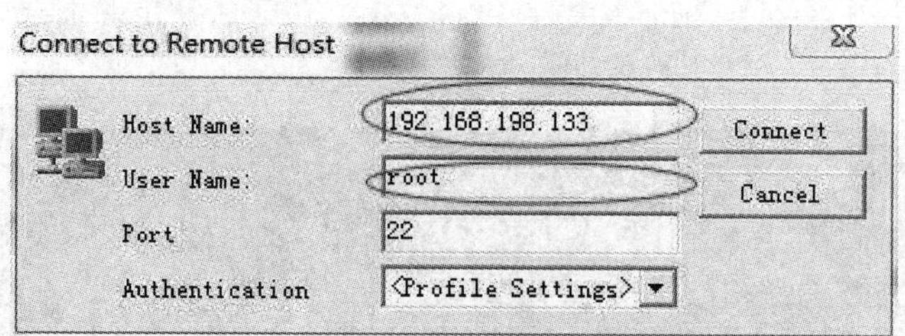

图 2.53 连接 Ubuntu 系统

(4) 进入图 2.54(图中 192.168.198.133 当为 192.168.123.101),在弹出的窗口中单击“Yes”按钮。

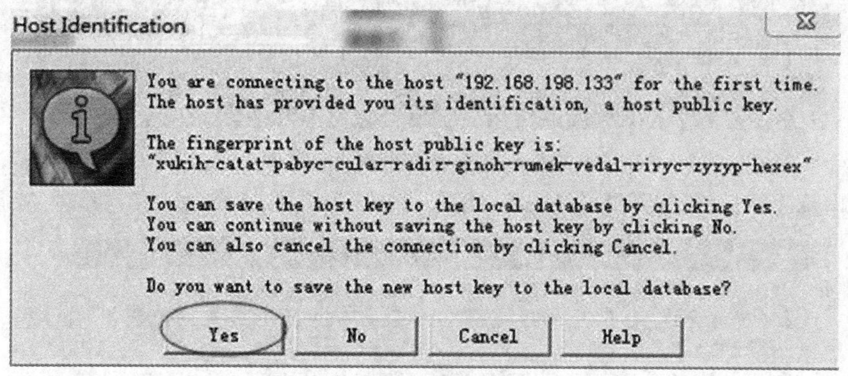

图 2.54 确认主机身份信息

(5) 进入图 2.55,在弹出的界面中,输入用户密码。如果用户使用的是搭建好的镜像,默认密码是“123456”(Ubuntu 系统的 root 用户密码),将其输入并单击“OK”键,进入下一步。

图 2.55 输入 Ubuntu 系统的 root 用户密码

(6) 如图 2.56 所示,Windows 的 SSH 工具已经连接到 Ubuntu 了。图中左边部分是 Windows 主机的文件目录,右边为 Ubuntu 系统的目录,可以通过鼠标拖动来传文件，非常方便。

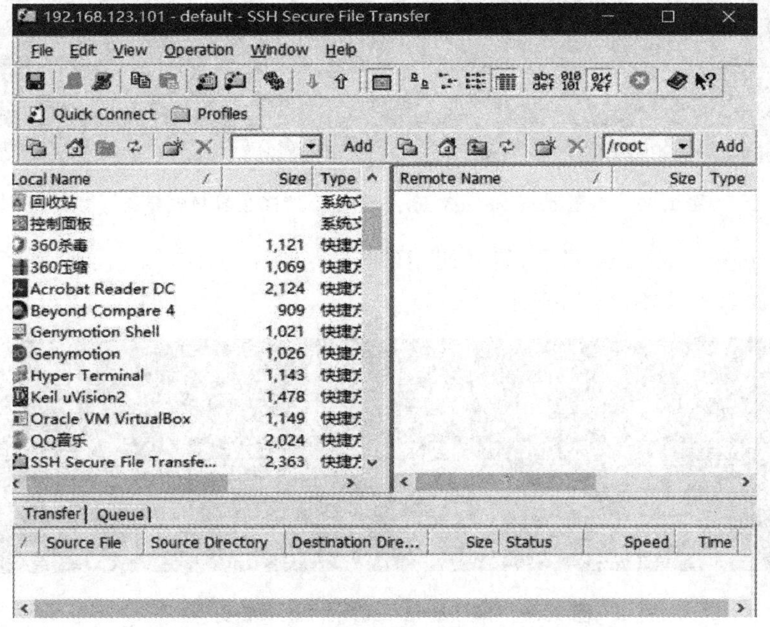

图 2.56　SSH 工具连接到 Ubuntu 系统成功

2.8　安装交叉编译工具链

编译的主要工作是将程序转化成相应 CPU 能运行的机器代码。通常的嵌入式系统软件大都采用交叉编译的方式。由于不同的硬件体系结构有不同的指令系统，所以就需要相应的编译器生成相应 CPU 能执行的机器代码，交叉编译就是把一个硬件平台上的程序代码编程成另一个硬件平台上能够执行的程序代码。

通常把嵌入式系统的程序开发安装在 PC 上（称为宿主机）并建立交叉编译环境，而把嵌入式系统开发板（目标机）作为测试平台来执行检验宿主机上交叉编译后的执行程序。只有在主机平台上安装“交叉编译工具链”，才能使用这个交叉编译工具链生成目标平台上所需要的代码。

在此，介绍一款 Codesourcery 公司（目前已经被 Mentor 收购）基于 GCC 推出的 ARM 交叉编译工具 arm-none-linux-gnueabi-gcc 编译器，该工具可以在 http://sourcery. mentor. com/public/gnu _ toolchain/arm-none-linux-gnueabi/下载，在 Linux PC 机上使用该工具链生成针对 ARM 平台上 Linux 系统的可执行代码。

首先下载压缩包文件“arm-2009q3. tar. bz2”，然后使用 SSH 工具将 arm-2009q3. tar. bz2 交叉编译工具复制到 Ubuntu12. 04. 2 系统的“/usr/local/arm/”目

录下,如图 2.57 所示。

```
root@ubuntu: ~
root@ubuntu:~# mkdir /usr/local/arm
root@ubuntu:~# ls /usr/local/
arm  bin  etc  games  include  lib  man  sbin  share  src
root@ubuntu:~# ls /usr/local/arm/
arm-2009q3.tar.bz2
root@ubuntu:~#
```

图 2.57　查看 arm-2009q3. tar. bz2 交叉编译工具复制是否成功

进入/usr/local/arm 目录,然后使用解压命令"tar-vxf 对 arm-2009q3. tar. bz2"压缩包文件解压,如图 2.58 所示。

```
root@ubuntu: /usr/local/arm
root@ubuntu:~# ls /usr/local/arm/
arm-2009q3.tar.bz2
root@ubuntu:~# cd /usr/local/arm/
root@ubuntu:/usr/local/arm# tar -vxf arm-2009q3.tar.bz2
```

图 2.58　解压 arm-2009q3. tar. bz2 文件

安装过程的下一步是修改交叉编译工具的路径(配置环境变量)。

修改交叉编译工具路径,需要修改环境变量,在 Ubuntu 终端执行命令"cd /root" 和"vim . bashrc",打开环境变量文件". bashrc",如图 2.59 所示。

```
root@ubuntu: ~
arm-2009q3/share/doc/arm-arm-none-linux-gnueabi/man/man7/
arm-2009q3/share/doc/arm-arm-none-linux-gnueabi/man/man7/gfdl.7
arm-2009q3/share/doc/arm-arm-none-linux-gnueabi/man/man7/gpl.7
arm-2009q3/share/doc/arm-arm-none-linux-gnueabi/man/man7/fsf-funding.7
arm-2009q3/share/doc/arm-arm-none-linux-gnueabi/info/
arm-2009q3/share/doc/arm-arm-none-linux-gnueabi/info/cpp.info
arm-2009q3/share/doc/arm-arm-none-linux-gnueabi/info/bfd.info
arm-2009q3/share/doc/arm-arm-none-linux-gnueabi/info/dir
arm-2009q3/share/doc/arm-arm-none-linux-gnueabi/info/gprof.info
arm-2009q3/share/doc/arm-arm-none-linux-gnueabi/info/gcc.info
arm-2009q3/share/doc/arm-arm-none-linux-gnueabi/info/configure.info
arm-2009q3/share/doc/arm-arm-none-linux-gnueabi/info/gccinstall.info
arm-2009q3/share/doc/arm-arm-none-linux-gnueabi/info/binutils.info
arm-2009q3/share/doc/arm-arm-none-linux-gnueabi/info/as.info
arm-2009q3/share/doc/arm-arm-none-linux-gnueabi/info/gdbint.info
arm-2009q3/share/doc/arm-arm-none-linux-gnueabi/info/cppinternals.info
arm-2009q3/share/doc/arm-arm-none-linux-gnueabi/info/gdb.info
arm-2009q3/share/doc/arm-arm-none-linux-gnueabi/info/stabs.info
arm-2009q3/share/doc/arm-arm-none-linux-gnueabi/info/ld.info
arm-2009q3/share/doc/arm-arm-none-linux-gnueabi/info/annotate.info
arm-2009q3/share/doc/arm-arm-none-linux-gnueabi/info/gccint.info
arm-2009q3/share/doc/arm-arm-none-linux-gnueabi/info/standards.info
root@ubuntu:/usr/local/arm# cd  /root/
root@ubuntu:~# vim .bashrc
```

图 2.59　打开环境变量文件

然后在". bashrc"文件中的最后一行添加如下信息:"export PATH= $PATH:/usr/local/arm/arm-2009q3/bin",如图 2.60 所示。

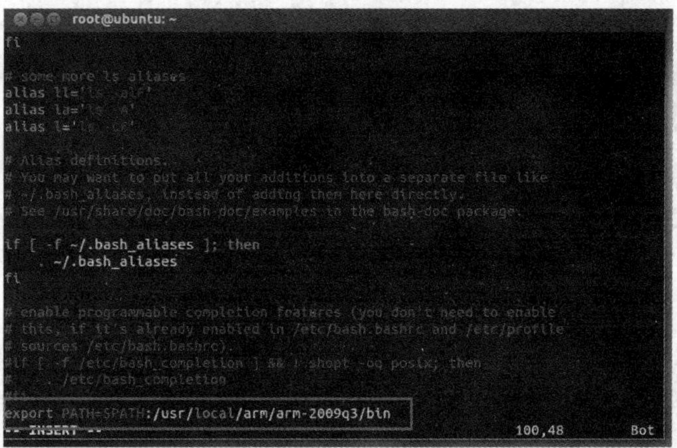

图 2.60　添加路径命令

修改完成后保存退出。

执行“source . bashrc”命令，更新环境变量，如图 2.61 所示。

```
arm-2009q3/share/doc/arm-arm-none-linux-gnueabi/info/gdb.info
arm-2009q3/share/doc/arm-arm-none-linux-gnueabi/info/stabs.info
arm-2009q3/share/doc/arm-arm-none-linux-gnueabi/info/ld.info
arm-2009q3/share/doc/arm-arm-none-linux-gnueabi/info/annotate.info
arm-2009q3/share/doc/arm-arm-none-linux-gnueabi/info/gccint.info
arm-2009q3/share/doc/arm-arm-none-linux-gnueabi/info/standards.info
root@ubuntu:/usr/local/arm# cd  /root/
root@ubuntu:~# vim .bashrc
root@ubuntu:~# source .bashrc
root@ubuntu:~#
```

图 2.61　更新环境变量

最后，在 Ubuntu 的终端中输入命令“arm”，然后按 下 Tab 键，如果在终端中能够看到 arm 编译器的信息，就表明交叉编译工具安装成功，如图 2.62 所示。

```
arm-2009q3/share/doc/arm-arm-none-linux-gnueabi/info/standards.info
root@ubuntu:/usr/local/arm# cd  /root/
root@ubuntu:~# vim .bashrc
root@ubuntu:~# source .bashrc
root@ubuntu:~# arm
arm2hpdl                            arm-none-linux-gnueabi-gdbtui
arm-none-linux-gnueabi-addr2line    arm-none-linux-gnueabi-gprof
arm-none-linux-gnueabi-ar           arm-none-linux-gnueabi-ld
arm-none-linux-gnueabi-as           arm-none-linux-gnueabi-nm
arm-none-linux-gnueabi-c++          arm-none-linux-gnueabi-objcopy
arm-none-linux-gnueabi-c++filt      arm-none-linux-gnueabi-objdump
arm-none-linux-gnueabi-cpp          arm-none-linux-gnueabi-ranlib
arm-none-linux-gnueabi-g++          arm-none-linux-gnueabi-readelf
arm-none-linux-gnueabi-gcc          arm-none-linux-gnueabi-size
arm-none-linux-gnueabi-gcc-4.4.1    arm-none-linux-gnueabi-sprite
arm-none-linux-gnueabi-gcov         arm-none-linux-gnueabi-strings
arm-none-linux-gnueabi-gdb          arm-none-linux-gnueabi-strip
root@ubuntu:~# arm
```

图 2.62　查看系统中交叉编译工具

至此已经完成了宿主机上嵌入式系统开发环境的搭建，可以连接 MPTS - A9 教学平台（目标机）进行项目实验了。针对嵌入式开发板的系统移植，将在第 6 章详细讲解。

第 3 章

嵌入式 Linux 系统基础实验

本章主要介绍在嵌入式 Linux 系统下进行常用的应用程序设计方法，包括基本的嵌入式开发方式和流程、多线程应用程序设计、网络 Socket 通信应用等实验。通过上述的应用程序设计，用户可以掌握在嵌入式 Linux 系统下进行应用程序设计的基本方法，熟悉嵌入式 Linux 系统下软硬件开发环境。

3.1 makefile 工程管理

3.1.1 make 工程管理器

在 Linux 系统中进行程序编译，首先想到的是 GCC 编译器。这个工具可以满足为数不多的几个程序的编译工作。若一个软件里的源文件达到成千上万时，GCC 编译器就显得力不从心了，需要一个新的很方便的工具来统一管理和编辑，它就是 make 工程管理器。

对于大型程序来说，首先需要建立一个工程。这个工程下面通常有许多子目录，子目录里面包含许多目录或者源文件，像这样一直嵌套下去，那么这个工程就会有许多的源文件。使用 make 工程管理器进行编译会方便许多。

make 工程管理器是一个"自动编译管理器"。这里的"自动"是指它能根据文件时间戳自动发现更新过的文件而减少编译工作量。同时，它通过读入 makefile 文件的内容来执行大量的编译工作。用户只需要使用一个 make 命令，整个工程就完成自动编译，极大地提高了软件开发的效率。因此几乎所有 Linux 下的项目编程均会使用它。

makefile 定义了一系列规则来指定哪些文件需要先编译，哪些文件需要后编译，哪些文件需要重新编译，甚至于进行更复杂的功能操作。因为 makefile 就像一个 Shell 脚本一样，可以执行操作系统的命令。make 是一个命令工具，是一个解释 makefile 中指令的命令工具。

3.1.2　makefile 文件编写规则

1. makefile 文件的编写

(1) makefile 文件中只有一个最终目标，就是第一条规则中的第一个目标。

(2) makefile 文件的书写规则包含两个部分，一个是依赖关系，一个是生成目标的方法。

一个 makefile 文件中通常包含如下内容：

- make 工程管理器中需要创建的目标体(target)，通常是目标文件和可执行文件；
- 目标体所依赖的文件(depende_file)；
- 生成每个目标体时需要的运行命令(command)。

2. makefile 文件格式

```
target: dependency_files
<TAB>command        /* 该行必须以 Tab 键开头 */
```

举一个简单的例子：

```
main :   a.o b.o
    gcc a.o b.o -o main
a.o: a.c
    gcc a.c -o a.o -c
b.o: b.c
    gcc b.c -o b.o -c
```

注意：每条 GCC 编译命令前面不是空格，而是 Tab 键的制表符号位。

将其保存名称为 makefile 的文件，文件名没有后缀。在 Linux 环境下执行 make 命令，其运行步骤是：

```
#make
gcc a.c -o a.o-c
gcc b.c -o b.o -c
gcc a.o a.o -o main
```

将 a.c 和 b.c 编译成在 Linux 系统环境下的可执行文件 main。

3. 伪目标(PHONY)

伪目标(PHONY)不会生成一个文件，只用来执行命令，有时称它为标签。只是在显式请求时执行命令的名字。

使用 PHONY 目标的原因：

(1) 避免和同名文件冲突。phony 目标并非是由其他文件生成的实际文件，make 会跳过隐含规则搜索，改善性能。

(2) 如果编写一个规则，并不产生目标文件，则其命令在每次 make 该目标时都执行。例如：

```
clean:
rm  *.o  temp
```

假设一个工程最后需要产生两个可执行文件。但这两个文件是相互独立的，即一个文件需要重建并不影响另一个，则可以使用"假象目的"来达到这种效果。一个"假象目的"跟一个正常的目的几乎是一样的，只是这个目的文件是不存在的而已。因此，make 总是会假设它需要被生成，并当它的依赖文件更新后，执行它的规则里的命令行。

4. make clean，make install，make all 的实现

make clean 是清除上次 make 命令所产生的 object 文件(后缀为".o"的文件)及可执行文件。

make install 是将编译成功的可执行文件安装到系统目录中，一般为/usr/local/bin 目录。

make 就是 make all 编译用的，根据 makefile 文件编译源代码、连接、生成目标文件和可执行文件。

3.1.3 makefile 的变量

为进一步简化编辑和维护 makefile，make 允许在 makefile 中创建和使用变量。变量是在 makefile 中定义的名称，被用来代替一个文本字符串。该文本字符串被称为该变量的值。具体要求下，这些值可以代替目标体和依赖文件。变量定义有两种：一是递归展开方式，另一是简单方式。

递归展开方式定义的变量是在该变量替换时进行替换。如果该变量包含了对其他变量的引用时，则在引用该变量时会一次性将嵌套的变量全部展开。

递归展开方式的定义格式为：VAR＝var。

简单展开方式的定义为：VAR：＝var

make 中的变量均使用"(V AR)"表示。

注意，变量名是不包括：'：'、'＝'、'＃'、结尾空格的任何字符串。变量名对大小写敏感。makefile 内部常使用小写字母作为变量名。

上例中用变量替换后的 makefile 文件如下。这里用 OBJS 代替 a.o、b.o，用 CC 代替 gcc。经过这样修改，就可以大大简化 makefile 编写和维护的工作量。

```
.PHONY: clean
OBJS = a.o b.o
CC = gcc
RM  =  rm
main: $(OBJS)
	$(CC) -o main $(OBJS)
a.o : a.c
	$(CC)-c a.c-o a.o
b.o: b.c
	$(CC)-c b.c-o b.o
clean:
	$(RM)   $(OBJS)
```

此处变量是用递归展开方式定义的。可以看到，如果又有新的".o"文件需要加入时，用户只需简单地修改一下"OBJS"变量便可。

表 3.1 给出 makefile 中常见的变量。

表 3.1　makefile 中常见的变量

命令格式	含　义
$ *	不包含扩展名的目标文件名称
$ +	所有的依赖文件，以空格分开，并以出现的先后为序，可能包含重复的依赖文件
$ <	第一个依赖文件的名称
$?	所有时间戳比目标文件晚的依赖文件，并以空格分开
$ @	目标文件的完整名称
$ ^	所有不重复的依赖文件，以空格分开
$ %	如果目标是归档成员，则该变量表示目标的归档成员名称

自动变量的书写在熟练之后就会非常方便。下面给出上例经自动变量改写的 makefile 文件。

```
.PHONY: clean
OBJS = a.o b.o
CC = gcc
RM  =  rm
main: $(OBJS)
	$(CC)  -o$@   $^
a.o : a.c
	$(CC)  -c$<-o  $@
b.o: b.c
	$(CC)  -c$<-o  $@
clean:
```

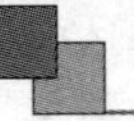


```
    $(RM)   $(OBJS)
```

3.1.4 makefile 规则

makefile 的规则是 make 工程管理进行处理的依据。它包括了目标体、依赖文件和命令语句。为了简化 makefile 文件的书写，make 工程管理定义了两种类型的规则：隐式规则和模式规则。

1. 隐式规则

隐式规则能够告诉 make 怎样使用传统的方式完成任务。当用户这样使用时就不必详细指定编译的具体细节，只需把目标文件列出即可。如此 make 会自动搜索隐式规则以此来确定如何生成目标文件。

如上例就可以如下书写：

```
.PHONY: clean
OBJS = a.o b.o
CC = gcc
RM = rm
main: $(OBJS)
    $(CC) -o $@ $^
clean:
    $(RM)  $(OBJS)
```

为什么可以省略后 4 句呢？因为 make 的隐式规则指出：所有“.o”文件都可自动由“.c”文件使用命令“$(CC) -c <file.c> -o <file.o>”生成。这样“a.o”和“b.o”就会分别调用“$(CC) -c $< -o $@”生成得到。

2. 模式规则

模式规则是用来定义相同处理规则的多个文件的。它不同于隐式规则。隐式规则仅仅能够用 make 默认的变量来进行操作，而模式规则还能引入用户自定义变量，为多个文件建立相同的规则，从而简化 makefile 的编写。

模式规则的格式类似于普通规则，这个规则中的相关文件前必须用“%”进行标明。使用模式规则修改后的 makefile 的编写如下：

```
.PHONY: clean
OBJS = a.o b.o
CC = gcc
RM = rm
main: $(OBJS)
    $(CC) -o $@ $^
```

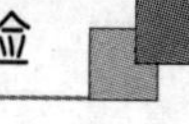

```
%.o: %.c
	$(CC)  -c  $<-o  $@
clean:
	$(RM)  $(OBJS)
```

以上是 make 工程管理器的基本使用方法。

3.2 Hello World 实验

3.2.1 实验目的

(1) 熟悉嵌入式 Linux 系统开发环境、学会基于 MPTS－A9 教学平台的 Linux 开发环境的使用。

(2) 利用 arm-poky-Linux-gnueabi-gcc 交叉编译器编译程序，使用基于 NFS 的挂载方式进行实验 。

(3) 熟悉 makefile 规则和使用。

3.2.2 实验原理

(1) Hello World 程序是一个在输出控制台(计算机屏幕或者串口控制台)上打印出"Hello World!"字串的程序(该程序常常是计算机程序设计者要学习编写的第一个程序)。它还可以用来测试该语言的编译器及程序开发环境是否安装正确。

本实验也将 Hello World 程序作为第一个学习编写的程序，并通过实际的执行过程让读者了解嵌入式系统的开发。

(2) Ubuntu 系统中编译 X86 平台的程序采用 GCC 编译器。而编译 ARM 平台是采用 arm-Linux-gcc 编译器(arm-poky-Linux-gnueabi-gcc)。在本 MPTS－A9 教学平台中，所有 Linux 实验均采用此编译器编译。

(3) 本实验所使用的开发系统是 64 位体系结构的 Linux 系统(Ubuntu 系统)。目的是要开发能够运行在 MPTS－A9 教学平台中的 Linux 应用程序。因此采用 NFS 挂载方式。

NFS 挂载方式是利用宿主机端 NFS 服务。在宿主机端创建一定权限的 NFS 共享目录。通过目标机端使用 NFS 文件系统来挂载该目录，从而达到网络共享服务的目的。这种共享的好处是不占用目标机的存储资源，方便对大容量文件进行访问；缺点是实际中并没有将宿主机端的文件存储在目标机存储设备上。因此掉电后不能保存共享文件内容。通常在嵌入式开发调试阶段，都采用 NFS 挂载方式进行。

3.2.3 实验内容

HelloWorld.c 程序源码：

```
#include <stdio.h>
int main(int argc,char * * argv)
{
    printf("hello world!! \n");
    return 0;
}
```

如果使用 GCC 进行编译即为可在 X86 平台上运行的程序，如果使用 arm-Linux-gcc 进行编译则为可以在 ARM 平台上运行的程序。本实验通过 make 工程管理器进行编译。

makefile 文件

make 工程管理器带来直接好处就是“自动化编译”。一旦 makefile 文件写好，剩下的就只需要一个 make 命令，整个工程便完全自动编译，因此十分方便。

HelloWorld.c 程序源码：

```
#include <stdio.h>
int main(int argc,char * * argv)
{
    printf("hello world!! \n");
    return 0;
}
```

makefile 文档源码：

```
# ------------------------------------------------------------------
CFLAGS = -Wall -O2                              //编译参数
LDFLAGS = -static
CC = arm-none-Linux-gnueabi-gcc                 // 指明编译器
#CC = gcc
TARGET = HelloWorld                             //表示编译后生成的执行文件名称
all: clean $(TARGET)                            //编译主入口
$(TARGET): HelloWorld .c
    $(CC) $(CFLAGS) $< -o $@ $(LDFLAGS)
clean distclean:                                //清除编译结果
    rm -rf *.o $(TARGET)
# ------------------------------------------------------------------
.PHONY: $(PHONY) install clean distclean
```

提醒："$(CC) $(LDFLAGS) -o $@ $(OBJS)"和"-rm -f $(EXEC) *.elf *.gdb *.o"前空白由一个 Tab 制表符生成，不能由空格来代替。

程序比较简单，在串口终端打印一行"hello world!!"。

3.2.4　实验步骤

(1) 程序源码位于厂家提供的"4412 光盘\10_实验源码\basic\01_hello"。建议这个实验同学们自己动手，新建一个 01_hello 目录。文件夹内编写 helloWorld.c 和 makefile 文件，

(2) Ubuntu 系统终端下，进入 01_hello 文件夹，使用 GCC 编译器，执行如下命令，编译出在 X86 下能运行的 helloWorld，如图 3.1 所示。

```
$ gcc -o helloWorld   helloWorld
```

```
helloWorld  helloWorld.c  Makefile
```

图 3.1　编译 helloWorld 文件

执行命令./helloWorld，如图 3.2 所示的效果。

```
ubuntu@ubuntu-virtual-machine:~/src/exp/basic/01_hello$ ./helloWorld
hello world!!
```

图 3.2　执行 helloWorld 目标文件

(3) 交叉编译，使用 make 命令进行交叉编译，如图 3.3 所示.

```
ubuntu@ubuntu-virtual-machine:~/src/exp/basic/01_hello$ make
rm -rf *.o helloWorld
arm-none-linux-gnueabi-gcc  -Wall -O2 helloWorld.c -o helloWorld -static
```

图 3.3　对 helloWorld 文件进行交叉编译

(4) 连接硬件，使用 OTG 线对 MPTS－A9 教学平台提供的 USB 接口和 PC 端进行连接。USB 口如图 3.4 所示。

查看 COM 口。从"我的 PC 机端→属性→设备管理"，如图 3.5 所示。在图中，找到 USB 转串口对应的相应串口，图中可看到"COM3"接口。

(5) 打开串口 Xshell4 软件，设置对应的串口号、波特率等相关参数，如图 3.6 所示。

把 MPTS－A9 教学平台接上电源，拨码开关上电，超级终端软件中打印嵌入式 Linux 系统启动信息。

图 3.4　USB 接口

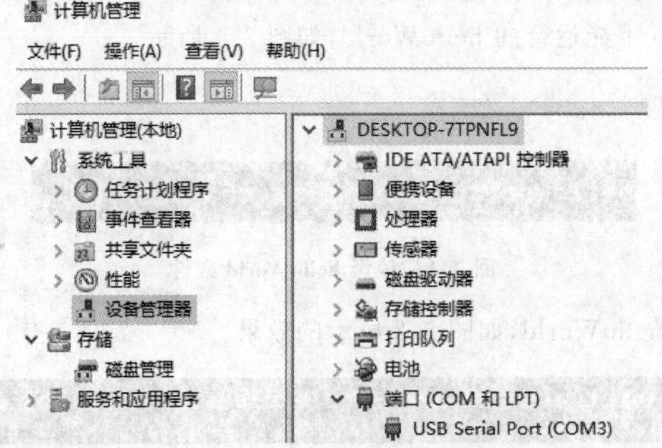

图 3.5　查看 COM 口

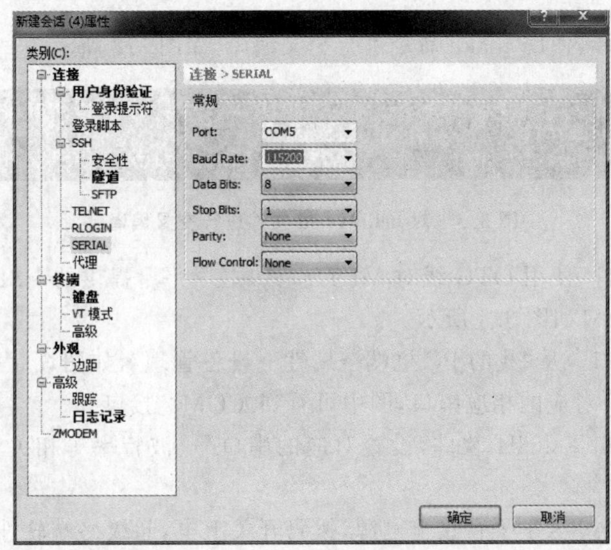

图 3.6　设置串口参数

(6) 查看 Ubuntu 系统端网卡的 IP 地址，如图 3.7 所示。

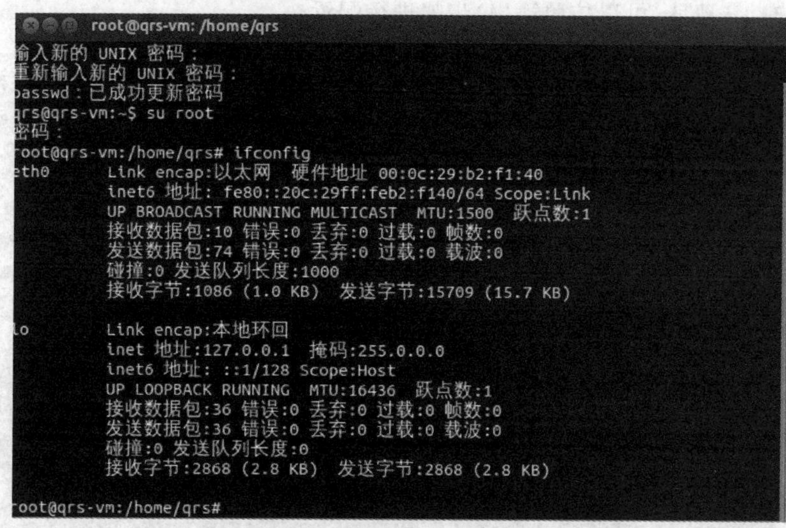

图 3.7 查看 Ubuntu 系统的网卡以及 IP 地址

配置 Eth0 网卡 ip 地址 ifconfig eth0 192.168.1.100 并查看是否配置成功，如图 3.8 所示。

```
root@qrs-vm: /home/qrs
          发送数据包:74 错误:0 丢弃:0 过载:0 载波:0
          碰撞:0 发送队列长度:1000
          接收字节:1086 (1.0 KB)  发送字节:15709 (15.7 KB)

lo        Link encap:本地环回
          inet 地址:127.0.0.1  掩码:255.0.0.0
          inet6 地址: ::1/128 Scope:Host
          UP LOOPBACK RUNNING  MTU:16436  跃点数:1
          接收数据包:36 错误:0 丢弃:0 过载:0 帧数:0
          发送数据包:36 错误:0 丢弃:0 过载:0 载波:0
          碰撞:0 发送队列长度:0
          接收字节:2868 (2.8 KB)  发送字节:2868 (2.8 KB)

root@qrs-vm:/home/qrs# ifconfig eth0 192.168.1.100
root@qrs-vm:/home/qrs# ifconfig
eth0      Link encap:以太网  硬件地址 00:0c:29:b2:f1:40
          inet 地址:192.168.1.100  广播:192.168.1.255  掩码:255.255.255.0
          inet6 地址: fe80::20c:29ff:feb2:f140/64 Scope:Link
          UP BROADCAST RUNNING MULTICAST  MTU:1500  跃点数:1
          接收数据包:17 错误:0 丢弃:0 过载:0 帧数:0
          发送数据包:191 错误:0 丢弃:0 过载:0 载波:0
          碰撞:0 发送队列长度:1000
          接收字节:2730 (2.7 KB)  发送字节:41044 (41.0 KB)

lo        Link encap:本地环回
          inet 地址:127.0.0.1  掩码:255.0.0.0
          inet6 地址: ::1/128 Scope:Host
          UP LOOPBACK RUNNING  MTU:16436  跃点数:1
          接收数据包:68 错误:0 丢弃:0 过载:0 帧数:0
          发送数据包:68 错误:0 丢弃:0 过载:0 载波:0
          碰撞:0 发送队列长度:0
          接收字节:5492 (5.4 KB)  发送字节:5492 (5.4 KB)

root@qrs-vm:/home/qrs#
```

图 3.8 配置 Ubuntu 系统的 IP 地址

(7) 查看目标板的 IP 地址(本 IP 地址是开机默认 IP 地址),如图 3.9 所示。如若开机没有 IP 地址,可以仿照第(4)步骤进行配置。

```
~ # ifconfig
eth0      Link encap:Ethernet  HWaddr 08:90:90:90:90:90
          inet addr:192.168.1.230  Bcast:192.168.1.255  Mask:255.255.255.0
          inet6 addr: fe80::a90:90ff:fe90:9090/64 Scope:Link
          UP BROADCAST RUNNING MULTICAST  MTU:1500  Metric:1
          RX packets:269 errors:0 dropped:0 overruns:0 frame:0
          TX packets:6 errors:0 dropped:0 overruns:0 carrier:0
          collisions:0 txqueuelen:1000
          RX bytes:40907 (39.9 KiB)  TX bytes:480 (480.0 B)

lo        Link encap:Local Loopback
          inet addr:127.0.0.1  Mask:255.0.0.0
          inet6 addr: ::1/128 Scope:Host
          UP LOOPBACK RUNNING  MTU:16436  Metric:1
          RX packets:0 errors:0 dropped:0 overruns:0 frame:0
          TX packets:0 errors:0 dropped:0 overruns:0 carrier:0
          collisions:0 txqueuelen:0
          RX bytes:0 (0.0 B)  TX bytes:0 (0.0 B)
```

图 3.9　查看目标板的 IP 地址

设置 Windows 环境的 IP 地址,如图 3.10 所示。

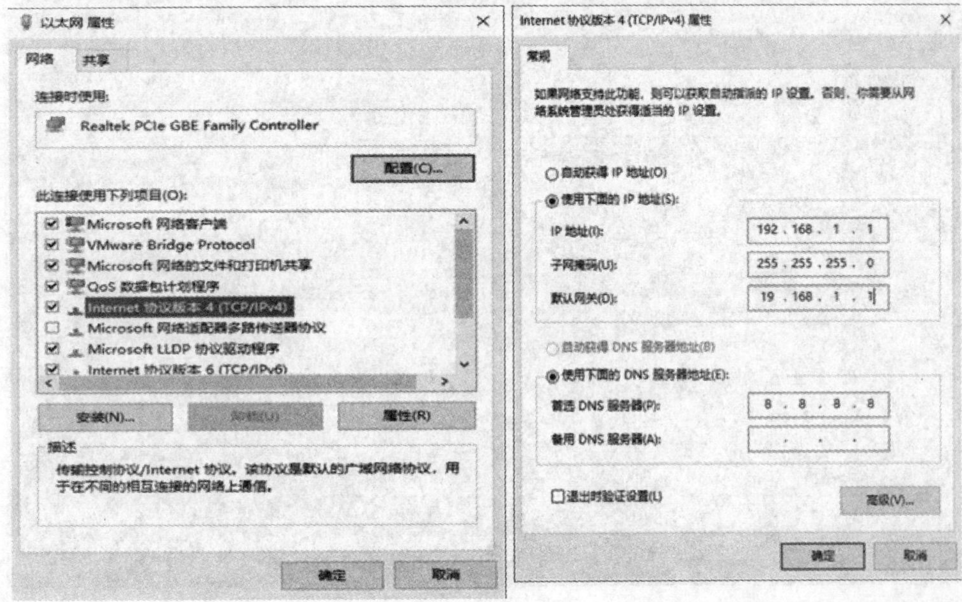

图 3.10　配　置

（8）测试网络联通

测试结果显示从目标板到 Windows 系统 ping Windows 系统的 IP 地址 192.168.1.1，显示是连通的，如图 3.11 所示。

```
~ # ping 192.168.1.1
PING 192.168.1.1 (192.168.1.1): 56 data bytes
64 bytes from 192.168.1.1: seq=0 ttl=128 time=2.178 ms
64 bytes from 192.168.1.1: seq=1 ttl=128 time=1.151 ms
64 bytes from 192.168.1.1: seq=2 ttl=128 time=1.091 ms
^C
--- 192.168.1.1 ping statistics ---
3 packets transmitted, 3 packets received, 0% packet loss
round-trip min/avg/max = 1.091/1.473/2.178 ms
~ #
```

图 3.11　测试目标板到 Windows 系统的连通

从 Ubuntu 系统 ping 目标板目标板 IP 地址 192.168.1.230，显示为连通，如图 3.12 所示。

```
root@qrs-vm:/home/qrs# ping 192.168.1.230
PING 192.168.1.230 (192.168.1.230) 56(84) bytes of data.
64 bytes from 192.168.1.230: icmp_req=1 ttl=64 time=1.49 ms
64 bytes from 192.168.1.230: icmp_req=2 ttl=64 time=1.29 ms
64 bytes from 192.168.1.230: icmp_req=3 ttl=64 time=1.82 ms
64 bytes from 192.168.1.230: icmp_req=4 ttl=64 time=1.64 ms
64 bytes from 192.168.1.230: icmp_req=5 ttl=64 time=1.28 ms
```

图 3.12　Ubuntu 系统 ping 目标板目标板 IP 地址

从目标板 ping Ubuntu 系统的 IP 地址 192.168.1.100，显示为连通状态，如图 3.13 所示。

```
~ # ping 192.168.1.100
PING 192.168.1.100 (192.168.1.100): 56 data bytes
64 bytes from 192.168.1.100: seq=32 ttl=64 time=14.784 ms
64 bytes from 192.168.1.100: seq=33 ttl=64 time=1.339 ms
64 bytes from 192.168.1.100: seq=34 ttl=64 time=1.426 ms
64 bytes from 192.168.1.100: seq=35 ttl=64 time=1.384 ms
64 bytes from 192.168.1.100: seq=36 ttl=64 time=1.884 ms
64 bytes from 192.168.1.100: seq=37 ttl=64 time=1.333 ms
64 bytes from 192.168.1.100: seq=38 ttl=64 time=1.305 ms
```

图 3.13　从目标板 ping Ubuntu 系统

（9）现在可以进行挂载

挂载命令 mount-t nfs-o nolock 192.168.1.100：/home/qrs/nfs　/mnt/

通过 cd /mnt/和 ls 查看显示为挂载成功,如图 3.14、图 3.15 所示。

```
~ # mount -t nfs -o nolock 192.168.1.100:/home/qrs/nfs /mnt/
~ # cd /mnt
/mnt # ls
README
/mnt #
```

图 3.14　NFS 挂载

```
root@qrs-vm:/home/qrs/nfs# ls
basic  extra  README
root@qrs-vm:/home/qrs/nfs#
```

图 3.15　查看挂载文件

(10) 在 Xshell 终端上对 HelloWorld 文件修改属性,使用命令:# chmod 777 HelloWorld 并运行执行. /HelloWorld,显示程序执行成功,如图 3.16 所示。

```
/home # chmod 777 helloWorld
/home # ./helloWorld
hello world!!
/home #
```

图 3.16　显示执行结果

3.2.5　思考与练习

(1) 简述交叉编译的基本概念,简述 X86 平台和 ARM 平台编译环境的异同。

(2) 简述 makefile 文件的编写和基本组成。

(3) 如何在嵌入式开发板上执行应用程序。

(4) 尝试修改程序,通过交叉编译方式的在目标板终端打印程序执行结果。

3.3　多线程应用实验

3.3.1　实验目的

(1) 了解 Linux 下多线程程序设计的基本原理。

(2) 了解 pthread 库函数的使用。

3.3.2　实验内容

(1) 掌握多线程程序设计的基本原理，读懂 pthread.c 的源代码，并掌握互斥锁和条件变量在多线程间通信的使用方法。

(2) 进入实验目录，运行 make 产生 pthread 程序，在 MPTS－A9 教学平台上使用 NFS 方式连接宿主机端实验目录，并运行测试。

3.3.3　实验原理

1. 线程简介

进程是资源管理的基本单元，而线程是操作系统中进行调度运算的最小单位。线程被包含在进程中，是进程的实际运作单位。一个线程指的是进程中一个单一顺序的控制流。一个进程中可以有多个线程，每个线程并行执行不同的任务。

在 Linux 系统下，启动一个新的进程必须分配给它独立的地址空间，并建立众多的数据表来维护它的代码段、堆栈段和数据段。这是一种开销非常大的多任务工作方式。但是相比进程而言，对于运行在进程中的线程，它们彼此之间则使用相同的地址空间，共享了大部分数据。因此启动一个线程所消耗的空间远远小于启动一个进程所消耗的空间，而且线程间彼此切换需要的时间也远远小于进程间切换需要的时间。

另外，多线程程序作为一种多任务，并发式的工作方式，有提高应用程序响应的能力。它提高了 CPU 系统效率，改善应用程序结构等优点，因此被经常使用。

Linux 系统下的多线程遵循 POSIX 线程接口，被称为 pthread。编写 Linux 下的多线程程序时，需要使用头文件 pthread.h。连接时，它需要使用库 libpthread.a。LIBC 中的 pthread 库提供了大量的 API 函数，是为用户编写的。

2. 重要函数简介

1) 创建线程的接口

```
int pthread_create(pthread_t * thread,const pthread_attr_t * attr,void * ( * start_routine) (void * ),void * arg);
```

函数参数：

(1) thread(输出参数)，由 pthread_create 在线程创建成功后返回的线程句柄，该句柄在后续操作线程的 API 中用于标志该新建的线程；

(2) start_routine(输入参数)，新建线程的入口函数；

(3) arg(输入参数)，传递给新线程入口函数的参数；

(4) attr(输入参数),指定新建线程的属性,如线程栈大小等;如果值为 NULL,表示使用系统默认属。

函数返回值:

(1) 成功返回 0;

(2) 失败返回相关错误码。

需要注意的是:

(1) 主线程。一个进程的初始线程,其入口函数是 main 函数。

(2) 新线程的运行时机。注意,一个线程被创建之后有可能不会马上被执行,甚至有可能在创建它的线程结束后还没有被执行;也有可能这个新线程在当前线程从 pthread_create 前就已经在运行了,甚至在 pthread_create 前从当前线程返回之前新线程就已经执行完毕了。

2) 线程标识

同进程有一个 ID 类似,每个线程都有一个自己的线程 ID。不同的是进程 ID 在整个系统中是唯一的,但线程 ID 只有在所属的进程中才具有意义。线程 ID 用 pthread_t 表示。

```
pthread_t pthread_self(void);
```

若判断两个线程 ID 的大小是没有意义的。但某种情况下需要判断两个给定的线程 ID 是否相等,可以使用以下接口:

```
include <pthread.h>
int pthread_equal(pthread_t t1,pthread_t t2);
```

3) 线程终止

线程的终止分两种形式:被动终止和主动终止。

被动终止有两种方式:

(1) 线程所在进程终止。当任意线程执行 exit、_Exit 或者_exit 函数时,都会导致进程终止,进而导致存在于该进程的所有线程被终止。

(2) 其他线程调用 pthread_cancel 时请求取消该线程。

主动终止也有两种方式:

(1) 在线程的入口函数中执行 return 语句时;在 main 函数(主线程入口函数)执行 return 语句会导致进程终止,进而导致存在于该进程的所有线程终止。

(2) 线程调用 pthread_exit 函数时,在 main 函数(主线程入口函数)调用 pthread_exit 函数时,主线程终止。如果该进程内还有其他线程存在,进程会继续存在,进程内其他线程也会继续运行。

线程终止函数:

```
void pthread_exit(void * retval);
```

retval 是这个线程结束的返回值,可以通过在别的线程中调用 pthread_join 函数来获取这个值。

注意:retval 不能指向该线程的栈空间,否则有可能成为野指针。

4) 线程之间的互斥

使用互斥锁(互斥)可以使的线程按顺序执行。通常,互斥锁通过用来确保一次只有一个线程在执行代码的临界段同步多个线程。互斥锁还可保护单线程代码。

互斥锁的相关操作函数如下:

```
int pthread_mutex_lock(pthread_mutex_t * mptr);
int pthread_mutex_unlock(pthread_mutex_t * mptr);
```

在对临界资源进行操作之前需要用 pthread_mutex_lock 先加锁,操作完之后需用 pthread_mutex_unlock 再解锁。而且在这之前需要声明一个 pthread_mutex_t 类型的变量,用作前面两函数的参数。

5) 线程间同步

线程间同步需要条件变量。条件变量可以用原子方式来阻塞线程,直到某个特定条件为真才截止。条件变量始终与互斥锁一起使用。对条件的测试是在互斥锁(互斥)保护下进行的。如果条件为假,线程通常会基于条件变量阻塞,并以原子方式释放等待条件变化的互斥锁。如果另一个线程更改了条件,该线程可能会向相关的条件变量发出信号,进而使一个或多个等待的线程执行以下操作:① 唤醒;② 再次获取互斥锁;③ 重新评估条件。

在以下情况下,条件变量可用于在进程之间同步线程:

(1) 线程是可以写入的内存中分提供的;

(2) 内存由协作进程共享。

条件变量的相关函数如下:

```
int pthread_cond_wait(pthread_cond_t *cptr,pthread_mutex_t *mptr);
int pthread_cond_signal(pthread_cond_t *cptr);
```

pthread_cond_wait 用于等待某个特定的条件为真;pthread_cond_signal 用于通知阻塞的线程某个特定的条件为真。在调用者两个函数之前需要声明一个 pthread_cond_t 类型的变量来用于这两个函数的参数。

如果需要唤醒所有等待某个条件变量的线程,需要调用:

```
int pthread_cond_broadcast (pthread_cond_t * cptr)函数;
```

一般来说,阻塞的线程会一直等待。若想设置最大的阻塞时间可以调用:

```
int pthread_cond_timedwait (pthread_cond_t * cptr, pthread_mutex_t *mptr,const
struct timespec * abstime);
```

假如时间到了,条件变量还没有为真,这时仍然会返回,返回值为 ETIME。

3. 经典多线程实验

顾客理发师程序设计：理发师 1 位，顾客、椅子的数量可以自定义。没有顾客时，理发师一直等待；当有新顾客进店时，若椅子被已有的顾客坐满了，则立即离开；若新顾客进店，椅子未坐满，顾客坐上椅子等待理发师理发。若理发师给一个顾客理发结束，那么他会给下一椅子上的顾客理发。

具体程序流程图如图 3.17、图 3.18 和图 3.19 所示。

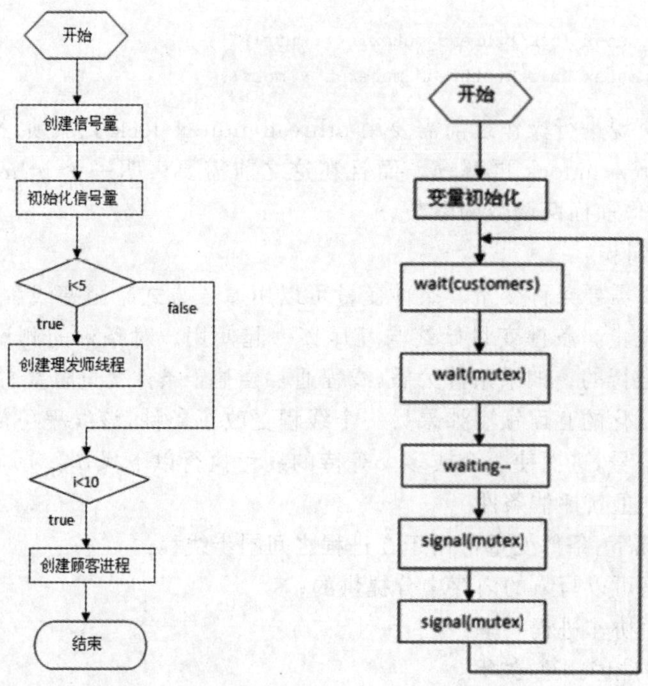

图 3.17　主程序流程图　　　　**图 3.18　理发师流程图**

程序源码如下：

```
#include<stdio.h>
#include<stdlib.h>
#include<unistd.h>
#include<pthread.h>
#include<semaphore.h>
#include<fcntl.h>
#include<errno.h>
#define n 5                              //有 5 把椅子

//3 个信号量：mutex,customer,barbers
sem_t mutex,customers,barbers;
```

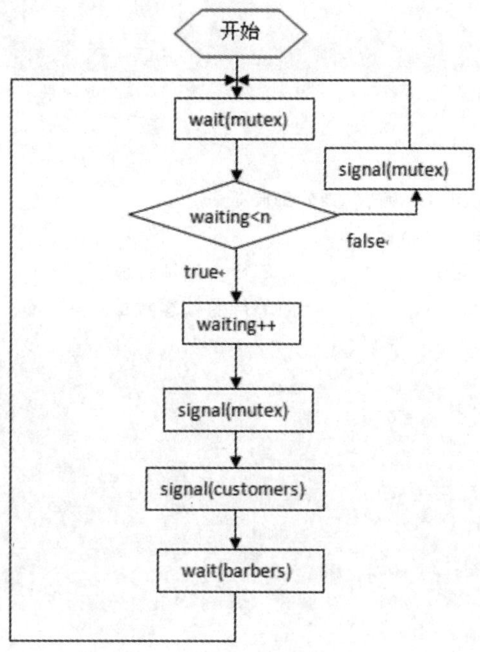

图 3.19　顾客流程图

```
int waiting = 0;                    //等待的顾客数量
int chair[5];
void * barber();
void * customer (void * arg);
int main (int argc,char * argv[])
{
    //创建 10 个顾客和 1 个理发师
    pthread_t Customer_id[10],Barber_id;
    int i;
    sem_init (&mutex,0,1);          //互斥信号量初始化 1
    sem_init (&customers,0,0);      //顾客信号量初始化 0
    sem_init (&barbers,0,1);        //理发师信号量初始化 1
    for (i = 0; i<5; i + + )
        pthread_create (&Barber_id,NULL,(void * ) barber,NULL);
    for (i = 0; i<10; i + + )
        pthread_create (&Customer_id[i],NULL,(void * ) customer,(void * ) (i + 1));
    for (i = 0; i<10; i + + )
        pthread_join (Customer_id[i],NULL);
    for (i = 0; i<5; i + + )
        pthread_join (Barber_id,NULL);
    return 0;
```

```
}
//创建理发师线程
void * barber()
{
    int i;
    int next;
    //等待顾客,如果没有顾客,理发师睡觉
    sem_wait(&customers);
    sem_wait (&mutex);              //等待互斥锁释放
    waiting--;                      //等待的顾客减 1
    for (i = 0; i<5; i + + )
    {
        if (chair[i]!  = 0)
        {
            next =  chair[i];
            chair[i] = 0;
            break;
        }
    }
    printf ("The barber is cutting % dth customer's hair\n",next);
    sleep (3);
    sem_post(&mutex);
    sem_post(&barbers);
}
//创建顾客线程
void * customer (void * arg)
{
    int i;
    sem_wait (&mutex);              //等待互斥锁释放
    if (waiting<n)
    {
        waiting + + ;               //等待的顾客加 1
        for (i = 0; i<5; i + + )
        {
            if (chair[i] = = 0)
            {
                chair[i] =  (int) arg;
                break;
            }
        }
        printf (" ****************************************************
******\n");
```

```
            printf ("Entered: Number %d customer comes,and sits at %d chair \n",(int)
arg,(i+1));
            printf ("There are %d customer on the chair\n",waiting);
            printf ("The customers location are: ");
            for (i=0; i<5; i++)
                printf ("%d    ",chair[i]);
            printf ("\n");
            sleep (1);
            sem_post (&mutex);        //释放互斥锁
            sem_post(&customers);
            sem_wait (&barbers);      //理发师等待
        }
        else
        {
            printf ("Number %d comes,there are no chairs,the customer %d is leaving\n",
(int) arg,(int) arg);
            sem_post(&mutex);
        }
    }
```

3.3.4　实验步骤

(1) 实验源码位于“4412 光盘\10_实验源码\basic\03_pthread”，使用 SSH 软件把源码复制到虚拟 Ubuntu 系统下，如图 3.20 所示。

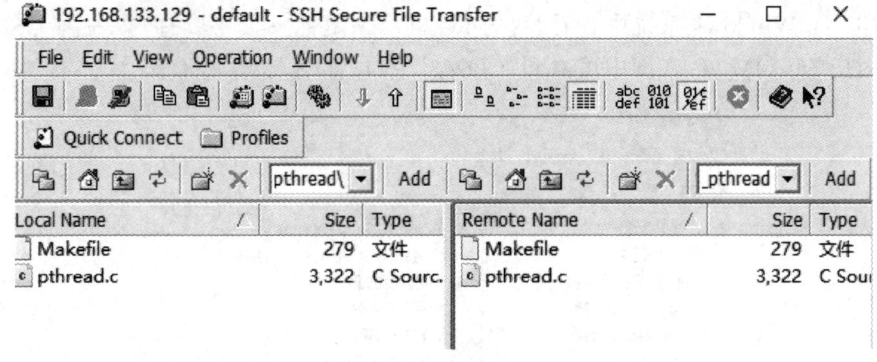

图 3.20　复制源代码

(2) 在 Ubuntu 系统中进入 03_pthread 文件夹，使用 make 生成 pthread 目标可执行文件，如图 3.21 所示。

把生成的 pthread 文件复制到 NFS 共享目录，并修改文件属性，使用如下命令。

```
ubuntu@ubuntu-virtual-machine:~/src/exp/basic$ cd 03_pthread/
ubuntu@ubuntu-virtual-machine:~/src/exp/basic/03_pthread$ ls
Makefile  pthread.c
ubuntu@ubuntu-virtual-machine:~/src/exp/basic/03_pthread$ make
rm -f pthread  *.elf *.gdb *.o
arm-linux-gcc  -Wall -O2  -lpthread  pthread.c   -o pthread
ubuntu@ubuntu-virtual-machine:~/src/exp/basic/03_pthread$ ls
Makefile  pthread  pthread.c
ubuntu@ubuntu-virtual-machine:~/src/exp/basic/03_pthread$
```

图 3.21　生成 pthread 可执行文件

```
#chmod 777 pthread
#cp pthread /home/ubuntu/nfs
```

(3) 使用 MPTS-A9 教学平台提供的 USB 线连接 PC 机端。USB 口的位置如图 3.22 所示。

图 3.22　USB 接口

(4) 在 Windows 系统中查看“我的 PC 机端→属性→设备管理”。找到 USB 转串口对应的 COM 口,在图中可看到“COM3”接口,如图 3.23 所示。

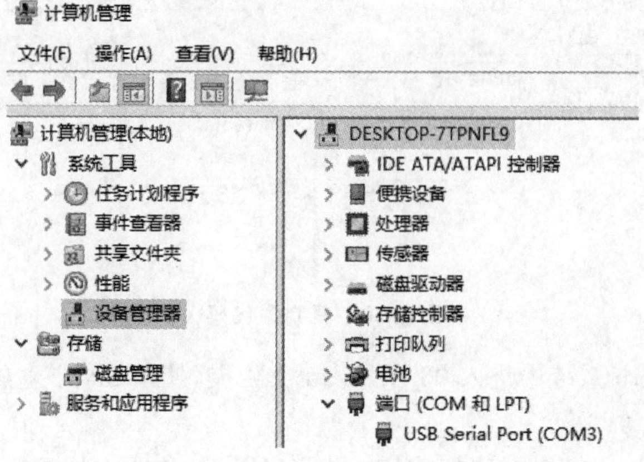

图 3.23　查看 COM 口

(5) 打开串口超级终端软件，设置对应的串口，及波特率相关参数，如图 3.24 所示。

(6) MPTS-A9 教学平台接上电源，拨码开关上电，超级终端软件里面出现嵌入式 Linux 启动信息。

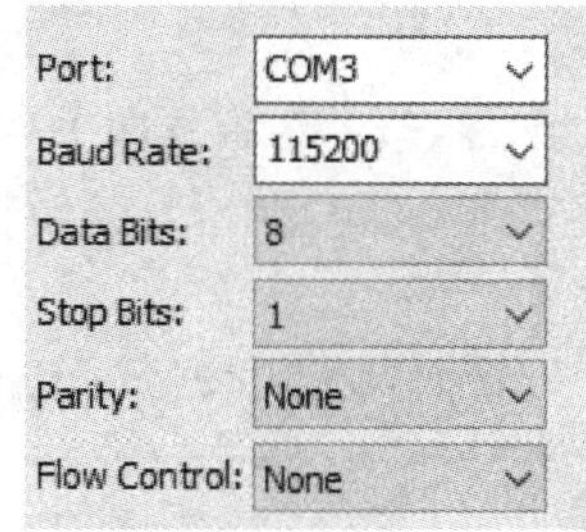

图 3.24　设置串口

(7) 嵌入式 Linux 启动完成后，通过网线连接实验设备和 PC 机。按着 NFS 配置说明，设置 PC 机和实验设备在一个网段。网络配置和连接见实验 3.2。在 MPTS-A9 教学平台终端下使用 mount 命令建立 NFS 共享。使用命令如下，如图 3.25 所示。

```
mount-t NFS-o nolock 192.168.1.128：/home/ubuntu /nfs  /mnt/nfs
```

```
~ # mount -t nfs -o nolock 192.168.1.128:/home/ubuntu/nfs /mnt/nfs/
~ # cd /mnt/nfs/
```

图 3.25　NFS 挂载

(8) 在 MPTS-A9 教学平台上运行执行程序，命令如下，结果如图 3.26 所示。

```
# ./pthread
```

```
/mnt/nfs # ./pthread
**************************************************
Entered:Number 2 customer comes,and sits at 1 chair
There are 1 customer on the chair
The customers' location are:2    0    0    0    0
**************************************************
Entered:Number 3 customer comes,and sits at 2 chair
There are 2 customer on the chair
The customers' location are:2    3    0    0    0
**************************************************
Entered:Number 4 customer comes,and sits at 3 chair
There are 3 customer on the chair
The customers' location are:2    3    4    0    0
**************************************************
Entered:Number 5 customer comes,and sits at 4 chair
There are 4 customer on the chair
The customers' location are:2    3    4    5    0
**************************************************
Entered:Number 1 customer comes,and sits at 5 chair
There are 5 customer on the chair
The customers' location are:2    3    4    5    1
Number 6 comes,there are no chairs,the customer 6 is leaving
The barber is cutting 2th customer's hair
**************************************************
Entered:Number 8 customer comes,and sits at 1 chair
There are 5 customer on the chair
The customers' location are:8    3    4    5    1
Number 9 comes,there are no chairs,the customer 9 is leaving
Number 10 comes,there are no chairs,the customer 10 is leaving
The barber is cutting 8th customer's hair
The barber is cutting 3th customer's hair
The barber is cutting 4th customer's hair
The barber is cutting 5th customer's hair
```

图 3.26　多线程实验结果显示

3.3.5 思考与练习

(1) 修改程序,若有两个理发师,程序该如何修改?
(2) 如何进行线程优先级控制?

3.4 网络套接字(Socket)通信应用实验

3.4.1 实验目的

(1) 掌握 Linux 下 C 语言套接字(Socket) 编程的基本方法;
(2) 掌握 Linux 下编写客户机/服务器系统的应用程序。

3.4.2 实验内容

(1) 学习 Linux 下 C 语言套接字(Socket) 编程原理;
(2) 熟悉基于 TCP 协议的 Socket 函数的服务器端程序和客户端程序;
(3) 在 MPTS - A9 教学平台上进行服务器端程序和客户端程序的连接。

3.4.3 实验原理

1. Socket 基本函数说明

套接字(Socket)就是 IP 地址与端口号的组合。

Linux 系统通过套接字(Socket)进行网络编程。进行嵌入式 Linux 网络编程需要用到许多网络函数。本节介绍常用的几个函数。

1) Socket 函数

```
int socket(int domain,int type,int protocol)
```

参数 domain 指使用的通信协议族(AF_UNIX 和 AF_INET 等)。AF_UNIX 只能用于单一的 Unix 系统进程之间通信。而 AF_INET 是针对互联网的,允许在远程主机之间进行通信,比较常用的是 AF_INET(IPv4)和 AF_INET(IPv6)两种。

参数 type 指网络程序所采用的通信协议(SOCK_STREAM,SOCK_DGRAM 等)。有 3 种类型可选: SOCK_STREAM 使用 TCP 协议;SOCK_DGRAM 使用 UDP 协议;以及 SOCK_RAW(原始套接字)。

参数 protocol: 只要 type 不是原始套接字,protocol 就用 0 来代替。

该函数为网络通信做基本的准备。成功时返回文件描述符,失败时返回-1。

2）bind 函数

bind 函数是把一个本地协议地址赋予一个套接字。若端口号为0,则系统会随机分配一个临时端口号。该函数只能用于TCP连接,UDP连接可不用。

```
int bind(int sockfd,struct sockaddr * my_addr,int addrlen)
```

参数 sockfd：socket 函数调用返回的文件描述符。

参数 my_addr：是一个指向 sockaddr(本地IP地址结构)的指针。

参数 addrlen：是 sockaddr 结构的长度。

sockaddr 的定义如下：

```
struct sockaddr{
unsigned short as_family;
char   sa_data[14];
};
```

由于系统的兼容性,通常不使用这个结构体,而使用另外一个结构体(struct sockaddr_in)来代替它。sockaddr_in 的定义如下：

```
struct sockaddr_in{
unsigned short sin_family;
unsigned short int sin_port;
struct in_addr sin_addr;
unsigned char sin_zero[8];
}
```

sin_family 一般为 AF_INET。sin_addr 设置为 INADDR_ANY 表示可以与任何的主机通信。sin_port 是要监听的端口号。sin_zero[8]是用来填充的。bind 函数将本地的端口同 socket 函数返回的文件描述符捆绑在一起,成功则返回0,失败的情况和 socket 一样。

3）listen 函数

listen 函数是TCP连接的服务程序。它的作用是通过 socket 套接字等待客户端的连接请求。

```
int listen(int sockfd,int backlog)
```

参数 sockfd：是 bind 函数后的文件描述符。

参数 backlog：是设置请求排队的最大长度,默认值为20。listen 函数将 bind 的文件描述符变为监听套接字。返回的情况和 bind 函数一样,连接成功则返回0;若连接失败则返回-1。

4）accept 函数

accept 函数与 bind、listen 函数一样,是应用在TCP连接的服务程序的函数。如果已完成连接队列为空时，则线程进入阻塞态。

```
int accept(int sockfd,struct sockaddr * addr,int * addrlen)
```

参数 sockfd：是 listen 函数的文件描述符。

addr 和 addrlen 是用来给客户端的程序填写的，服务器端只要传递指针就可以。Bind 函数，liste 函数和 accept 函数是服务器端用的函数。当 accept 调用时，服务器端的程序会一直阻塞，等待来自客户程序的请求连接。

accept 函数执行成功时会返回一个全新的套接字描述符。这时就有两个套接字了，原来的套接字描述符还会继续监听特定的端口，新产生的套接字描述符则准备发送或接收数据。accept 函数执行失败时返回值为－1。

5）connect 函数

此函数被客户端程序通过 socket 套接字建立网络连接。如果是 TCP 套接字，则调用 connect 函数将会激发 TCP 的 3 次握手过程；如果应用于 UDP 套接字，则没有 bind 函数。connect 函数有绑定 IP 地址以及端口号的作用。

```
int connect(int sockfd,struct sockaddr * serv_addr,int addrlen)
```

参数 sockfd：socket 函数返回的文件描述符。

参数 serv_addr：储存了服务器端的连接信息（服务器的 IP 地址结构的指针）。其中 sin_add 是服务端的地址。

参数 addrlen：serv_addr 的长度。

connect 函数是客户端用来同服务器端连接的。成功时返回值为 0，sockfd 是同服务器端通信的文件描述符，失败时返回值为－1。

6）recv()函数和 send()函数

这两个函数分别用于接收和发送数据，通常用于 TCP 协议。

```
int recv(int sockfd,void* buf,int maxbuf,int options);
int send(int sockfd,void *buffer,int msg_len,int options);
```

参数 sockfd：socket 返回的文件描述符。

参数 buf：是收到数据后存放的缓冲位置；参数 buffer 是发送数据存放的缓冲地址指针。

参数 Maxbuf、msg_len：是缓冲区的大小或者指针的长度。

options：是一些选项 MSG_OOB，MSG_PEEK，MSG_WAITALL，MSG_ERRQUEUE，MSG_NOSIGNAL，MSG_ERRQUEUE)，通常设为 0 值。

7）sendto()函数和 recvfrom()函数

这两个函数的作用与 send()和 recv()函数差不多，用于发送和接收数据。但是它们通常用在 UDP 协议，在此不做详细介绍。

```
int sendto(
```

```
    int sockfd,
    const void * msg,
    int len,
    unsigned int flags,
    const struct sockaddr * to,
    int tolen
);
int recvfrom(
    int sockfd,
    void * buf,
    int len,
    unsigned int lags,
    struct sockaddr * from,
    int * fromlen
);
```

2. 基本 TCP 套接字(Socket) 编程

1) TCP 客户端编程实例

一个典型的 TCP 客户端程序是先建立 socket 文件描述符,再连接服务器,最后写进或读取数据。此过程可以重复,直至写入和读取完所需信息后,才关闭连接。

```
#include <stdlib.h>
#include <stdio.h>
#include <sys/socket.h>
#include <netinet/in.h>
#include <string.h>
int main(int argc,char * * argv)
{
    int clientfd;
    int recbyte;
    int sin_size;
    char buffer[1024] = {0};
    struct sockaddr_in s_add,c_add;
    unsigned short portnum = 0x8000;
    printf("socket client begin! \r\n");
    if(argc ! = 2)
    {
        printf("usage: echo ip\n");
        return -1;
    }
    /* 创建一个 TCP 连接的 socket */
    clientfd = socket(AF_INET,SOCK_STREAM,0);
```

```
        if( -1 == clientfd)
        {
            printf("socket fail ! \r\n");
            return -1;
        }
        printf("socket succes ! \r\n");
        /* 套接字 s_add 清零 */
        bzero(&s_add,sizeof(struct sockaddr_in));
        s_add.sin_family = AF_INET;
        s_add.sin_addr.s_addr =  inet_addr(argv[1]);
        s_add.sin_port = htons(portnum);
        printf("server ip addr =  %#x,port : %#x\r\n",s_add.sin_addr.s_addr,s_add.
sin_port);

        /*  连接服务器函数 */
        if( -1 == connect(clientfd,(struct sockaddr *)(&s_add),sizeof(struct sockaddr)))
        {
            printf("connect fail ! \r\n");
            return -1;
        }
        printf("connect success ! \r\n");
        while(1)
        {
            /* 接收服务器发过来的数据 */
            if( -1 == (recbyte = read(clientfd,buffer,1024)))
            {
                printf("read data fail ! \r\n");
                return -1;
            }
            printf("read ok\r\nREC: \r\n");
            buffer[recbyte] = '\0';
            printf("receive =  %s\r\n",buffer);
        }
        /* 关闭套接字 */
        close(clientfd);
        return 0;
}
```

2）TCP 服务器编程实例

TCP 服务器端通过如下步骤建立：

a）通过函数 socket()建立一个套接口。

b）通过函数 bind()绑定一个地址（IP 地址和端口地址）。这一步确定了服务器

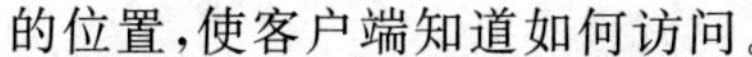

的位置，使客户端知道如何访问。

c）通过函数 listen()监听（listen）端口新的连接请求。

d）通过函数 accept()接受新的连接。

```
#include <stdlib.h>
#include <sys/types.h>
#include <stdio.h>
#include <sys/socket.h>
#include <netinet/in.h>
#include <string.h>
int main()
{
    int serverfp,newfp,num = 0;
    struct sockaddr_in server_add,c_add;
    int sin_size;
    unsigned short portnum = 0x8000;
    char buffer[100] = {0};
    printf(" socket server begin ! \r\n");
    /* 创建 TCP 连接的套接字 */
    serverfp = socket(AF_INET,SOCK_STREAM,0);
    if(-1 == serverfp)
    {
        printf("socket create fail ! \r\n");
        return -1;
    }
    printf("socket success  ! \r\n");

    /* 变量 s_add 清零 */
    bzero(&server_add,sizeof(struct sockaddr_in));
    server_add.sin_family = AF_INET;
    server_add.sin_addr.s_addr = htonl(INADDR_ANY);
    server_add.sin_port = htons(portnum);
    /*绑定 本地地址到套接字 serverfp 上 */
    if(-1 == bind(serverfp,(struct sockaddr *)(&server_add),sizeof(struct sockad-
dr)))
    {
        printf("bind fail ! \r\n");
        return -1;
```

```
    }
    printf("bind success ! \r\n");
    /* 监听函数,监听客户端的连接请求 */
    if(-1 == listen(serverfp,5))
    {
        printf("listen fail ! \r\n");
        return -1;
    }
    printf("listen success\r\n");
    sin_size = sizeof(struct sockaddr_in);
    /* 等待客户端的连接请求 */
    newfp = accept(serverfp,(struct sockaddr *)(&c_add),&sin_size);
    if(-1 == newfp)
    {
        printf("accept fail ! \r\n");
        return -1;
    }
    printf("accept success! \r\nServer connect from %#x : %#x\r\n",
    ntohl(c_add.sin_addr.s_addr),ntohs(c_add.sin_port));
    while(1)
    {
        memset(buffer,0,100);
        sprintf(buffer,"this is my first server(%d) \r\n",num++);
        /* 接受连接请求 */
        send(newfp,buffer,strlen(buffer),0);
        usleep(500000);
    }
    /* 关闭 socket 连接 */
    close(newfp);
    /* 关闭 socket 连接 */
    close(serverfp);
    return 0;
}
```

3. Socket 通信流程图

Socket 通信流程图如图 3.27 所示。

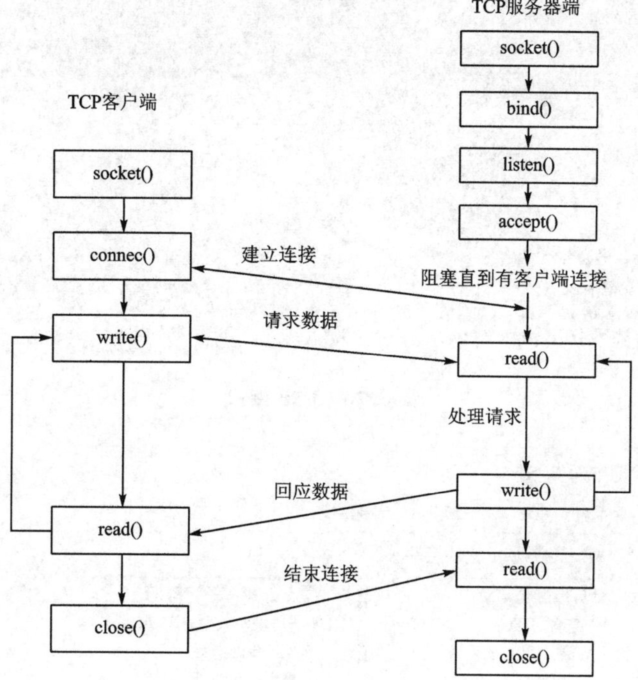

图 3.27　Socket 通信流程图

3.4.4　实验步骤

（1）实验源码位于“4412 光盘\10_实验源码\basic\socket”，使用 SSH 软件把源码复制到虚拟 Ubuntu 系统下，进入 Ubuntu 系统终端下，编译虚拟机能运行的服务器程序，使用命令如下：

```
# gcc -o server server.c
```

编译 MPTS - A9 教学平台上运行的客户端程序：

```
# arm-Linux-gcc -o client client.c
```

（2）将生成的 client 复制到 NFS 共享目录中。

```
cp  client /home/ubuntu /nfs
```

（3）使用 MPTS - A9 教学平台上的 USB 线和 PC 机端连接，如图 3.28 所示的 USB 口。

（4）在 Windows 系统中查看“我的 PC 机端→属性→设备管理”，找到 USB 转串口对应的串口，图 3.29 中可看到“COM3”接口。

图 3.28 USB 接口

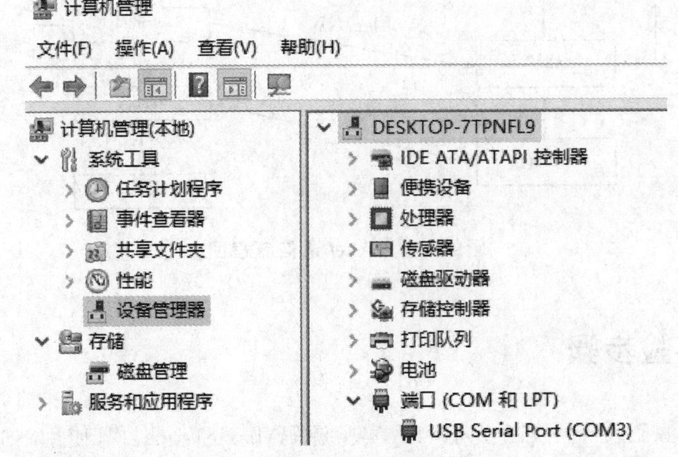

图 3.29 COM 口

(5) 打开串口超级终端软件,设置对应的串口号,及波特率相关参数,如图 3.30 所示。

(6) 将 MPTS-A9 教学平台接上电源,拨码开关上电,超级终端软件中打印嵌入式 Linux 启动信息。

(7) 通过网线连接 MPTS-A9 教学平台和 PC 机,按着 NFS 章节的设置配置 NFS,同时设置 PC 机的 IP 地址和 MPTS-A9 教学平台的 IP 地址在一个网段。整个网络 IP 地址设置和连接见 3.2 实验。在超级终端下,通过 mount 挂载 NFS,如图 3.31 所示。

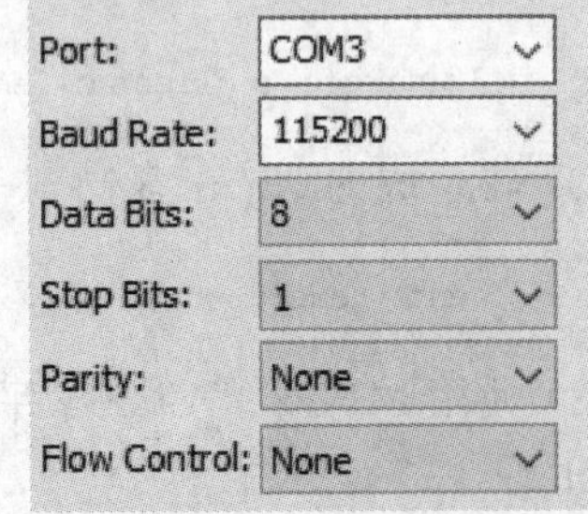

图 3.30 配置串口参数

mount - tnfs-o nolock 192.168.1.128：/home/ubuntu/nfs /mnt/nfs

```
~ # mount -t nfs -o nolock 192.168.1.128:/home/ubuntu/nfs /mnt/nfs/
~ # cd /mnt/nfs/
```

图 3.31 NFS 挂载

(8) 虚拟机 Ubuntu 系统上运行 server 端程序,如图 3.32 所示。

```
ubuntu@ubuntu-virtual-machine:~/src/socket$ ./server
 socket server begin !
socket success  !
bind success !
listen success
accept success!
Server connect from 0xc0a801e6 : 0xc517
```

图 3.32 在 Ubuntu 系统下运行 server 端程序

可以看到 server 端程序打印出来的运行信息。现在 server 端程序运行到了 listen 函数开始监听客户端的连接。在嵌入式终端下运行 client 程序,参数是虚拟机的 ip 地址,如图 3.33 所示。

#./client 192.168.1.128

```
/mnt/nfs # rm client
/mnt/nfs # ./client 192.168.1.128
socket client begin!
socket succes !
server  ip addr = 0x8001a8c0 ,port : 0x80
connect success !
read ok
REC:
receive = this is my first server(0)

read ok
REC:
receive = this is my first server(1)

read ok
REC:
receive = this is my first server(2)

read ok
REC:
receive = this is my first server(3)

read ok
REC:
receive = this is my first server(4)

read ok
REC:
receive = this is my first server(5)
```

图 3.33 在 MPTS - A9 教学平台上执行客户端程序

至此，整个实验全部完成。

3.4.5 思考与练习

修改程序，在两台目标机之间进行通信。

第 4 章

嵌入式 Linux 系统驱动模块实验

4.1 Linux 系统设备驱动程序设计

4.1.1 Linux 系统设备驱动程序简介

在嵌入式系统中，对设备进行访问和操作的程序由两部分组成：设备驱动程序和应用程序。应用程序直接对硬件操作访问是非常复杂的。因此通常使用操作系统通过设备驱动程序管理硬件设备。操作系统中最重要的部分是内核。设备驱动程序是内核的一部分，同时也是操作系统内核和硬件设备之间的接口，为应用程序屏蔽了硬件的细节。从应用程序看来，硬件设备只是一个设备文件而已，可以像操作其他普通文件一样对硬件设备进行操作管理。

设备驱动程序的特点如下：

(1) 核心代码。因为设备驱动程序是操作系统内核的一部分，若是出错将导致操作系统的严重损伤。一个编写不当的设备驱动程序可能使系统崩溃并导致文件系统的破坏和数据的丢失。

(2) 标准接口。设备驱动程序必须为 Linux 内核或其从属的子系统提供一个标准的接口(比如 open()，read()等)。

(3) 核心机制。设备驱动程序可以使用标准的核心服务。

(4) 动态可加载。多数的 Linux 设备驱动程序都可以在核心模块需要时进行加载，同时在不使用设备时从内核中被卸载，有效地利用系统的资源。

(5) 可配置。用户可以根据自己的需求选择适合自己的驱动程序。

Linux 下设备驱动分为 3 类：字符设备驱动、块设备驱动和网络设备驱动。

4.1.2 字符设备驱动结构

字符设备是指该设备发送和接收数据以字节的形式进行。Linux 系统的设备驱动程序被组织成一组完成不同任务的函数的集合。应用程序可以像操作普通文件一样对硬件设备进行操作，如 open ()、read ()、close ()、write () 等。

本小节简单介绍 2 个常见的字符设备驱动程序的结构体和字符设备驱动模块的加载和卸载。详细的应用在本章的实验中通过具体的实验案例来说明。

1. cdev 结构体

Linux2.6 内核中 cdev 结构体描述字符设备。cdev 结构体的定义如下：

```
struct cdev {
struct kobject kobj;
struct module * owner;
const struct file_operations * ops;
struct list_head list;
dev_t dev;
unsigned int count;
};
```

cdev 结构体中的 dev_t 成员定义设备号，共 32 位。其中高 12 位是主设备号，低 20 位是次设备号。使用 MAJOR (dev_t dev)和 MINOR (dev_t dev)可以分别从 dev_t 成员获得主设备号和次设备号。引用 MKDEV (int major,int minor)可以通过主设备号和次设备号生成 dev_t 成员。struct kobject 是内嵌的 kobj 对象。struct module 是所属模块。struct file_operations 为文件操作结构体。

2. file_operations 结构体

在 Linux 系统内核内部，使用 file_operations 结构体提供文件系统的入口点函数。file_operations 结构体中的成员是字符设备驱动程序设计的主体内容，其中每一个成员都对应一个系统调用，对应驱动程序所提供的入口点位置。file_operations 结构体的结构如下。

```
struct  file_operations{
struct  module * owner;
loff_t ( * llseek) (struct file * ,loff_t,int);
ssize_t( * read) (struct file * ,char * ,size_t,loff_t);
ssize_t( * write) (structfile * ,char * ,size_t,loff_t * );
int( * readdir) (struct file * ,void * ,filldir_t);
unsigned int( * poll) (struct file * ,struct poll_table_struct * );
int( * ioctl) (struct inode * ,struct file * ,unsigned int,unsigned long);
int( * mmap) (struct file * ,struct vm_area_struct * );
int( * open) (struct inode * ,struct file * );
int( * flush) (struct file * );
int( * release) (struct inode * ,struct file * );
int( * fsync) (struct file * ,struct dentry * ,intdatasync);
int( * fasync) (int,struct file * ,int);
```

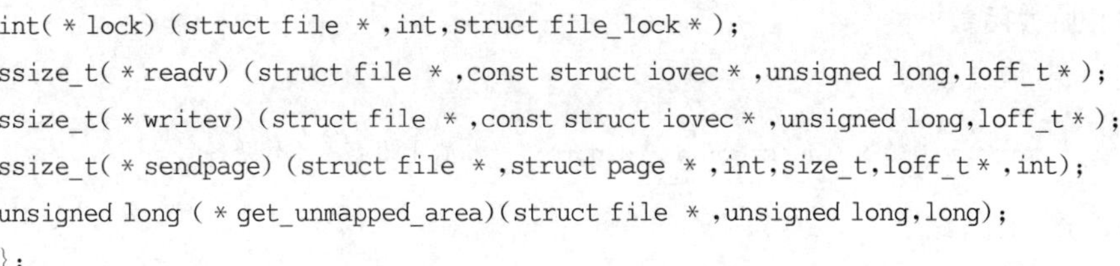

```
int( * lock) (struct file * ,int,struct file_lock * );
ssize_t( * readv) (struct file * ,const struct iovec * ,unsigned long,loff_t * );
ssize_t( * writev) (struct file * ,const struct iovec * ,unsigned long,loff_t * );
ssize_t( * sendpage) (struct file * ,struct page * ,int,size_t,loff_t * ,int);
unsigned long ( * get_unmapped_area)(struct file * ,unsigned long,long);
};
```

该结构体中的各个成员函数详解如下：

(1) llseek(file,offset,whence)。用来移动文件指针的位置。

(2) read(file,buf,count,offset)。从设备文件 file 的 offset 处开始读出 count 个字节，增加 * offset 的值。buf 是存放读取结果的缓冲区。

(3) write(file,buf,count,offset)。从设备文件 file 的 offset 处写入 count 个字节，增加 * offset 的值。buf 是存放读取结果的缓冲区。类似于 read 函数。

(4) ioctl(inode,file,cmd,arg)。向一个硬件设备进行读写以外的其他操作，对设备进行控制。

(5) mmap(file,vma)。将设备的内容映射到进程地址空间。

(6) open(inode,file)。打开并初始化设备。

(7) release(inode,file)。关闭设备并释放资源。

(8) fsync(file,dentry)。实现主存与设备之间的同步通信。

(9) fasync(file,on)。实现主存与设备之间的异步通信。

图 4.1 介绍 cdev 结构体和 file_operations 结构体的关系。

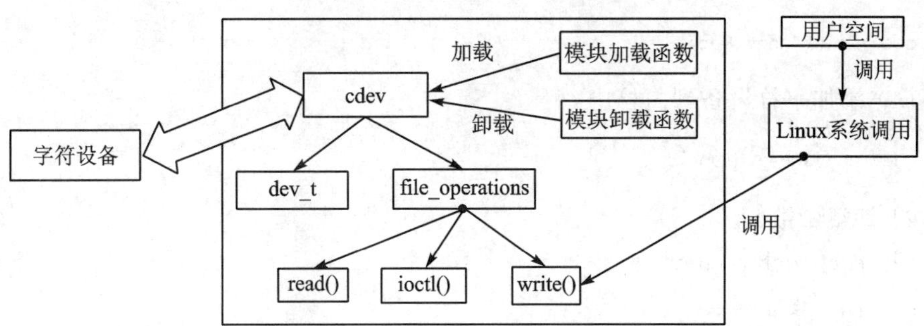

图 4.1　Linux 字符设备驱动的结构图

3. 字符设备驱动模块的加载和卸载

字符设备驱动加载时须实现设备号的申请和 cdev 结构体的注册，在驱动程序卸载时须实现设备号的释放和 cdev 结构体的注销。常见的设备结构体、加载函数和卸载函数如下简介。

1）加载函数

（1）申请设备号

```
dev_t devno = MKDEV (int major,int minor); //申请主设备号,次设备号
```

（2）注册设备号

静态注册：

register_chrdev_region(dev_t first , unsigned int count , char * name)

其中,count 参数为需要注册的设备个数,name 参数为设备文件名。

动态注册：

alloc_chrdev_region(dev_t * dev, unsigned baseminor, unsigned count, const char * name)

- 第一个参数是输出型参数,获得一个分配到的设备号。
- 第二个参数是次设备号的基准,从第几个次设备号开始分配。
- 第三个参数是次设备号的个数。
- 第四个参数是驱动的名字。
- 返回值。若返回值小于 0,则错误,自动分配设备号错误。否则分配得到的设备号就被第一个参数带出来。

静态注册的优点是设备启动需要的时间短,但是容易造成和已存在设备号冲突：

cdev = kzalloc(sizeof(struct cdev),GFP_KERNEL);

（3）初始化字符设备

```
cdev_init(&cdev,&op);
```

（4）添加字符设备到内核中：

```
cdev_add(&cdev,devno,1);
```

2）卸载函数

（1）cdev_del(&cdev);

（2）注销设备号：

unregister_chrdev_region(devno,注销的字符设备个数);

一个介绍 file_operations 结构体以及驱动模块加载和卸载的简单例子如下：

```
dev_t dev_ID;
static struct cdev Demo_cdev;
static int major;
static const struct file_operations Demo_fops = {
    write:   Demo_write,
    read:   Demo_read,
    open:   Demo_open,
```

```
    ioctl:    Demo_ioctl,
    release:    Demo_release,
};
/* 设备驱动模块加载函数 */
Static int __init Demo_init(void)
{
    if (major) { /* 已知主设备号 */
        dev_ID = MKDEV(major, 0);
        ret = register_chrdev_region(dev_ID, 1, drv_DEMO);
    }
    else {
        ret = alloc_chrdev_region(&dev_ID, 0, 1, drv_DEMO);
        major = MAJOR(dev_ID);
    }
    cdev_init(&Demo_cdev, &Demox_fops);
    cdev_add(&Demo_cdev, dev_ID, 1);
}

/* 设备驱动模块卸载函数 */
static void __exit Demo_exit(void)
{
    cdev_del(&Demo_cdev);
    unregister_chrdev_region(dev_ID, 1);
}
```

4.1.3 块设备驱动程序设计

1. 块设备的基本概念

(1) 块设备

块设备是具有一定结构的随机存取设备，以块为单位进行读写操作。块设备和字符设备是并列的概念，它们各自的驱动程序有较大的差别。

(2) 扇　区

扇区是块硬件设备对数据处理的基本单位。每个扇区一般为 512 B，但也有 1 024 B 或者 2 048 B 的。注意的是，即使一段程序只读取一个字节数据，也会传递整个扇区的数据。Linux 系统中，内核模块都是以 512 B 定义扇区的。

(3) 块

块是虚拟文件系统数据处理的基本单位。块的大小是扇区大小的整数倍，通常由 1 个或者多个扇区组成，但不能超过一个页的大小。

(4) 段

在 Linux 内存管理中，一个段就是一个内存页或者内存页的一部分。段的大小只与块有关，必须是块的整数倍，由相连的若干块组成。

2. Linux 驱动之块设备结构体

本小节简单介绍几个重要的块设备数据结构体。

(1) 块设备对象 block_device 结构体

block_device 结构体是 bdevfs 伪文件系统层的一个概念，用来抽象一个块设备。内核用结构 block_device 实例代表一个块设备对象，如整个硬盘或特定分区。在 bdevfs 文件系统中与 inode 结构体一一对应，被放置于一个结构体中，也就是 bdev_inode 结构体。当用户打开块设备文件时，内核创建 block_device 结构体实例。设备驱动程序还将创建 gendisk 结构体实例，分配请求队列并注册结构 block_device 结构体实例。

(2) 通用块设备 gendisk 结构体

gendisk 结构体存储了一个块设备的信息。它将块设备的共同属性统一起来，包括请求队列、分区链表和块设备操作函数集等。块设备驱动程序分配 gendisk 结构体实例。

(3) 操作 gendisk 结构体的函数

① 分配 gendisk

gendisk 结构体需要内核操作进行初始化，使用如下函数来分配它。

struct gendisk * alloc_disk(int minors);

此处，参数 minors 是这个磁盘使用的次设备号的数量，一般也就是磁盘分区的数量，此后 minors 不能被修改。

② 增加 gendisk

当 gendisk 结构体被分配之后，系统还不能使用这个硬件设备，需要调用如下函数来注册它。

```
void add_disk(struct gendisk * gd);
```

特别要注意的是，add_disk()的调用必须发生在驱动程序的初始化工作完成并能响应磁盘的请求之后。

③ 释放 gendisk

当不再需要一个磁盘时，应当使用如下函数释放 gendisk。

```
void del_gendisk(struct gendisk * gd);
```

④ 设置 gendisk 容量

```
void set_capacity(struct gendisk * disk,sector_t size);
```

(4) 块设备操作函数集 block_device_operations 结构体

类似于字符设备 file_operations 结构体，在块设备上使用 struct block_device_operations 结构体。

block_device_operations 结构体如下。

```
struct block_device_operations
{
    int( * open)(struct inode * ,struct file * );              //打开
    int( * release)(struct inode * ,struct file * );           //释放
    int( * ioctl)(struct inode * ,struct file * ,unsigned,unsigned long); //ioctl
    long( * unlocked_ioctl)(struct file * ,unsigned,unsigned long);
    long( * compat_ioctl)(struct file * ,unsigned,unsigned long);
    int( * direct_access)(struct block_device * ,sector_t,unsigned long * );
    int( * media_changed)(struct gendisk * );                  //介质被改变?
    int( * revalidate_disk)(struct gendisk * );                //使介质有效
    int( * getgeo)(struct block_device * ,struct hd_geometry * );   //填充驱动器信息
    struct module * owner;                                     //模块拥有者
};
```

类似字符设备驱动程序一样工作的函数，无论何时设备被打开和关闭都调用它们。

(5) 请求 request 结构体

Request 结构体表征了挂起的 I/O 请求。每个请求用一个 request 结构体实例来描述，存放在请求队列链表中，使用电梯算法进行排序。每个请求包含 1 个或多个结构 bio 结构体实例。请求结构体的定义代码如下：

```
struct request{
    struct list_head queuelist;
    unsigned long flags;
    sector_t sector;                        /* 要传输的下一个扇区 */
    unsigned long nr_sectors;               /* 要传送的扇区数目 */
    unsigned int current_nr_sector;         /* 当前要传送的扇区 */
    sector_t hard_sector;                   /* 要完成的下一个扇区 */
    unsigned long hard_nr_sectors;          /* 要被完成的扇区数目 */
    unsigned int hard_cur_sectors;          /* 当前要被完成的扇区数目 */
    struct bio * bio;                       /* 请求的 bio 结构体的链表 */
    struct bio * biotail;                   /* 请求的 bio 结构体的链表尾 */
    /* 请求在屋里内存中占据的不连续的段的数目 */
    unsigned short nr_phys_segments;
    unsigned short nr_hw_segments;
    int tag;
    char * buffer;                          /* 传送的缓冲区，内核的虚拟地址 */
```

```
    int ref_count;                  /* 引用计数 */
    ...
};
struct bio * bio;
```

bio 是这个请求结构体中包含的 bio 结构体的链表。

(6) 请求队列 request_queue 结构体

每个块设备都有一个请求队列,每个请求队列单独执行 I/O 调度。请求队列是由请求结构实例链接成的双向链表。链表以及整个队列的信息用 request_queue 结构体实例来描述,称为请求队列对象结构或请求队列结构。它存放了关于挂起请求的信息以及管理请求队列(如:电梯算法)所需要的信息。结构成员 request_fn 是来自设备驱动程序的请求处理函数。请求队列结构体代码如下:

```
struct request_queue{
    ...
    /* 自旋锁,保护队列结构体 */
    spinlock_t __queue_lock;
    spinlock_t * queue_lock;
    struct kobject kobj;                    /* 队列 kobject */
    /* 队列设置 */
    unsigned long nr_requests;              /* 最大的请求数量 */
    unsigned int  nr_congestion_on;
    unsigned int  nr_congestion_off;
    unsigned int  nr_batching;
    unsigned short max_sectors;             /* 最大扇区数 */
    unsigned short max_hw_sectors;
    unsigned short max_phys_sectors;        /* 最大的段数 */
    unsigned short max_hw_segments;
    unsigned short hardsect_size;           /* 硬件扇区尺寸 */
    unsigned int max_segment_size;          /* 最大的段尺寸 */
    unsigned long seg_boundary_mask;        /* 段边界掩码 */
    unsigned int dma_alignment;             /* DMA 传送内存对齐限制 */
    struct blk_queue_tag * queue_tags;
    atomic_t refcnt;                        /* 引用计数 */
    unsigned int in_flight;
    unsigned int sg_timeout;
    unsigned int sg_reserved_size;
    int node;
    struct list_head drain_list;
    struct request * flush_rq;
    unsigned char ordered;
};
```

(7) bio 结构体

通常 1 个 bio 结构体对应 1 个 I/O 请求，I/O 调度算法可将连续的 bio 结构体合并成 1 个请求。所以，1 个请求可以包含多个 bio 结构体。

Linux 内核中块设备 I/O 操作的基本容器由 bio 结构体表示，定义在头文件<Linux/bio. h>中。该结构体表征了正在现场的(活动的)以片段(segment)链表形式的块设备 I/O 操作。一个片段是一小块连续的内存缓冲区，因此不需要保证单个缓冲区一定要连续。通过片段来描述缓冲区时，即使一个缓冲区分散在内存的多个位置上，bio 结构体也能对内核保证 I/O 操作的执行，这样的就叫做聚散 I/O。

bio 结构体如下：

```
struct bio{
    sector_t bi_sector;                   /* 要传送的第一个扇区 */
    struct bio * bi_next;                 /* 下一个 bio */
    struct block_device * bi_bdev;
    unsigned long bi_flags;
    unsigned long bi_rw;                  /* 地位表示 R/W 方向，高位表示优先级 */
    unsigned short bi_vcnt;               /* bio_vec 数量 */
    unsigned short bi_idx;                /* 当前 bvl_vec 索引 */
    unsigned short bi_phys_segments;      /* 不相邻的物理段的数目 */
    unsigned short bi_hw_segments;
    unsigned int bi_size;
    unsigned int bi_hw_front_size;
    unsigned int bi_hw_back_size;
    unsigned int bi_max_vecs;             /* 能持有的最大 bvl_vecs 数 */
    struct bio_vec * bio_io_vec;          /* 实际的 vec 列表 */
    bio_end_io_t * bio_end_io;
    atomic_t bi_cnt;
    void * bi_private;
    bio_destructor_t * bi_destructor;
};
```

结构 bio_vec 代表了内存中的一个数据段，数据段用页、偏移和长度描述。I/O 需要执行的内存位置用段表示，结构 bio 指向了一个段的数组。结构体 bio_vec 列出如下(在 include/Linux/bio. h 中)：

```
struct bio_vec {
    struct page      * bv_page;               /* 数据段所在的页 */
    unsigned short   bv_len;                  /* 数据段的长度 */
    unsigned short   bv_offset;               /* 数据段页内偏移 */
};
```

块设备主要结构体间关系如图 4.2 所示。

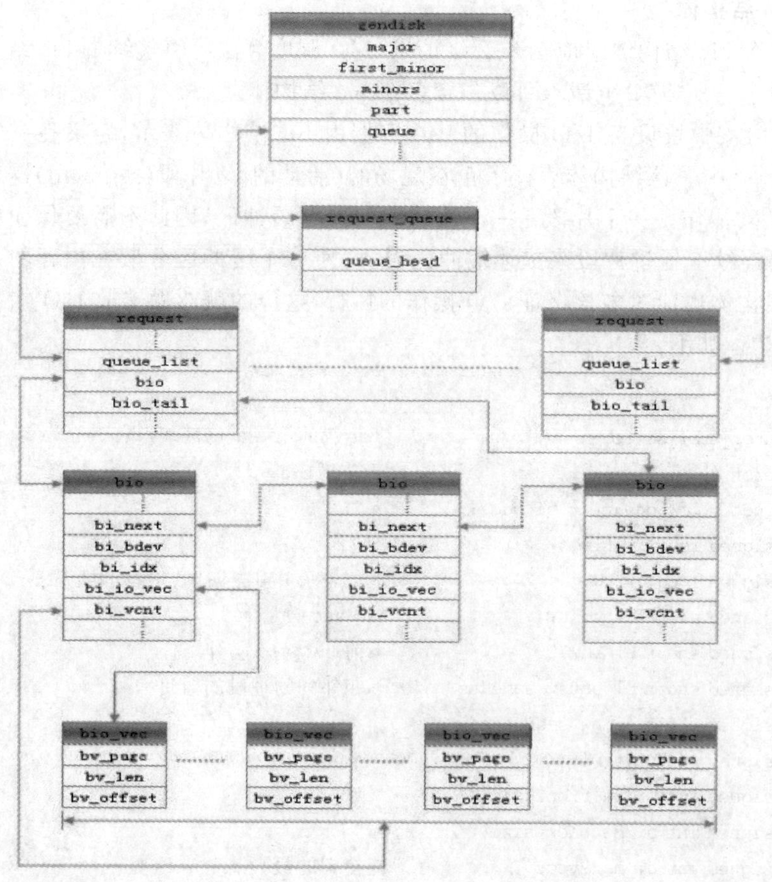

图 4.2 块设备主要结构体关系图

3. 块设备驱动程序设计方法

(1) 块设备驱动程序的模块结构

块设备驱动程序主要由加载模块、卸载模块以及磁盘功能操作模块组成。

(2) 块设备驱动注册与注销

块设备驱动程序首先需要被注册到内核。完成这个任务的函数是 register_blkdev(),具体如下:

```
int register_blkdev(unsigned int major,const char * name);
```

参数 major 是块设备的主设备号;name 为块设备名,它会在/proc/devices 中被显示。若 major 为 0,则内核会自动分配一个新的主设备号。新的主设备号成为 register_blkdev()函数的返回值。如果返回为负,则发生错误。

与 register_blkdev()对应的注销函数是 unregister_blkdev(),原型为:

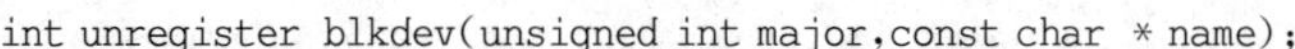

```
int unregister_blkdev(unsigned int major,const char * name);
```

在此,传递给 register_blkdev()的参数必须与传递给 register_blkdev()的参数相同,否则这个函数返回-EINVAL。

(3) 块设备的请求队列操作

标准的请求处理程序能排序请求,并合并相邻的请求。如果一个块设备希望使用标准的请求处理程序,那它必须调用函数 blk_init_queue 来初始化请求队列。当处理在队列上的请求时,必须持有队列自旋锁。初始化请求队列函数如下:

```
request_queue_t * blk_init_queue(request_fn_proc * rfn,spinlock_t * lock);
```

此函数的第 1 个参数是请求处理函数的指针。其第 2 个参数是控制访问队列权限的自旋锁。这个函数会发生内存分配的操作,因此存在分配失败的情况。当函数调用成功时,返回值指向初始化请求队列的指针;若失败,返回 NULL。

清除请求队列函数为 void blk_cleanup_queue(request_queue_t * q)。

这个函数完成将请求队列返回给系统的任务,一般在块设备驱动模块卸载函数中调用。

块设备驱动模块的加载函数中通常需要完成如下工作:

① 分配、初始化请求队列,绑定请求队列和请求函数。

② 分配、初始化 gendisk,给 gendisk 的 major、fops、queue 等成员赋值,最后添加 gendisk。

③ 注册块设备驱动。

块设备驱动模块的卸载函数中通常需要完成与模块加载函数相反的工作:

① 清除请求队列。

② 删除 gendisk 和对 gendisk 的引用。

③ 删除对块设备的引用,注销块设备驱动。

4.2 LED 驱动实验

4.2.1 实验目的

(1) 了解 ARM 设备外围电路结构与接口原理;

(2) 熟悉 Linux 系统下硬件驱动编程;

(3) 编程实现对 MPTS-A9 教学平台 LED 灯的控制。

4.2.2 实验原理

1. 硬件原理图

MPTS－A9 教学平台上 LED 硬件原理图如图 4.3 所示。

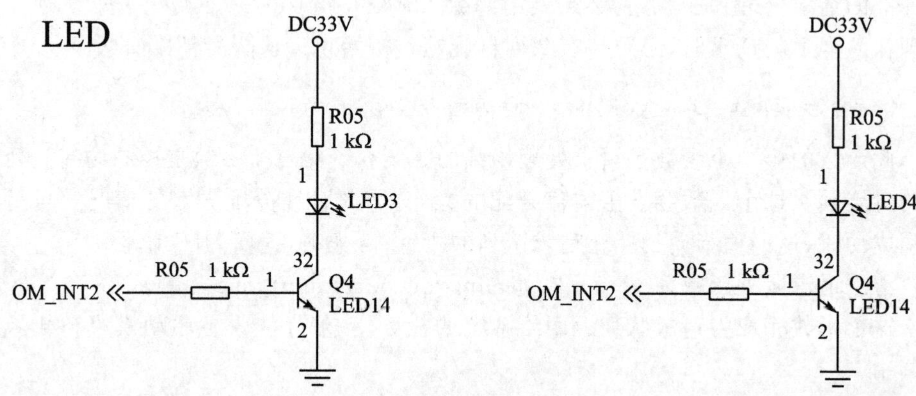

图 4.3 LED 硬件电路图

GM_INT2 对应 CPU 的 EXYNOS4_GPK1(1)，

VDD50_EN 对应 CPU 的 EXYNOS4_GPX3(1)，控制着两个引脚的高低电平，实现 LED 灯的亮灭。

2. 驱动源码

```
#include <Linux/init.h>
#include <Linux/module.h>
#include <Linux/kernel.h>
#include <Linux/fs.h>
#include <mach/gpio.h>
#include <plat/gpio-cfg.h>
#include <Linux/miscdevice.h>
#include <Linux/platform_device.h>
//#include <mach/gpio-bank.h>
#include <mach/regs-gpio.h>
#include <asm/io.h>
#include <Linux/regulator/consumer.h>
#include <Linux/delay.h>

#define LEDS_DEBUG
#ifdef LEDS_DEBUG
```

```
#define DPRINTK(x...)printk("LEDS_CTL DEBUG: " x)
#else
#define DPRINTK(x...)
#endif
//定义 LED 驱动设备名字为"leds"
#define DRIVER_NAME "leds"
//LED 硬件连接的 gpio 口分配
static int led_gpios[] = {
    EXYNOS4_GPK1(1),
    EXYNOS4_GPX3(1),
};
//LED 灯个数
#define LED_NUMARRAY_SIZE(led_gpios)
//leds_open()函数对应应用程序调用的 open 函数
int leds_open(struct inode * inode,struct file * filp)
{
    DPRINTK("Device Opened Success! \n");
    return nonseekable_open(inode,filp);
}
//leds_release()函数对应应用程序的 close 函数
int leds_release(struct inode * inode,struct file * filp)
{
    DPRINTK("Device Closed Success! \n");
    return 0;
}
//leds_iotcl 函数对应应用程序的 iotctl 函数
long leds_ioctl(struct file * filp,unsigned int cmd,unsigned long arg)
{
    printk("debug: leds_ioctl cmd is %d\n",cmd);
    switch(cmd)
    {
        case 0:
        case 1:
            if (arg > LED_NUM) {
                return -EINVAL;
            }
            //参数 arg 表示选择第几个 LED,cmd 表示 LED 对应开关
            gpio_set_value(led_gpios[arg],cmd);
            break;
        default:
            return -EINVAL;
    }
```

```
    return 0;
}
//file_operations 结构体,应用程序的接口函数
static struct file_operations leds_ops = {
    .owner = THIS_MODULE,
    .open = leds_open,
    .release = leds_release,
    .unlocked_ioctl = leds_ioctl,
};
//定义 miscdevice
static struct miscdevice leds_dev = {
    .minor = MISC_DYNAMIC_MINOR,
    .fops = &leds_ops,
    .name = "leds",
};
static int leds_probe(struct platform_device * pdev)
{
    int ret,i;
    char * banner = "leds Initialize\n";
    printk(banner);
    for(i = 0; i<LED_NUM; i + +)
    {
        //分配 GPIO
        ret = gpio_request(led_gpios[i],"LED");
        if (ret) {
            printk(" % s: request GPIO % d for LED failed,ret =  % d\n",DRIVER_NAME,
                led_gpios[i],ret);
            return ret;
        }
        //设置 GPIO 为输出
        s3c_gpio_cfgpin(led_gpios[i],S3C_GPIO_OUTPUT);
        //置 GPIO 口为高电平
        gpio_set_value(led_gpios[i],1);
    }
    //注册一个 MISC 字符设备
    ret = misc_register(&leds_dev);
    if(ret<0)
    {
        printk("leds: register device failed! \n");
        goto exit;
    }
    return 0;
```

```
exit：
    misc_deregister(&leds_dev)；
    return ret；
}
//驱动卸载函数
static int leds_remove (struct platform_device * pdev)
{
    misc_deregister(&leds_dev)；
    return 0；
}
//驱动挂起函数
static int leds_suspend (struct platform_device * pdev,pm_message_t state)
{
    DPRINTK("leds suspend：power off! \n")；
    return 0；
}
static int leds_resume (struct platform_device * pdev)
{
    DPRINTK("leds resume：power on! \n")；
    return 0；
}
//platform 的驱动
static struct platform_driver leds_driver = {
    .probe = leds_probe,
    .remove = leds_remove,
    .suspend = leds_suspend,
    .resume = leds_resume,
    .driver = {
        .name = DRIVER_NAME,
        .owner = THIS_MODULE,
    },
}；
static void __exit leds_exit(void)
{
    platform_driver_unregister(&leds_driver)；
}
static int __init leds_init(void)
{
    return platform_driver_register(&leds_driver)；//注册一个 platform 驱动
}
module_init(leds_init)；//内核启动后驱动加载接口
module_exit(leds_exit)；//驱动卸载接口
```

```
MODULE_LICENSE("Dual BSD/GPL");//模块许可证 必须设置
```

3. 杂项设备(misc device)

杂项设备是在嵌入式系统中用得比较多的一种设备驱动程序。在 Linux 内核的 include/Linux 目录下有 Miscdevice. h 文件,要把用户个人定义的 misc device 从设备定义在其中。所有这些设备采用主编号 10,一起归于 misc device。也就是说杂项设备其实就是特殊的字符设备,可以自动生成设备节点。下面介绍驱动程序的 makefile。

```
ifneq ($(KERNELRELEASE),)
    obj-m:= leds.o
else
#generate the path
CURRENT_PATH:= $(shell pwd)
#kernelabsolute path
LINUX_KERNEL_PATH:= /home/Ubuntu系统/mpts412/kernel/Kernel_4412
#complie object
default:
    make -C $(LINUX_KERNEL_PATH) M= $(CURRENT_PATH) modules
clean:
    make -C $(LINUX_KERNEL_PATH) M= $(CURRENT_PATH) clean
endif
```

驱动 makefile 说明:

LINUX_KERNEL_PATH:=/home/Ubuntu 系统/mpts412/kernel/Kernel_4412,这句是对 KERN_DIR 进行赋值,确定后面使用内核源码时的内核源码路径。

make -C $(LINUX_KERNEL_PATH) M=$(CURRENT_PATH) modules,这句是 makefile 的规则:-C 选项的作用是指将当前工作目录转移到用户所指定的位置,当 make 的目标为 all 时,-C $(LINUX_KERNEL_PATH) 指明跳转到内核源码目录下读取那里的 Makefile。

M=$(CURRENT_PATH) 表明从内核 Makefile 中返回到当前目录继续读入、执行当前的 Makefile。M 是内核根目录下的 Makefile 中使用的变量,"M="选项的作用是当用户需要以某个内核为基础编译一个外部模块的话,需要在 make modules 命令中加入"m=dir",程序会自动到指定的 dir 目录中查找模块源码,将其编译,生成 ko 文件。M='pwd'这句话用来指定编译的驱动的路径。这句可以这样来写 PWD:=$(shell pwd) M='PWD'。

4. 应用程序代码

```
#include <stdio.h>
#include <stdlib.h>
```

```
#include <unistd.h>
#include <sys/ioctl.h>
#include <fcntl.h>
static int fbLed;
volatile int LED1 = 0,LED2 = 0;
//LED1 翻转控制
void LED1_Reverse()
{
    LED1 = ~LED1;
    if(LED1 == 0)
    {
        ioctl(fbLed,1,0); //对应驱动的 leds_ioctl()函数
    }
    else
    {
        ioctl(fbLed,0,0);
    }
}
//LED2 翻转控制
void LED2_ Reverse ()
{
    LED2 = ~LED2;
    if(LED2 == 0)
    {
        ioctl(fbLed,1,1);
    }
    else
    {
        ioctl(fbLed,0,1);
    }
}
int main(int argc,char * * argv)
{
    fbLed  = open("/dev/leds",0);  //对应驱动的 leds_open
    if(fbLed <0)
    {
        perror("open device leds failed!");
        exit(1);
    }
    while(1)                    //程序一直 LED1 LED2 顺序亮灭
    {
        LED1_ Reverse ();       //LED1 灯亮灭翻转控制
        sleep(1);               //延时 1 s
        LED2_ Reverse ();       //LED2 灯亮灭翻转控制
        sleep(1);               //延时 1 s
    }
    return 0;
```

}

LED 驱动程序和应用程序代码的实际调用关系如图 4.4 所示。

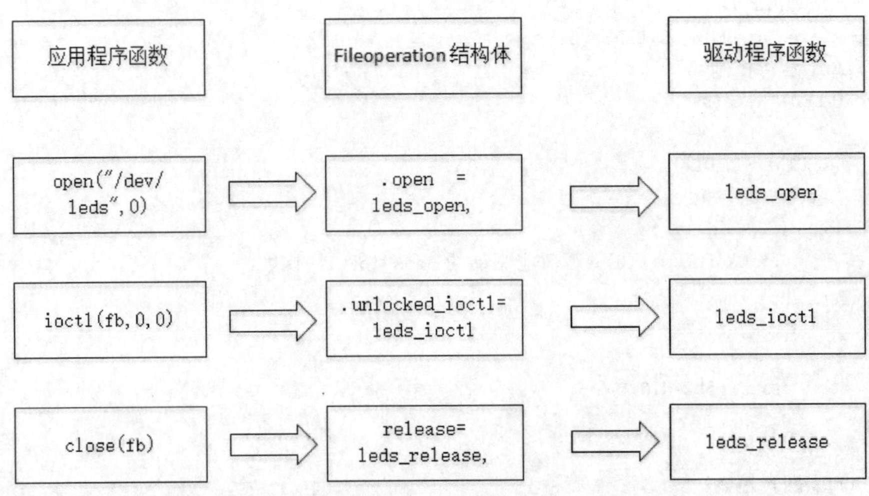

图 4.4 应用程序和驱动程序的对应关系

4.2.3 实验步骤

(1) 程序源码位于厂家所提供的"4412 光盘\10_实验源码\basic\05_leds"目录中。通过 SSH 将"05_leds"文件夹复制到虚拟机 Ubuntu 系统中，如图 4.5 所示。"driver"文件夹是驱动程序，"application"是应用测试程序。

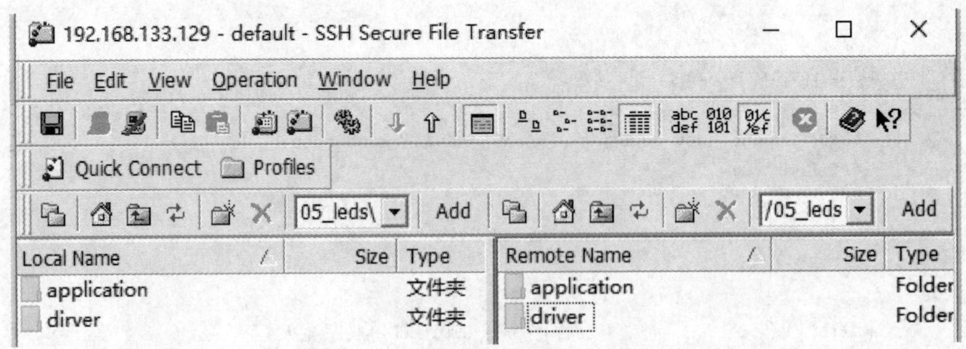

图 4.5 驱动源码和应用源码拷贝

(2) 编译驱动程序，首先修改 makefile 文件的变量"LINUX_KERNEL_PATH"，指定 4412 的内核路径，如果这个路径不正确，系统编译会出错。使用 make 命令，生成"leds.ko"驱动程序。如图 4.6 所示。

```
root@ubuntu-virtual-machine:/home/ubuntu/src/exp/basic/05_leds/driver# make
make -C /home/ubuntu/mpts412/kernel/Kernel_4412 M=/home/ubuntu/src/exp/basic/05_leds/driver modules
make[1]: 正在进入目录 `/home/ubuntu/mpts412/kernel/Kernel_4412'
  CC [M]  /home/ubuntu/src/exp/basic/05_leds/driver/leds.o
  Building modules, stage 2.
  MODPOST 1 modules
  CC      /home/ubuntu/src/exp/basic/05_leds/driver/leds.mod.o
  LD [M]  /home/ubuntu/src/exp/basic/05_leds/driver/leds.ko
make[1]:正在离开目录 `/home/ubuntu/mpts412/kernel/Kernel_4412'
root@ubuntu-virtual-machine:/home/ubuntu/src/exp/basic/05_leds/driver# ls
bak     leds.ko     leds.mod.o  Makefile   modules.order
leds.c  leds.mod.c  leds.o      Makefile~  Module.symvers
root@ubuntu-virtual-machine:/home/ubuntu/src/exp/basic/05_leds/driver#
```

图 4.6　LED 实验驱动源码的 make 编译

修改 led. ko 文件权限，并复制到 NFS 共享目录中，命令如下：

```
#chmod 777 led.ko
#cp led.ko /home/ubuntu/nfs
```

(3) 编译应用程序，进入"application"文件夹中，终端下输入"make"命令，如图 4.7 所示。

```
ubuntu@ubuntu-virtual-machine:~/src/exp/basic/05_leds/application$ make
rm -rf *.o leds
arm-linux-gcc  -Wall -O2 leds.c -o leds
ubuntu@ubuntu-virtual-machine:~/src/exp/basic/05_leds/application$ ls
leds  leds.c  leds.c~  Makefile  Makefile~
```

图 4.7　LED 实验应用程序源码编译及查看

修改 leds 的权限，并复制到 NFS 共享目录中，使用如下命令：

```
#chmod 777 leds
#cp  leds /home/ubuntu/nfs
```

(4) 使用 MPTS-A9 教学平台提供的 USB 线连接 PC 机端和如 USB 口，如图 4.8 所示。

图 4.8　连接 USB 接口

在 Windows 系统上，查看“我的 PC 机端→属性→设备管理”，如图 4.9 所示，找到 USB 转串口对应的串口。图中可看到显示的是 COM3 接口。

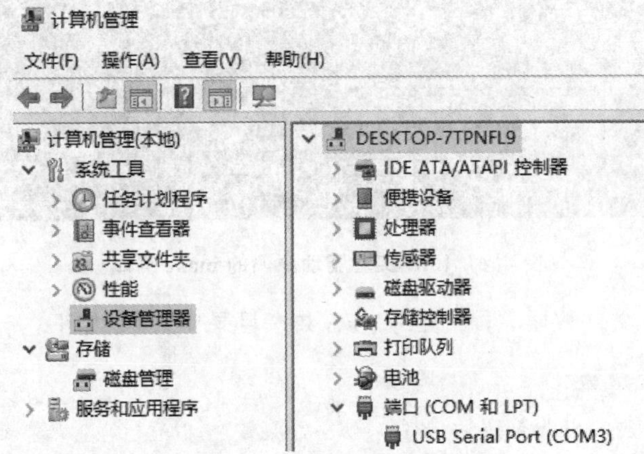

图 4.9　查看 COM 口

(5) 打开串口超级终端软件，设置对应的串口号，及波特率等相关参数，如图 4.10 所示。

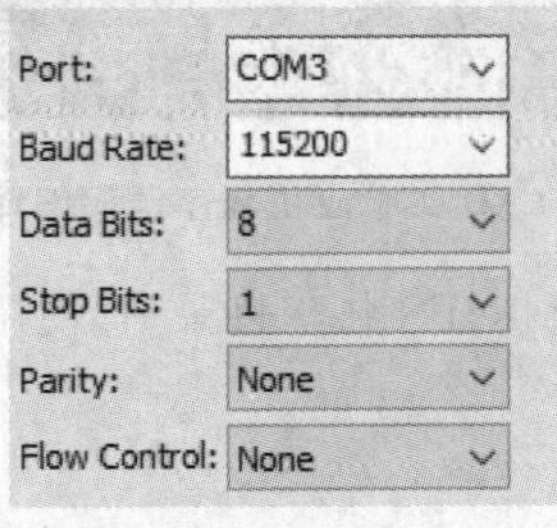

图 4.10　设置串口参数

(6) MPTS－A9 教学平台接上电源，拨码开关上电，超级终端软件里面出现嵌入式 Linux 启动信息。

(7) 嵌入式 Linux 启动完成后，通过网线连接实验设备和 PC 机。按着 NFS 配置说明，设置 PC 机和实验设备在一个网段，具体步骤参考 HelloWorld 实验。在嵌入式系统终端下使用 mount 命令建立 NFS 共享，命令如图 4.11 所示。

```
mount-t nfs-o nolock 192.168.1.128：/home/ubuntu/nfs  /mnt/nfs
```

```
~ # mount -t nfs -o nolock 192.168.1.128:/home/ubuntu/nfs /mnt/nfs/
~ # cd /mnt/nfs/
```

图 4.11　NFS 挂载

(8) 加载 LED 驱动程序,命令如图 4.12 所示。

```
# insmod leds.ko
```

```
/mnt/nfs # insmod leds.ko
[  164.410913] leds_init
[  164.412013] leds Initialize
/mnt/nfs #
```

图 4.12 加载驱动程序

(9) 使用 lsmod 显示挂载的驱动模块,如图 4.13 所示。

```
/mnt/nfs # lsmod
leds 2361 0 - Live 0xbf000000
/mnt/nfs #
```

图 4.13 查看驱动程序的挂载

(10) 查看设备节点信息,如图 4.14 所示。

```
/mnt/nfs # ls -l  /dev/leds
crw-rw----    1 root     root      10,  45 Jan  1 08:43 /dev/leds
```

图 4.14 查看设备节点信息

(11) 测试 LED 驱动。运行 leds 程序,可以从 MPTS-A9 教学平台上看到 2 个 LED 灯交替闪烁,终端信息如图 4.15 所示。

```
/mnt/nfs # ./leds
[ 3731.108041] LEDS_CTL DEBUG:Device Opened Success!
[ 3731.111500] debug: leds_ioctl cmd is 0
[ 3732.115430] debug: leds_ioctl cmd is 0
[ 3733.117946] debug: leds_ioctl cmd is 1
[ 3734.120497] debug: leds_ioctl cmd is 1
^C[ 3734.901262] LEDS_CTL DEBUG:Device Closed Success!
```

图 4.15 执行应用程序

(12) 卸载驱动 rmmod,如图 4.16 所示。

```
/mnt/nfs # rmmod leds
[  367.210782] leds_exit
/mnt/nfs #
```

图 4.16 卸载驱动程序

4.2.4 思考与练习

(1) 应用程序如何调用设备驱动程序接口?

(2) 设备驱动程序的接口函数如何实现?

4.3 按键中断驱动及控制实验

4.3.1 实验目的

(1) 熟悉 Linux 系统下硬件中断驱动编程。

(2) 编程实现对 MPTS - A9 教学平台中按键的控制。

4.3.2 实验原理

1. 实验原理图

MPTS - A9 教学平台的按键原理图如图 4.17 所示。

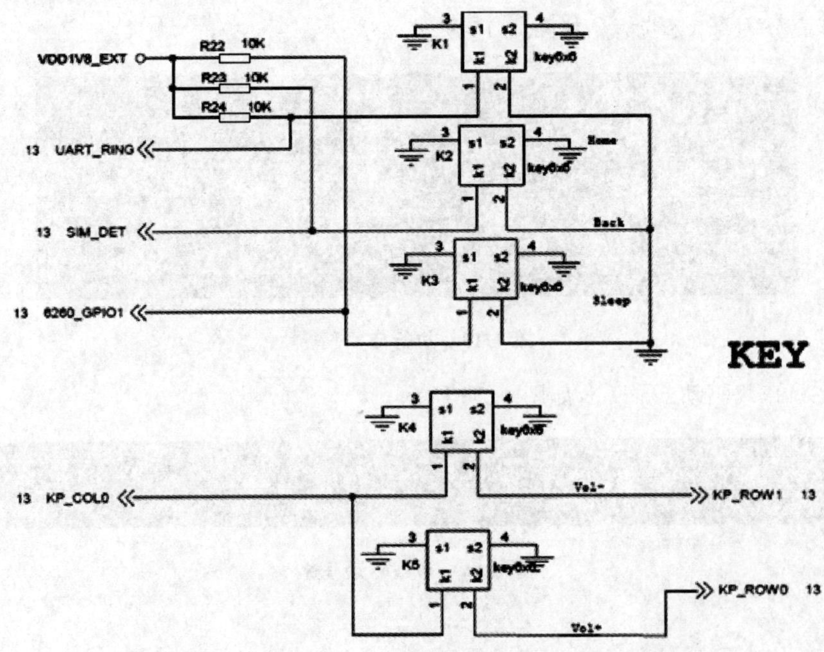

图 4.17 按键电路原理图

电路原理图中接口对应关系如下：

UART_RING -------- EXYNOS4_GPX1(1) home 键
SIM_DET -------------------- EXYNOS4_GPX1(2) back 键
KP_COLO --------------------EXYNOS4_GPX2(6) sleep 键
KP_ROW0 -------------EXYNOS4_GPX2(0) vol+键
KP_ROW1 ------------- EXYNOS4_GPX2(1) vol-键

2. Linux input 子系统

Linux input 子系统是 Linux 系统中为支持输入设备而设计的驱动程序。输入子系统在内核中分别由其事件处理层(Event Input Hander)、核心层(Input Core)和设备驱动层组成。对于 Linux 驱动开发人员而言,主要针对输入子系统的事件处理层以及输入子系统的核心层编写具体的输入设备驱动程序。它的一般工作机制是通过使内核产生中断,在中断过程中驱动程序将输入设备产生的数据(比如触摸屏的坐标值)存放到一个内存缓冲区中,并通知应用层程序,应用层通过 read 函数读取设备驱动层的数据。输入子系统框架如图 4.18 所示。

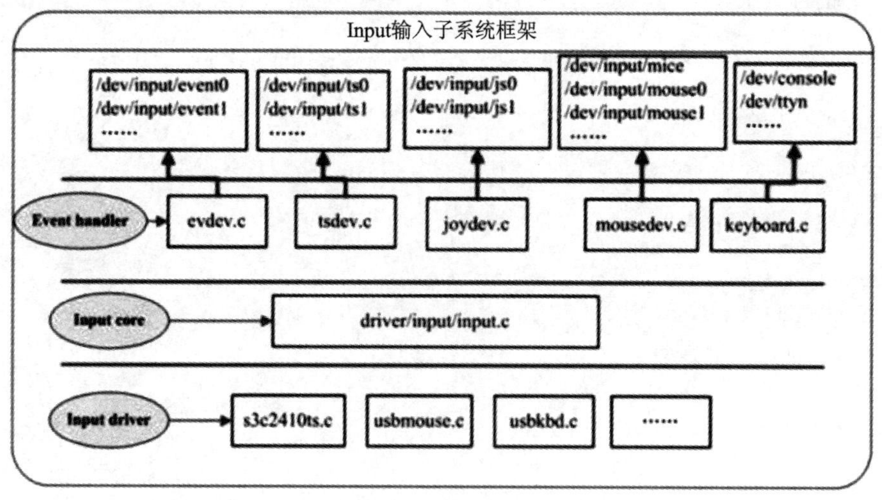

图 4.18 输入子系统框架

3. 重要数据结构

下面介绍编写输入子系统具体的设备驱动程序需要关心的 API 和输入子系统比较重要的数据结构。

重要的 API 函数：

(1) 分配一个输入设备

```
struct input_dev * input_allocate_device * (void);
```

(2) 释放一个输入设备

```
void input_free_device *(struct input_dev *dev);
```

(3) 向 input core 层注册一个输入设备

```
int input_register_device(struct input_dev *dev);
```

(4) 向 input core 层注销一个输入设备

```
int input_unregister_device(struct input_dev *dev);
```

(5) 报告指定 type,code 的输入事件

```
void input_event(struct input_dev *dev,unsigned int type,unsigned int code,int value);
```

参数 dev,指向 input device 的指针。
参数 type,输入类型(EV_KEY、EV_ABS 等)。
参数 code,输入按键(例如 EV_KEY 的 KEY_1)。
参数 value,按键值(按下或抬起)。
(6) 报告键值

```
void input_report_key(struct input_dev *dev,unsigned int code,int value);
```

(7) 报告同步事件

```
void input_sync(struct input_dev *dev);
```

(8) 输入事件结构体

```
struct input_event {
struct timeval time;
__u16 type;      //Event types
__u16 code;      //Event codes
__s32 value;     //Event value
};
```

(9) input_dev 结构体,一个 input_dev 结构代表了一个输入设备:

```
struct input_dev {
const char *name;    //名称,cat /proc/input/devices 可以看到每个输入设备的信息,其
中 name 就是这里指定的
const char *phys;
const char *uniq;
struct input_id id;
unsigned long evbit[BITS_TO_LONGS(EV_CNT)];                //支持的事件类型
unsigned long keybit[BITS_TO_LONGS(KEY_CNT)];              //支持键盘事件
unsigned long relbit[BITS_TO_LONGS(REL_CNT)];
```

```
unsigned long absbit[BITS_TO_LONGS(ABS_CNT)];
unsigned long mscbit[BITS_TO_LONGS(MSC_CNT)];
unsigned long ledbit[BITS_TO_LONGS(LED_CNT)];
unsigned long sndbit[BITS_TO_LONGS(SND_CNT)];
unsigned long ffbit[BITS_TO_LONGS(FF_CNT)];
unsigned long swbit[BITS_TO_LONGS(SW_CNT)];
… …
}
```

4. 应用程序

以上具体内容参见内核源码的 include/Linux/input. h 文件。

根据以上驱动程序设计应用程序的代码如下：

```
#include <stdio.h>
#include <sys/types.h>
#include <sys/stat.h>
#include <fcntl.h>
#include <Linux/input.h>
#include <unistd.h>
#include <Linux/fs.h>
int main(int argc,char * argv[])
{
    int keys_fd;
    struct input_eventkey_event;                //定义输入事件变量
    keys_fd = open(argv[1],O_RDONLY);           //打开/dev/input/event0 设备
    if(keys_fd<=0)              //判断按键设备是否打开,如果不能打开,显示报错信息
    {
        printf("open %s key device error! \n",argv[1]);
        return 0;
    }
        while(1)                                //循环检测按键信息
    {
    //读取按键信息
        if(read(keys_fd,&key_event,sizeof(key_event))==sizeof(key_event)) {
            if(key_event.type==EV_KEY)          //判断是按键
        if(key_event.value==0 || key_event.value==1)
                                                //按键的按下和抬起两个状态打印
        printf("key %d %s\n",key_event.code,(key_event.value)?"Pressed":"Re-
leased");
    }
    }
    close(keys_fd);                             //关闭设备
    return 0;
}
```

4.3.3 实验步骤

(1) 按键实验程序的源码在厂家提供的“4412 光盘\10_实验源码\basic\06_buttons”目录中，包括驱动程序和应用测试程序。通过 SSH 软件，将其复制到虚拟 Ubuntu 系统中，如图 4.19 所示。

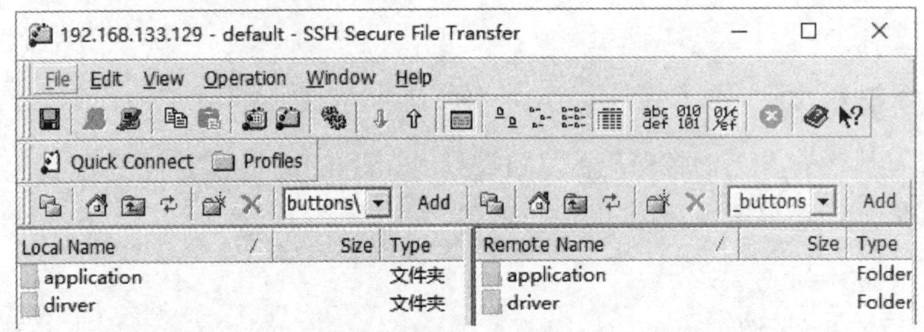

图 4.19 按键实验驱动源码和应用程序源码备份

(2) 在 Ubuntu 系统中交叉编译应用程序和驱动程序。驱动程序编译前，需要进入具体的内核路径。应用程序编译前需要设置 GCC 编译器路径，一般使用如图 4.20 所示的环境变量。编译过程如图 4.20 所示。通过编译，生成了驱动 gpio_key.ko 和 buttons 程序。

```
ubuntu@ubuntu-virtual-machine:~/src/exp/basic$ cd 06_buttons/
ubuntu@ubuntu-virtual-machine:~/src/exp/basic/06_buttons$ cd driver/
ubuntu@ubuntu-virtual-machine:~/src/exp/basic/06_buttons/driver$ ls
gpio_keys.c  Makefile
ubuntu@ubuntu-virtual-machine:~/src/exp/basic/06_buttons/driver$ make
make -C /home/ubuntu/mpts412/kernel/Kernel_4412 M=/home/ubuntu/src/exp/basic/06_
buttons/driver modules
make[1]: 正在进入目录 `/home/ubuntu/mpts412/kernel/Kernel_4412'
  CC [M]  /home/ubuntu/src/exp/basic/06_buttons/driver/gpio_keys.o
  Building modules, stage 2.
  MODPOST 1 modules
WARNING: "irq_to_desc" [/home/ubuntu/src/exp/basic/06_buttons/driver/gpio_keys.k
o] undefined!
  CC      /home/ubuntu/src/exp/basic/06_buttons/driver/gpio_keys.mod.o
  LD [M]  /home/ubuntu/src/exp/basic/06_buttons/driver/gpio_keys.ko
make[1]:正在离开目录 `/home/ubuntu/mpts412/kernel/Kernel_4412'
ubuntu@ubuntu-virtual-machine:~/src/exp/basic/06_buttons/driver$
```

图 4.20 编译驱动程序

修改 gpio_keys.ko 的属性，并复制到 NFS 共享目录中，命令如下。

```
# chmod 777 gpio_keys.ko
# cp gpio_keys.ko /home/ubuntu /nfs
```

使用 make 命令编译应用程序，如图 4.21 所示。

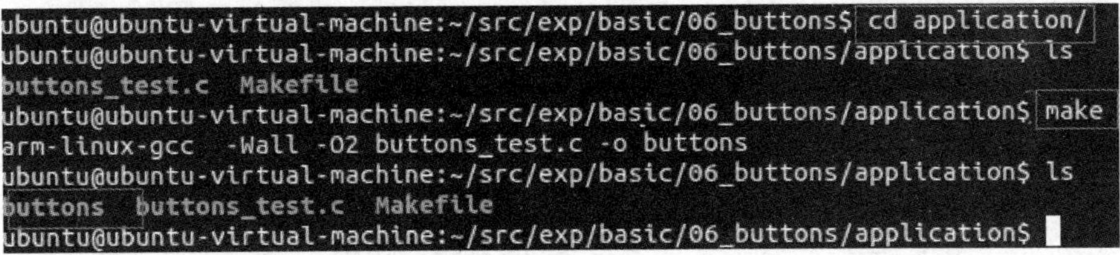

```
ubuntu@ubuntu-virtual-machine:~/src/exp/basic/06_buttons$ cd application/
ubuntu@ubuntu-virtual-machine:~/src/exp/basic/06_buttons/application$ ls
buttons_test.c  Makefile
ubuntu@ubuntu-virtual-machine:~/src/exp/basic/06_buttons/application$ make
arm-linux-gcc  -Wall -O2 buttons_test.c -o buttons
ubuntu@ubuntu-virtual-machine:~/src/exp/basic/06_buttons/application$ ls
buttons  buttons_test.c  Makefile
ubuntu@ubuntu-virtual-machine:~/src/exp/basic/06_buttons/application$
```

图 4.21　编译应用程序

修改 buttons 的属性,并复制到 NFS 共享目录中,命令如下。

```
#chmod 777 buttons
#cp  buttons /home/ubuntu/nfs
```

(3) 使用 MPTS-A9 教学平台配的 USB 线连接 PC 机端和 USB 口,如图 4.22 所示。

图 4.22　USB 接口

在 Windows 系统上,查看“我的 PC 机端→属性→设备管理”,如图 4.23 所示,找到 USB 转串口对应的串口,图中可看到“COM3”接口。

打开串口超级终端软件,设置对应的串口,及波特率等相关参数,如图 4.24 所示。

(4) MPTS-A9 教学平台接上电源,拨码开关上电,超级终端软件里面出现嵌入式 Linux 启动信息。嵌入式 Linux 启动完成后,通过网线连接实验设备和 PC 机。按着 NFS 配置说明,设置 PC 机和实验设备在一个网段。此部分详细见实验 3.2 节。在嵌入式系统终端下使用 mount 命令建立 NFS 共享,如图 4.25 所示。

```
mount-tnfs-o nolock 192.168.1.128: /home/Ubuntu 系统/NFS  /mnt/NFS
```

(5) 加载 LED 驱动程序

```
#insmod gpio_key.ko
```

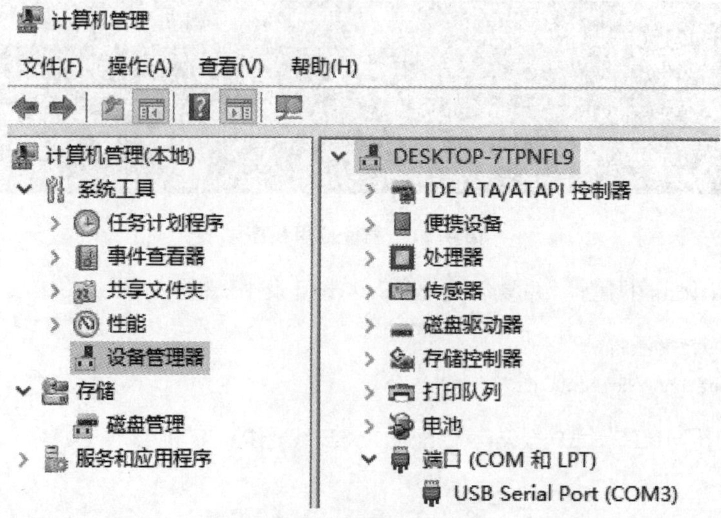

图 4.23　查看 COM 接口

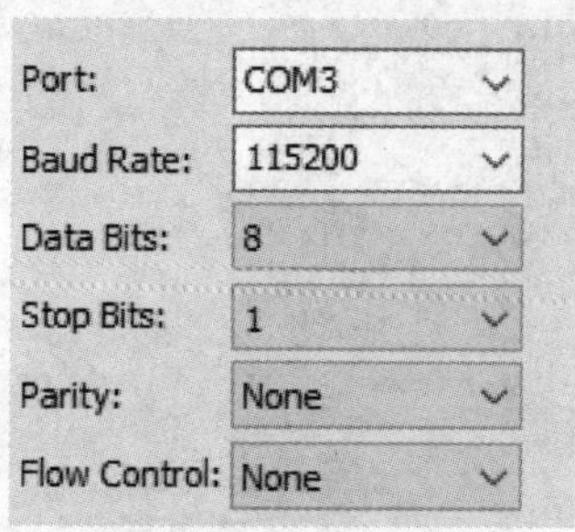

图 4.24　设置串口参数

```
~ # mount -t nfs -o nolock 192.168.1.128:/home/ubuntu/nfs /mnt/nfs/
~ # cd /mnt/nfs/
```

图 4.25　NFS 挂载

可以看到驱动加载后，/dev/input/event 文件夹出现设备节点。event0 设备节点是“home”，“back”，“sleep”3 个键的节点。Event1 设备节点是“vol－”，“vol＋”键的设备节点，如图 4.26 所示。

```
/dev/input # ls
event0  event1  event2
```

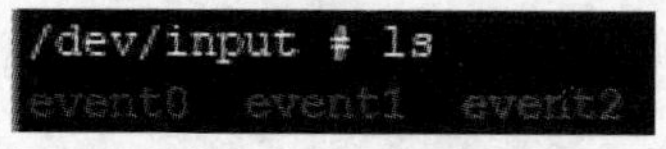

图 4.26　查看设备节点

（6）测试按键 buttons 程序，如图 4.27 所示。

```
/mnt/nfs # ./buttons  /dev/input/event0
key 172 Pressed
key 172 Released
key 158 Pressed
key 158 Released
key 116 Pressed
key 116 Released
key 172 Pressed
key 172 Released
key 158 Pressed
key 158 Released
key 116 Pressed
key 116 Released
key 116 Pressed
key 116 Released
key 116 Pressed
key 116 Released
^C
/mnt/nfs # ./buttons  /dev/input/event1
key 114 Pressed
key 114 Released
key 115 Pressed
key 115 Released
key 114 Pressed
key 114 Released
```

图 4.27　应用程序运行

4.3.4　思考与练习

简要分析应用程序与设备驱动程序之间关联关系。

4.4　LCD 驱动及控制实验

4.4.1　实验目的

(1) 了解 LCD 基本概念与原理。
(2) 了解 Linux 下 LCD 的 Frame Buffer 结构原理。
(3) 了解用总线方式驱动 LCD 模块。
(4) 熟悉用 ARM 内置的 LCD 控制器驱动。

4.4.2　实验原理

1. 硬件接口原理

LCD(Liquid Crystal Display)原理液晶因其物理特性得名。它的分子晶体是以液态存在而非固态存在。这些晶体分子的液体特点使得它具有 3 种非常有用的优势。

（1）如果让电流通过液晶层，这些分子将会按照电流的方向进行排列。若没有电流流过，则它们会彼此平行排列。

（2）如果为其提供了带有细小沟槽的外层，并将液晶倒入其中，那么液晶分子会顺着槽排列，而且内层与外层以相同的方式进行排列。

（3）液晶层能使光线发生扭转。液晶层表现类似偏光器。这就意味着它能够过滤除了从特殊方向射入之外的所有光线。另外，若液晶层发生了扭转，光线会随之扭转，将以不同的方向从另外一个面中射出。

液晶的以上特点可以阻碍光线，也可以允许光线通过。液晶单元的底层是由细小的脊构成的。这些脊的作用是让液晶分子呈平行排列。当液晶分子随着两个不同方向的表面进行排列，就会发生扭曲。这个扭曲的螺旋层使得通过的光线也发生扭曲。如果有电流通过液晶设备，所有的液晶分子将会随着电流的方向进行排列，这样将会消除光线的扭转。如图 4.28 和图 4.29 所示，如果将一个偏振滤光器放置在液晶层的上表面，那么扭转的光线通过如图 4.28(a)所示，而没有发生扭转的光线将被阻碍，如图 4.28(b)所示。因此可以借助电流的通断改变 LCD 中的液晶分子排列，使光线在加电时射出，在不加电时被阻断。也有为了省电进行特殊的设计，当有电流时经过时，光线不能被通过；当没有电流经过时，光线可以通过。

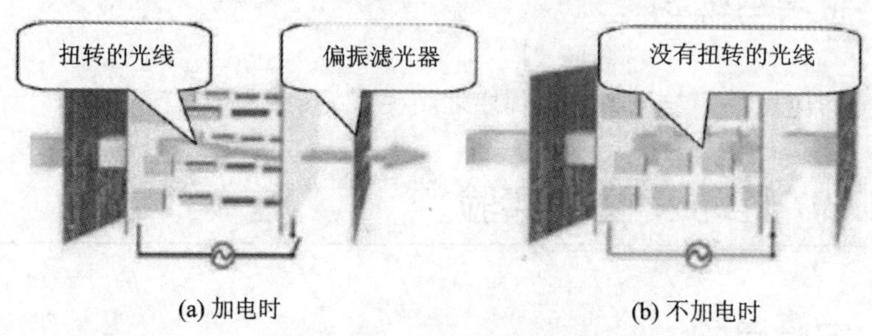

图 4.28　光线通过液晶设备原理

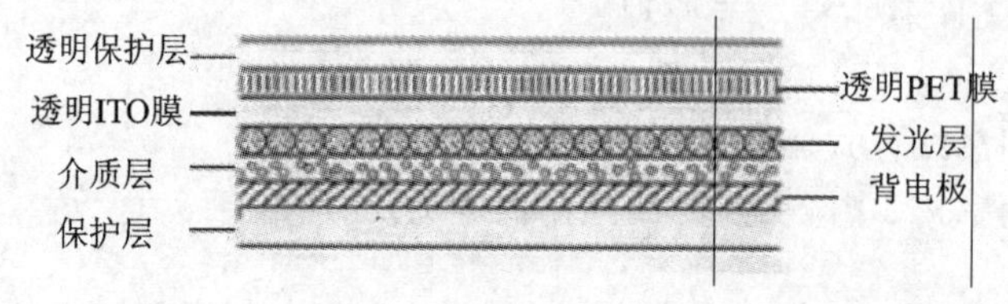

图 4.29　液晶设备切面图

基于液晶原理，LCD 显示器通过给不同的液晶单元供电，控制其光线的通过与否，达到显示的目的。因此，LCD 的驱动控制是针对液晶单元的通断电的控制，使得每个液晶单元都对应一个电极对其通电，以便光线经过（也有 LCD 显示器刚好相反

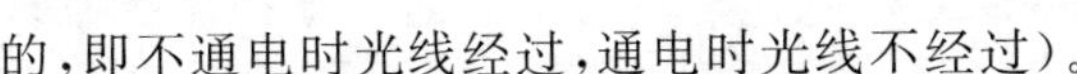

的，即不通电时光线经过，通电时光线不经过）。

2. LCD 设备的驱动控制

目前市面上出售的 LCD 设备有两种类型：

一种是带有硬件驱动电路的 LCD 显示模块。这种 LCD 可以方便地用各种低端单片机进行控制，比如 8051 系列单片机。因为硬件驱动电路的存在，所以体积比较大。这种模式常常使用总线方式来驱动。

另一种类型是 LCD 显示屏。由于它没有驱动电路，因此需要与驱动电路配合才能使用。其特点是体积小，但却需要其他的驱动芯片，如 ARM 系列的 EXYNOS 4412、PXA270 等。

MPTS－A9 教学平台中的 4412 芯片具有内置的 LCD 控制器，它具有将显示缓存（在系统存储器中）中的 LCD 图像数据传输到外部 LCD 驱动电路的逻辑功能。它支持 DSTN（被动矩阵或叫无源矩阵）和 TFT（主动矩阵或叫有源矩阵）两种 LCD 屏幕，并且黑白和彩色都能显示。对于不同尺寸的 LCD 屏幕，具有不同数量的垂直和水平像素、数据接口的数据宽度、接口时间及刷新率。而 LCD 控制器可以进行编程控制对应的寄存器值，以适应不同的 LCD 显示板。图 4.30 所示是 LCD 控制流程图。

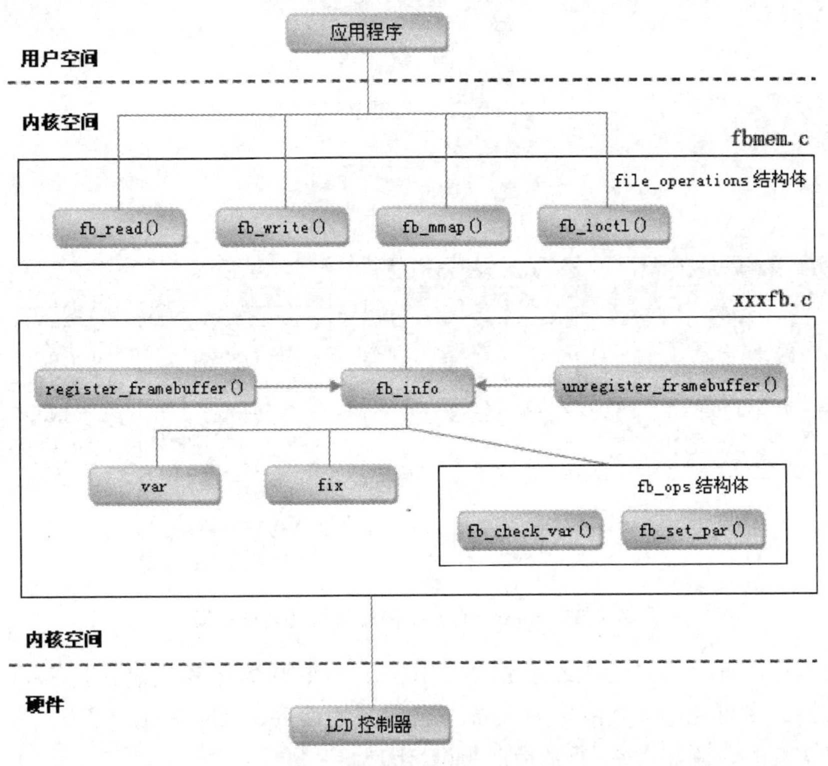

图 4.30　LCD 控制流程图

3. Linux 的帧缓冲设备

1) Frame Buffer(帧缓冲)

Frame Buffer(帧缓冲)只是提供了统一的 LCD 驱动设计模型。具体的液晶屏显示、控制以及参数设置等需要具体的 LCD 控制器驱动来完成。对于 LCD 驱动开发者来说,Frame Buffer 已经由内核完成了。驱动开发者的主要工作就是进行 LCD 控制器驱动设计。LCD 控制器驱动和 Frame Buffer 主要通过 struct fb_info 数据结构进行协作,如图 4.31 所示。该数据结构主要包含了以下重要成员:

fb_var_screeninfo 成员描述了 fb 的可变参数,如宽、高、颜色深度等。

fb_fix_screeninfo 成员定义了 fb 的固定参数,如 Frame Buffer 内存的起始地址,地址长度等。

fb_cmap 成员描述颜色表信息,可以通过 ioctl 的 FBIOGETCMAP 和 FBIOPUTCMAP 命令来访问。

fb_ops 成员定义的方法用于支持对 LCD 控制器的操作。

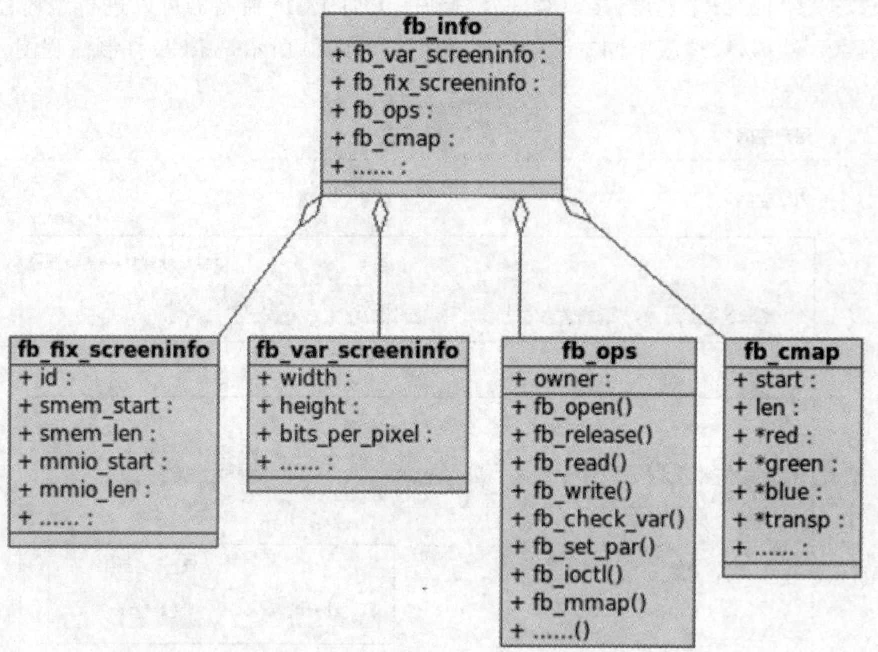

图 4.31 struct fb_info 数据结构及其成员图

帧缓冲设备对应的设备文件是/dev/fb*。如果系统有多个显示卡,Linux 系统还可支持最多可达 32 个帧缓冲设备。它们分别是/dev/fb0～/dev/fb31。/dev/fb 是当前缺省的帧缓冲设备,通常指向/dev/fb0。

在嵌入式系统中支持一个显示设备就够了。帧缓冲设备为标准字符设备。它的主设备号为 29,次设备号则 0～31,分别对应/dev/fb0 到/dev/fb31。

2) Frame Buffer 在 Linux 系统中的实现和机制

Frame Buffer 对应的源文件放在内核源码/drivers/video/目录下。总的抽象设备文件为 fbcon. c。在这个目录下还有与各种显示设备驱动相关的源文件。

Frame Buffer 设备驱动基于 include/Linux/fb. h 和 drivers/video/fbmem. c 这两个文件。

fb. h 中定义了 Frame Buffer 所使用的 3 个重要数据结构,分别是:

(1) struct fb_var_screeninfo 描述显卡的特性。通常被用户设置。

(2) struct fb_fix_screeninfo 定义了显卡的硬件特性,不能被用户改变。

(3) struct fb_cmap 描述设备无关的颜色映射信息。可以通过 FBIOGETCMAP 和 FBIOPUTCMAP 对应的 ioctl 操作设定或获取颜色映射信息。

(4) struct fb_info 定义了当前显卡 Frame Buffer 设备状态。一个显卡可能有两个 Frame Buffer。在有两个 Frame Buffer 情况下,就需要两个 fb_info 结构。这个结构是唯一在内核空间可见的。在这个结构中有一个 fb_ops 指针,指向驱动设备工作所需的函数集。

(5) struct fb_ops 用户可以使用 ioctl()系统调用来操作设备。这个结构就是用以支持 ioctl()的这些操作的。

fb_ops 结构与 file_operations 结构不同,fb_ops 是底层操作的抽象,而 file_operations 是提供给上层系统调用的接口,可以直接调用。

fbmem. c 处于 Frame Buffer 设备驱动技术的中心位置。它为上层应用程序提供系统调用也为下一层的特定硬件驱动提供接口;底层硬件驱动需要用些接口来向系统内核注册自己。fbmem. c 为所有支持 Frame Buffer 的设备驱动提供了通用接口。fbmem. c 实现了如下函数:

register_framebuffer(struct fb_info * fb_info);

unregister_framebuffer(struct fb_info * fb_info);

这两个函数是提供给下层 Frame Buffer 设备驱动的接口,设备驱动程序通过这两函数向系统注册或注销自己。

另外介绍两个全局变量: structfb_info * registered_fb[FB_MAX]和 int num_registered_fb。这两变量记录了所有 fb_info 结构的实例,fb_info 结构描述显卡的当前状态,所有设备对应的 fb_info 结构都保存在这个数组中,当一个 Frame Buffer 设备驱动向系统注册自己时,其对应的 fb_info 结构就会添加到这个结构中,同时 num_registered_fb 自动加 1。

底层设备驱动所要做的所有事情就是填充 fb_info 结构,然后向系统注册或注销它。

3) 应用程序端介绍

对/dev/fb 设备的操作,应用程序的操作主要有这几种:

(1) 读/写(read/write)/dev/fb,相当于读/写屏幕缓冲区。例如:使用 cp /dev/fb0 tmp 命令可将当前屏幕的内容复制到一个文件中(其中 tmp 是图形文件)。而命令 cp tmp > /dev/fb0 则将 tmp 显示在屏幕上。

(2) 映射(map)操作。由于 Linux 系统工作在保护模式,每个应用程序都有自己的虚拟地址空间,应用程序不能直接访问物理缓冲区地址。为此,Linux 系统在 file_operations 结构中提供了 mmap 函数,它可将文件的内容映射到用户空间。帧缓冲设备可通过映射操作将屏幕缓冲区的物理地址映射到用户空间的一段虚拟地址中,用户就可以通过读写这段虚拟地址访问屏幕缓冲区,在屏幕上绘图了。

(3) I/O 控制。对于帧缓冲设备,对设备文件的 ioctl 操作可读取/设置显示设备及屏幕的参数,如分辨率,显示颜色数,屏幕大小等。ioctl 的操作是由底层的驱动程序来完成的。

4. 液晶测试程序

根据厂家驱动程序,液晶测试的应用程序操作步骤如下:

(1) 打开/dev/fb0 设备文件。

(2) 用 ioctl 函数获取显示屏幕参数信息,如屏幕分辨率,屏幕大小,每个像素点的字节数。

(3) 将屏幕缓冲区映射到用户空间(mmap)。

(4) 映射后就可以直接读写屏幕缓冲区,进行绘图和图片显示了。

应用程序段如下:

```
#include <Linux/fb.h>
int main()
{
    int lcd_fb = 0;
    void *fb_mem;
    struct fb_var_screeninfo varInfo;
    struct fb_fix_screeninfo fixInfo;
    long int screenSize = 0;
    lcd_fb = open("/dev/fb0",O_RDWR);    /*打开设备文件*/
    /*取得屏幕相关参数*/
    ioctl(lcd_fb,FBIOGET_FSCREENINFO,&fixInfo); ioctl(fb,FBIOGET_VSCREENINFO,
&varInfo);
    /*计算屏幕缓冲区大小*/
    screenSize = varInfo.xres * varInfo.yres * varInfo.bits_per_pixel / 8;
    /*映射屏幕缓冲区到用户地址空间*/
    fb_mem = (char *)mmap(0,screenSize,PROT_READ|PROT_WRITE,MAP_SHARED,lcd_fb,0);
    /*下面可通过 lcd_fb 指针读写缓冲区*/
    ……
```

```
    /* 释放缓冲区,关闭设备 */
    munmap(fb_mem,screenSize);
    close(lcd_fb); //关闭设备
}
```

4.4.3　实验步骤

(1) 在内核中添加 Frame Buffer 设备支持(设备出厂时已经完成配置,用户在实验中可以省去此步骤)。

使用 make menuconfig 命令进入内核配置界面,选择液晶支持,如图 4.32 所示。

配置内核对 Frame Buffer 的相关支持:

```
Device Drivers -->
    Graphics support -->
        Support for frame buffer devices -->
```

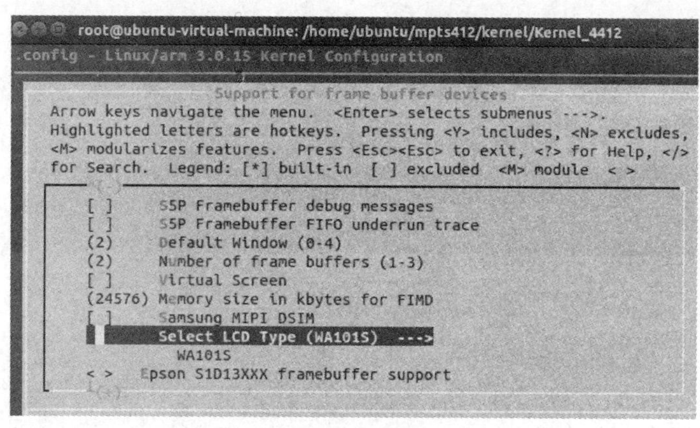

图 4.32　Frame Buffer 内核配置

(2) 厂家提供的 4412 光盘\10_实验源码\basic\07_lcd,通过 SSH 复制到虚拟机下的 Ubuntu 系统中。

在 Ubuntu 系统终端下进入 07_lcd 文件夹,执行 make 编译 LCD 程序,生成 test_lcd 程序,如图 4.33 所示。

```
ubuntu@ubuntu-virtual-machine:~/src/exp/basic$ cd 07_lcd/
ubuntu@ubuntu-virtual-machine:~/src/exp/basic/07_lcd$ make
arm-linux-gcc   -O2   -c -o test.o test.c
arm-linux-gcc   -O2   -c -o lcd.o lcd.c
arm-linux-gcc   -O2      -o test_lcd test.o lcd.o
ubuntu@ubuntu-virtual-machine:~/src/exp/basic/07_lcd$ ls
ascii.lib  hz16  lcd.c  lcd.h  lcd.o  Makefile  test.c  test_lcd  test.o
ubuntu@ubuntu-virtual-machine:~/src/exp/basic/07_lcd$
```

图 4.33　编译 lcd 程序

(3) 把 test_lcd 复制到 NFS 共享目录,并修改文件权限,使用如下命令。

```
#chmod 777 test_lcd
#cp test_lcd /home/ubuntu/nfs
```

(4) 使用 MPTS-A9 教学平台提供的 USB 线连接 PC 机端和图 4.34 中的 USB 接口。

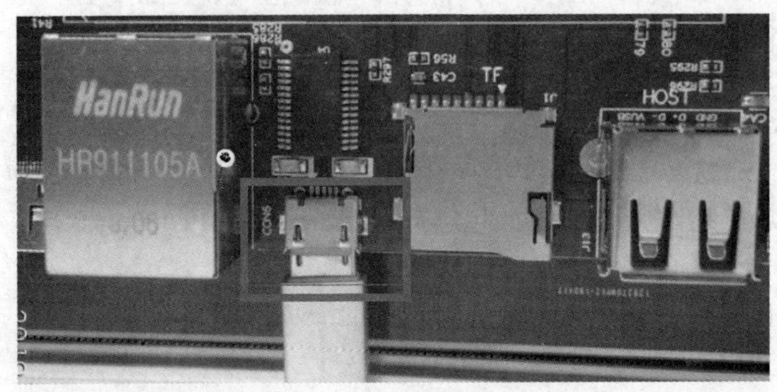

图 4.34　MPTS-A9 教学平台的 USB 接口

在 Windows 系统上,查看"我的 PC 机端→属性→设备管理",如图 4.35 所示,找到 USB 转串口对应的串口,图中可看到"COM3"接口。

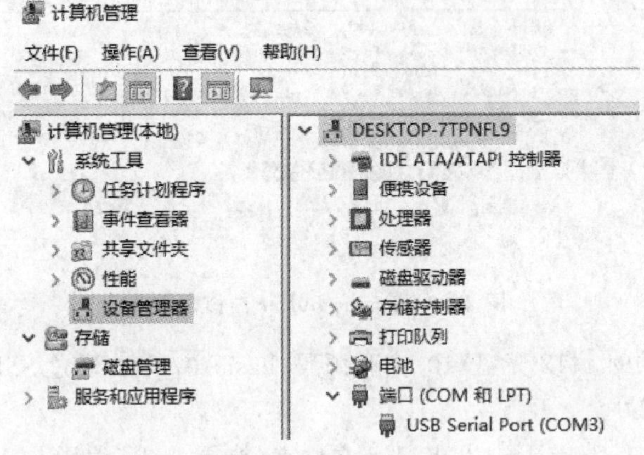

图 4.35　COM3 接口

(5) 打开串口超级终端软件,设置对应的串口号,及波特率相关参数,如图 4.36 所示。

(6) MPTS-A9 教学平台接上电源,拨码开关上电,超级终端软件里面出现嵌入式 Linux 启动信息。

(7) MPTS-A9 教学平台启动完成后,通过网线和 PC 机连接。按照 NFS 配置说明设置 PC 机和实验设备在一个网段。此部分相见 3.2 节。在 MPTS-A9 教学

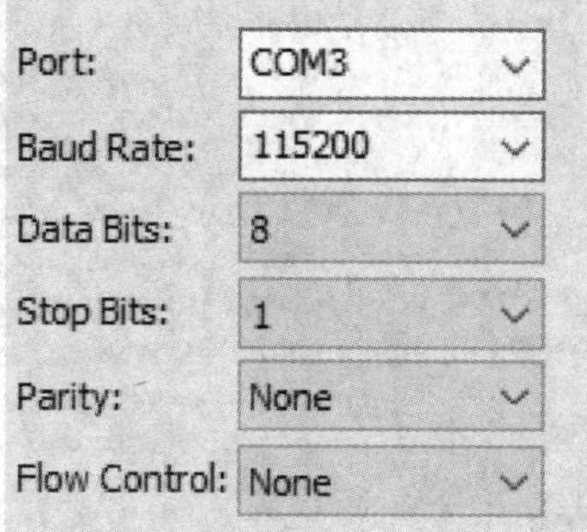

图 4.36　设置串口参数

平台终端下使用 mount 命令建立 NFS 共享，如图 4.37 所示。

```
mount-t nfs-o nolock 192.168.1.128：/home/ubuntu /nfs  /mnt/nfs
```

```
~ # mount -t nfs -o nolock 192.168.1.128:/home/ubuntu/nfs /mnt/nfs/
~ # cd /mnt/nfs/
```

图 4.37　NFS 挂载

(8) 执行 lcd 应用程序，命令如下。

```
#./test_lcd
```

(9) 根据超级终端提示，按任意键，液晶上画各种图形，如图 4.38 所示。

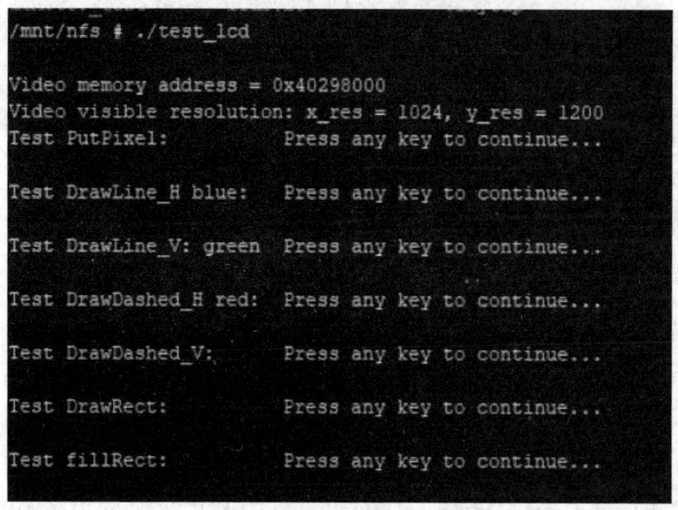

图 4.38　终端下液晶显示

图 4.39 为液晶上显示的截图。

图 4.39　液晶显示效果

4.4.4　思考与练习

(1) 简述液晶屏显示原理。

(2) 查看厂家提供的液晶设备驱动程序,修改应用程序的参数,比如显示屏的像素等。

4.5　触摸屏驱动实验

4.5.1　实验目的

(1) 了解电容触摸屏原理。

(2) 了解触屏驱动移植。

4.5.2　实验原理

1. 触摸屏原理

电容技术触摸屏 CTP(Capacity Touch Panel)利用人体的电流感应进行工作。电容技术触摸屏是一块 4 层复合玻璃屏,它的内表面和夹层各涂一层 ITO(纳米铟锡金属氧化物)。其中最外层是只有 0.001 5 mm 厚的矽土玻璃保护层。夹层 ITO 工作面的 4 个角引出 4 个电极。内层 ITO 为屏层提供保护。

当用户用手指触摸电容屏时，因为人体电场，手指和工作面形成一个耦合电容。由于工作面上接有高频信号，因此手指吸收走一股微小的电流。这股电流分别从屏 4 个角上的电极中流出，并且理论上流经 4 个电极的电流与手指到四角的距离成比例。那么控制器通过对 4 个电流比例的精密计算，可以得出手指的具体位置，精度能达到 99%，且具备小于 3 ms 延迟的响应速度，如图 4.40 所示。

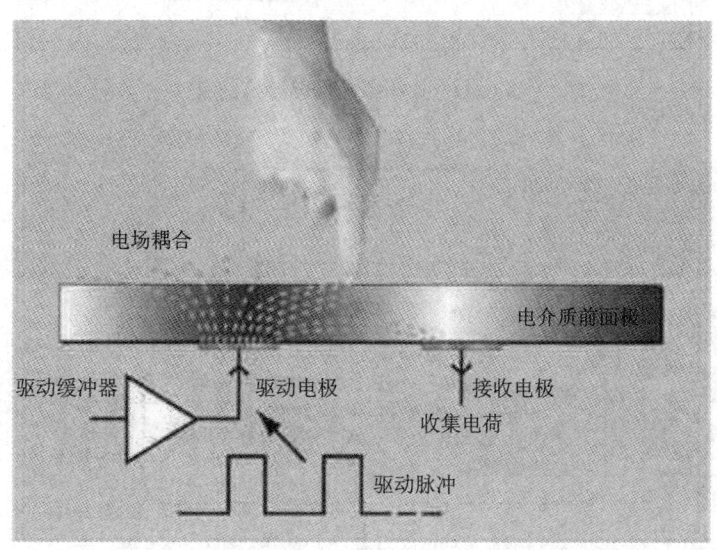

图 4.40　触摸屏原理

电容屏要实现多点触控，靠的就是增加互电容的电极。简单地说，就是将屏幕分块，在每一个区域里设置一组互电容模块都是独立工作。因此电容屏就可以独立检测到各区域的触控情况。经过计算处理后，简单地实现多点触控。

2. 触摸屏 ft5x06 驱动程序

MPTS－A9 教学平台上的电容屏 ft5x06 是 I2C 接口的。它连接在 x4412 的 I2C 总线上，设备地址为 0x38。

ft5x06 资料详情可以参考《FT5x06_-_1005_DataSheet》。触摸屏接线框图如图 4.41 和图 4.42 所示。

内核 Arch/arm/mach-exynos/mach-smdk4412.c 提供有触摸屏的设备信息，代码如下：

```
#include <plat/ft5x0x_touch.h>
static struct ft5x0x_i2c_platform_data ft5x0x_pdata = {
    .gpio_irq = EXYNOS4_GPX0(4),              //触摸屏的中断引脚
    .irq_cfg = S3C_GPIO_SFN(0xf),             //中断为外部中断
    .screen_max_x    = 768,                   //屏幕分辨率大小
    .screen_max_y    = 1024,                  //屏幕分辨率大小
```

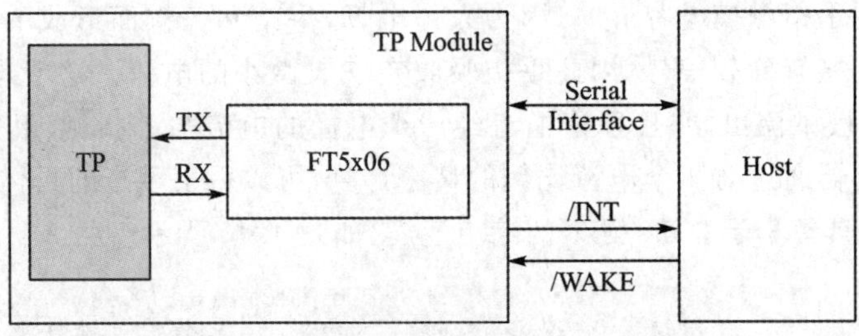

图 4.41　ft5x06 触摸屏接线框图

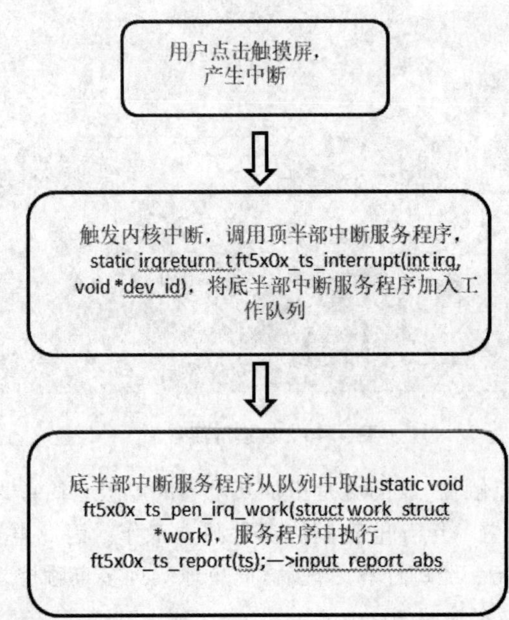

图 4.42　触摸屏中断产生以及处理流程

```
    .pressure_max    = 255,
};
static struct i2c_board_info i2c_devs3[] __initdata = {
#if defined(CONFIG_TOUCHSCREEN_FT5X0X)
{
    I2C_BOARD_INFO("ft5x0x_ts",0x70>>1),     //触摸屏的 I2C 地址
    .irq = IRQ_EINT(4),
    .platform_data = &ft5x0x_pdata,
},
```

3. 应用程序源码

驱动源码位于 kernel 文件夹下的 driver/input/touchscreen/ft5x06_ts.c 文件。

应用程序主要是如何打开触摸屏设备，然后怎么读取当前触摸点的坐标，源码如下：

```
struct input_event ev;
if ((fd = open("/dev/input/event2", O_RDONLY)) < 0)  //打开设备
{
    perror("open error");
    return 1 ;
}
while(1)
{
    rb = read(fd, &ev, sizeof(struct input_event));   //读取 inputdev 数据
    if (rb < (int)sizeof(struct input_event))          //读取错误处理
    {
        perror("read error");
        return 1;
    }
    if (EV_ABS == ev.type)                             //读取按键内容
    {
//在终端下打印当前触摸的坐标
printf("event = %s,value = %d\n",ev.code == ABS_X?"ABS_X": ev.code == ABS_Y?"ABS_Y": ev.code == ABS_PRESSURE?"ABS_PRESSURE": "UNKNOWEN",ev.value);
    }else{
        printf("not ev_abs\n");
    }
}
close(fd);                                             //关闭设备
```

4.5.3　实验步骤

(1) 进入到源码下 kernel 目录，输入 make menuconfig，进入 device Drivers→Input device support→Touchscreens 菜单，如图 4.43 所示。(设备出厂时已经完成配置，用户在动手实验中可以省去此步骤)。

(2) 测试程序源码位于厂家提供的“4412 光盘\10_实验源码\basic\08_touch”，通过 SSH 软件把 08_touch 文件夹复制到虚拟 Ubuntu 系统中。

(3) 在 Ubuntu 系统终端下，进入 08_touch 文件夹中，执行 make 命令，生成 touch_test 程序，如图 4.44 所示。

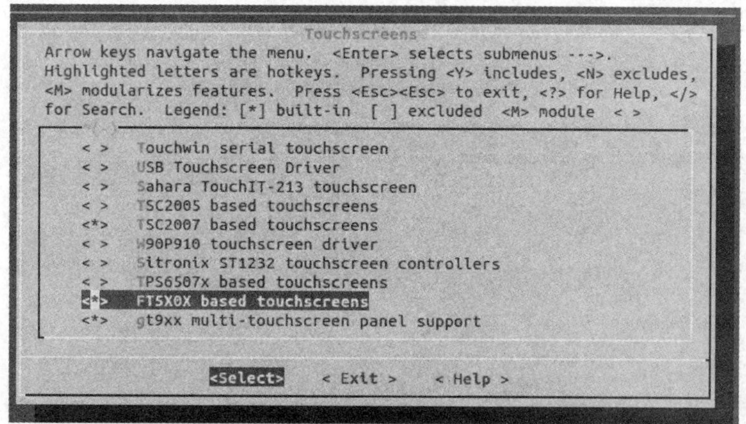

图 4.43　触摸屏实验内核配置

```
ubuntu@ubuntu-virtual-machine:~/src/exp/basic$ cd 08_touch/
ubuntu@ubuntu-virtual-machine:~/src/exp/basic/08_touch$ ls
Makefile  touch_test.c  touch_test.c~
ubuntu@ubuntu-virtual-machine:~/src/exp/basic/08_touch$ make
rm -rf *.o touch_test
arm-linux-gcc  -Wall -O2 touch_test.c -o touch_test
ubuntu@ubuntu-virtual-machine:~/src/exp/basic/08_touch$ ls
Makefile  touch_test  touch_test.c  touch_test.c~
ubuntu@ubuntu-virtual-machine:~/src/exp/basic/08_touch$
```

图 4.44　执行 make 命令

把 touch_test 复制到 NFS 共享目录中，并修改文件权限，使用命令如下：

```
#chmod 777 touch_test
#cp touch_test  /home/ubuntu/nfs
```

(4) 使用 MPTS-A9 教学平台提供的 USB 线连接 PC 机端和图 4.45 所示位置的 USB 接口。

图 4.45　USB 接口

在 Windows 系统上，查看“我的 PC 机端”—“属性”—“设备管理”，如图 4.46 所示，找到 USB 转串口对应的串口，图中可看到“COM3”接口。

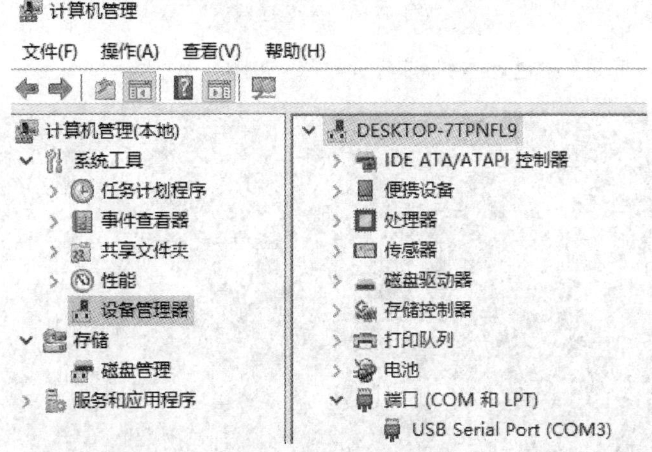

图 4.46　查看 COM 口

打开串口超级终端软件，设置对应的串口号，及波特率等相关参数，如图 4.47 所示。

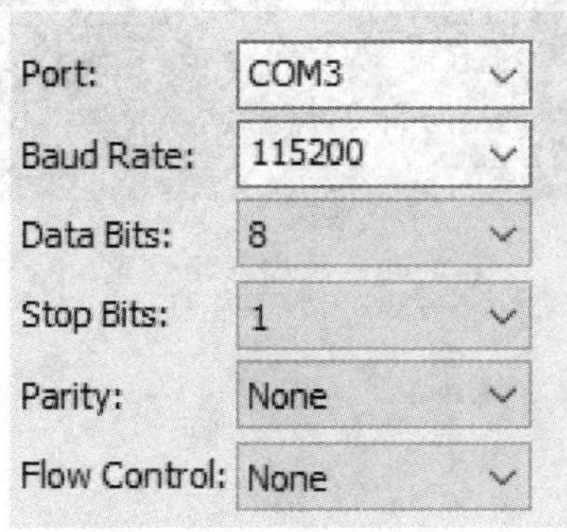

图 4.47　配置串口参数

(5) MPTS－A9 教学平台接上电源，拨码开关上电，超级终端软件里面出现嵌入式 Linux 启动打印信息。

(6) 通过网线连接 MPTS－A9 教学平台和 PC 机，按着 NFS 章节的设置配置 NFS，同时设置 PC 机的 IP 地址和 MPTS－A9 教学平台的 IP 地址在一个网段。具体步骤详见 3.2 节。在超级终端下，通过 mount 挂载 NFS，如图 4.48 所示。

```
# mount - tnfs-o nolock 192.168.1.128：/home/ubuntu/nfs /mnt/nfs
```

(7) 执行应用程序进行测试，命令如下。

```
#./touch_test
```

```
~ # mount -t nfs -o nolock 192.168.1.128:/home/ubuntu/nfs /mnt/nfs/
~ # cd /mnt/nfs/
```

图 4.48　NFS 挂载

(8) 触摸液晶屏,通过超级终端查看效果,如图 4.49 所示。

```
/mnt/nfs # ./touch_test
event=ABS_X,value=830
event=ABS_Y,value=238
event=ABS_PRESSURE,value=200
not ev_abs
not ev_abs
event=ABS_PRESSURE,value=0
not ev_abs
not ev_abs
event=ABS_X,value=896
event=ABS_Y,value=208
event=ABS_PRESSURE,value=200
not ev_abs
not ev_abs
event=ABS_PRESSURE,value=0
not ev_abs
not ev_abs
not ev_abs
not ev_abs
event=ABS_X,value=975
event=ABS_Y,value=256
event=ABS_PRESSURE,value=200
```

图 4.49　终端显示结果

4.5.4　思考与练习

(1) 简述触摸屏显示原理。

(2) 理解驱动程序以后,修改应用程序参数。

4.6　摄像头采集实验

4.6.1　实验目的

(1) 了解 Linux V4L2 编程的处理方法。

(2) 了解 OV5640 系列摄像头硬件接口,寄存器配置。

4.6.2　实验原理

1. OV5640 摄像头简介

(1) OV5640 摄像头模组采用美国 OmniVision 公司的 OV5640 芯片。它采用类 I2C 的 SCCB 协议进行寄存器读写控制(SCCB 协议的二线结构与 I2C 协议实现起来基本一样)。该芯片支持输出最大为 500 万像素的图像（2592×1944 分辨率），支持使用 VGA 时序输出图像数据，输出数据格式支持 YCbCr422、YUV(422/420)、JPEG 以及 RGB565 格式。在直接输出 JPEG 格式的图像时，OV5640 摄像头模组可大大减少数据量，方便网络传输。它还可以对采集的图像进行补偿，支持伽玛曲线、白平衡、饱和度、色度等基础处理。根据不同的分辨率配置，传感器输出图像数据的帧率从 15～60 帧可调，工作时功率在 150～200 mW 之间，满足绝大多数行业应用需求，性价比极高。

(2) OV5640 芯片的电路图如图 4.50 所示。

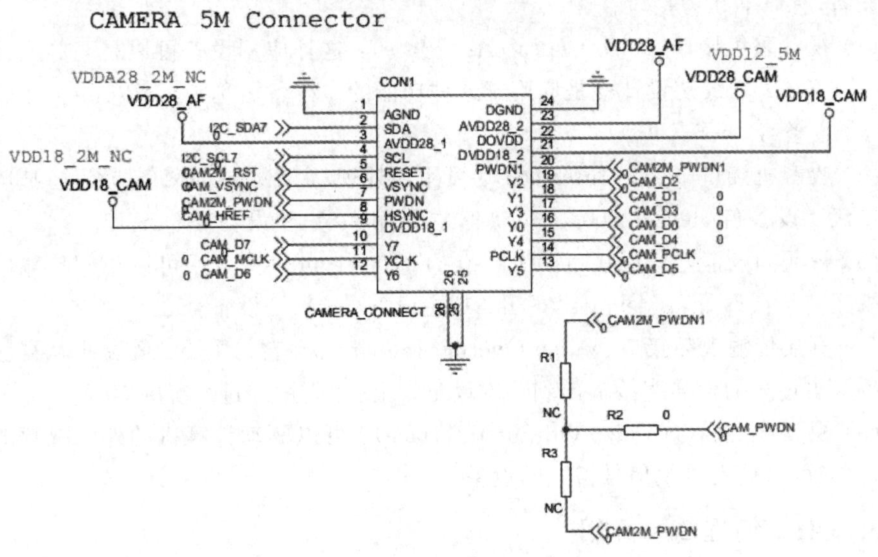

图 4.50　OV5640 芯片电路图

内核配置位置如图 4.51 所示。

2. V4L2 简介

V4L2 是 Linux 操作系统下用于采集图片、视频和音频数据的 API 接口。它配合适当的视频采集设备和相应的驱动程序可以实现图片、视频、音频等信息的采集。在远程会议、可视电话、视频监控系统和嵌入式多媒体终端中都有广泛应用。它支持

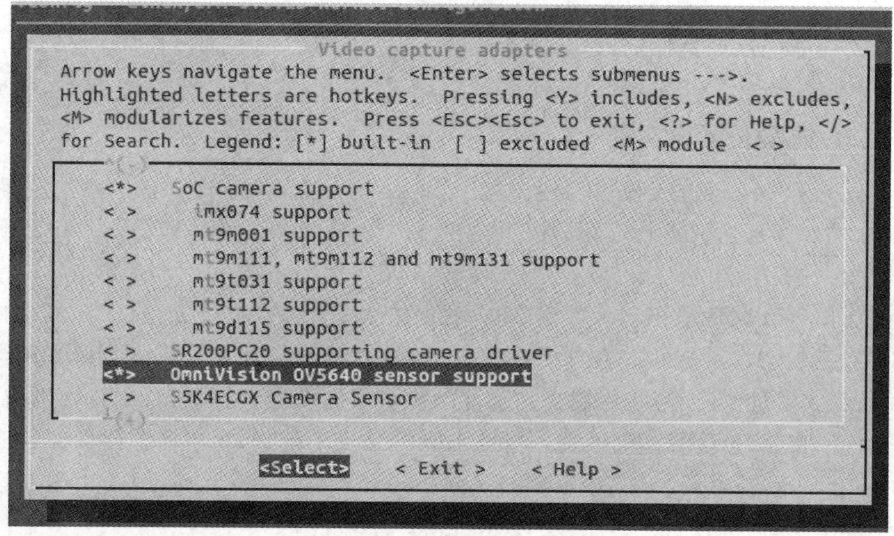

图 4.51　OV5640 芯片内核配置

多种设备，有以下几种接口。

(1) 视频采集接口(video Capture Interface)：这种应用设备可以是高频头或者摄像头。V4L2 的最初设计就是应用于这种功能的。设备名称为/dev/video，主设备号 81，子设备号 0～63。

(2) 收音机接口(Radio Interface)：可用来处理从 AM 或 FM 高频设备接收来的音频流。设备名/dev/radio0～radio63，主设备号 81，子设备号 64～127。

(3) 视频间隔消隐信号接口(VBI Interface)：它可以使应用可以访问传输消隐期的视频信号。设备名/dev/vbi0～vbi31，主设备号 81，子设备号 224～255。

(4) 直接传输视频接口(Video Overlay Interface)：它的主要工作是把从视频采集设备采集过来的信号直接输出到输出设备之上，而不用经过系统的 CPU。

(5) 视频输出接口(Video Output Interface)：可以驱动计算机的外围视频图像设备，比如可以输出电视信号格式的设备。

3. V4L2 编程简单介绍

(1) 打开 V4L2 设备节点。

```
int fd = open("/dev/video0",O_RDWR |O_NONBLOCK);
```

(2) 获取设备功能，查看设备是否具有视频输入或者音频输入输出功能等。使用下面结构体和函数。

```
struct v4l2_capability cap;
xioctl(fd, VIDIOC_QUERYCAP, &cap);//这个函数用来确认这个设备是否和内核驱动相兼容
```

(3) 设置视频的制式和帧格式，包括 PAL、NTSC；帧的格式包括宽度和高度等。

```
struct v4l2_format fmt;
```

v4l2_format 结构如下：

```
struct v4l2_format
{
enum v4l2_buf_type type;            //数据流类型,必须永远是
                                    //V4L2_BUF_TYPE_VIDEO_CAPTURE
union
{
struct v4l2_pix_format pix;
struct v4l2_window win;
struct v4l2_vbi_format vbi;
__u8 raw_data[200];
}
}
struct v4l2_pix_format
{
__u32 width;                        //宽,必须是 16 的倍数
__u32 height;                       //高,必须是 16 的倍数
__u32 pixelformat;                  //视频数据存储类型,例如是 YUV 4 : 2 : 2 还是 RGB
enum v4l2_field field;
__u32 bytesperline;
__u32 sizeimage;
enum v4l2_colorspace colorspace;
__u32 priv;
};
//初始化 fmt
CLEAR (fmt);
fmt.type = V4L2_BUF_TYPE_VIDEO_CAPTURE;
fmt.fmt.pix.width = width;
fmt.fmt.pix.height = height;
fmt.fmt.pix.pixelformat = V4L2_PIX_FMT_YUV420;
//初始化完成后,调用命令字 VIDIOC_S_FMT 设置视频格式
ioctl(fd, VIDIOC_S_FMT, &fmt);
//调用 VIDIOC_G_FMT,从内核中获取到已经设置的视频格式
ioctl(fd, VIDIOC_G_FMT, &fmt);
```

(4) 向驱动申请帧缓存

```
VIDIOC_REQBUFS: 在内核空间中分配帧缓冲区
struct v4l2_requestbuffers req;
```

```
//结构体介绍
struct v4l2_requestbuffers
{
__u32 count;                //缓存数量,也就是说在缓存队列里保持多少张照片
enum v4l2_buf_type type;    //数据流类型,必须永远是 V4L2_BUF_TYPE_VIDEO_CAPTURE
enum v4l2_memory memory;    // V4L2_MEMORY_MMAP 或 V4L2_MEMORY_USERPTR
__u32reserved[2];
};
//初始化缓冲队列
req.count = 5;              //不能超过 5 个
req.type = V4L2_BUF_TYPE_VIDEO_CAPTURE;
req.memory = V4L2_MEMORY_MMAP;
//使用 VIDIOC_REQBUFS 命令字向内核申请缓冲
ioctl(fd,VIDIOC_REQBUFS,&req);
```

VIDIOC_QUERYBUF：将 REQBUFS 中分配的缓存转换成物理地址,并将物理地址映射到用户空间。

```
for (n_buffers = 0; n_buffers < req.count; ++n_buffers)
{
    struct v4l2_buffer buf;
    memset(&buf,0,sizeof(buf));
    buf.type = V4L2_BUF_TYPE_VIDEO_CAPTURE;
    buf.memory = V4L2_MEMORY_MMAP;
    buf.index = n_buffers;
    if (-1 == ioctl(fd,VIDIOC_QUERYBUF,&buf))
    {
        printf("error in VIDIOC_QUERYBUF\n");
        return -1;
    }
    buffers[n_buffers].length = buf.length;
    //通过 mmap 函数,实现内存映射
    buffers[n_buffers].start = mmap (NULL,buf.length,PROT_READ | PROT_WRITE,MAP_
SHARED,fd,buf.m.offset);
    if (MAP_FAILED == buffers[n_buffers].start)
        return -1;
}
```

(5) 视频采集

```
struct v4l2_buffer buf;
//通过 VIDIOC_QBUF 命令字将空闲的内存增加到可捕捉视频队列中
ioctl(dev->fd, VIDIOC_QBUF, &buf);
type = V4L2_BUF_TYPE_VIDEO_CAPTURE;
//通过 VIDIOC_STREAMON 命令字打开视频流
```

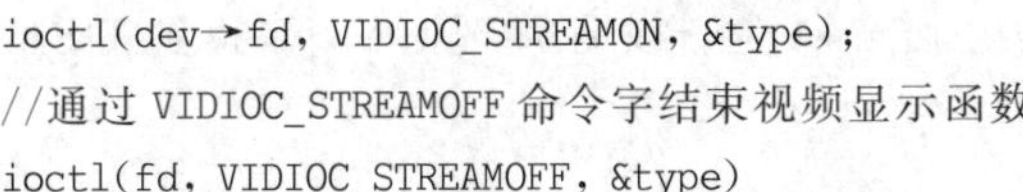

```
ioctl(dev->fd, VIDIOC_STREAMON, &type);
//通过 VIDIOC_STREAMOFF 命令字结束视频显示函数
ioctl(fd, VIDIOC_STREAMOFF, &type)
```

(6) 关闭设备

调用 close 文件描述符。如果进行了内存映射,关闭之前还需要使用 munmap 解除内存映射。

详细代码见实验光盘中的应用程序 camera_test。

4.6.3　实验步骤

(1) 摄像头 OV5640 测试程序位于厂家提供的光盘"10_实验源码\driver\ 06_cameratest",通过 SSH 复制到虚拟机下的 Ubuntu 系统中。

(2) Ubuntu 系统终端下进入"06_cameratest"文件中,编译生成 camera_test,如图 4.52 所示。

```
mptsa9@ubuntu:~/linuxQt/src$ cd 06_cameratest/
mptsa9@ubuntu:~/linuxQt/src/06_cameratest$ ls
build.sh  camera.cpp  camera.h  main.cpp
mptsa9@ubuntu:~/linuxQt/src/06_cameratest$ ./build.sh
mptsa9@ubuntu:~/linuxQt/src/06_cameratest$ ls
build.sh  camera.cpp  camera.h  camera_test  main.cpp
mptsa9@ubuntu:~/linuxQt/src/06_cameratest$
```

图 4.52　编译生成 camera_test 文件

修改 camera_test 的属性,并复制到 NFS 共享目录中,命令如下。

```
#chmod 777 camera_test
#cp  camera_test /home/ubuntu/nfs
```

(3) 使用 MPTS-A9 教学平台提供的 USB 线连接 PC 机端和 USB 口,如图 4.53 所示。

图 4.53　接入 USB 接口

在 Windows 系统中,查看“我的电脑→属性→设备管理”,如下,找到 USB 转串口对应的串口,图 4.54 可看到“COM3”接口。

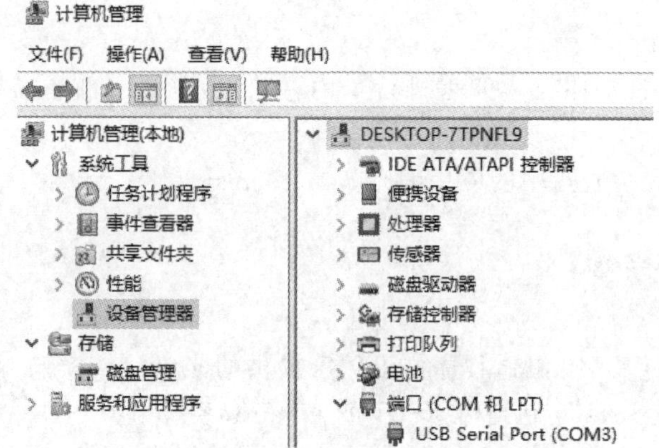

图 4.54 查看 COM 口

打开串口超级终端软件,设置对应的串口,及波特率相关参数,如图 4.55 所示。

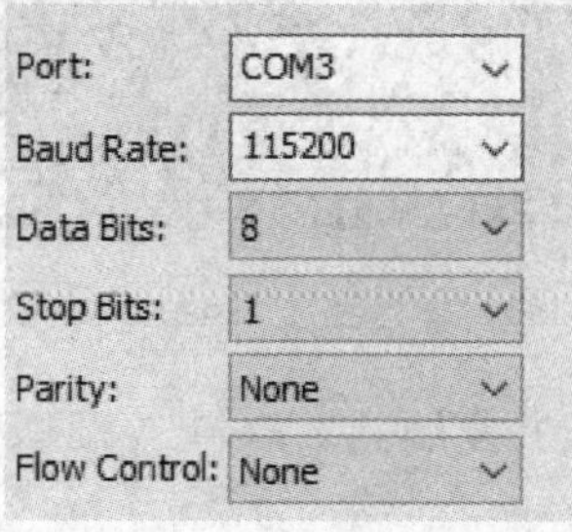

图 4.55 配置串口参数

在 MPTS-A9 教学平台接上电源,拨码开关上电,超级终端软件里面出现嵌入式 Linux 启动信息。嵌入式 Linux 启动完成后,通过网线连接实验设备和 PC 机。按着 NFS 配置说明,设置 PC 机和实验设备在同一个网段。具体步骤详见 3.2 节。在嵌入式系统终端下使用 mount 命令建立 NFS 共享,如图 4.56 所示。

```
mount-t nfs-o nolock 192.168.1.128: /home/ubuntu /nfs  /mnt/nfs
```

图 4.56 NFS 挂载

(4) 测试 camera_test 摄像头程序,命令如下,如图 4.57 所示。

```
./camera_test /dev/video0 640X480
```

```
/mnt/nfs # ./camera_test  /dev/video0 640X480
[ 1083.655537] s3c-fimc0: FIMC0 1 opened.
open success
************** init_device, line = 209
************** init_device, line = 220
[ 1083.669438] ov5640_probe()->5194 ov5640 probe start...
[ 1083.669461] ov5640_probe()->5248
               cym: ov5640 sensor is power on
[ 1083.807929] ov5640_init: version = 0x5640
[ 1086.568191] [OV5640_FOCUS_AD5820_Init]Profile = 1714420017
[ 1086.579161] check[0]=0x0
[ 1086.580225] check[1]=0xcf
[ 1086.582816] check[2]=0x0
[ 1086.585344] check[3]=0x8
[ 1086.587851] check[4]=0xf7
[ 1086.590465] check[5]=0x0
```

图 4.57　测试 camera_test 摄像头程序

执行完后，生成 out.yuv，如图 4.58 所示。

图 4.58　查看 out.yuv 文件

在 PC 机端 Ubuntu 系统的 NFS 共享目录中，找到 out.yuv 文件，通过 ssh 复制到 windows 下。

安装光盘中“09_软件包\4412 开发板所需 PC 软件(工具)\yuv 播放器”，这个默认安装即可，不详细写明安装步骤。打开播放器，选择播放文件，找到 out.yuv 文件，如图 4.59 和图 4.60 所示。

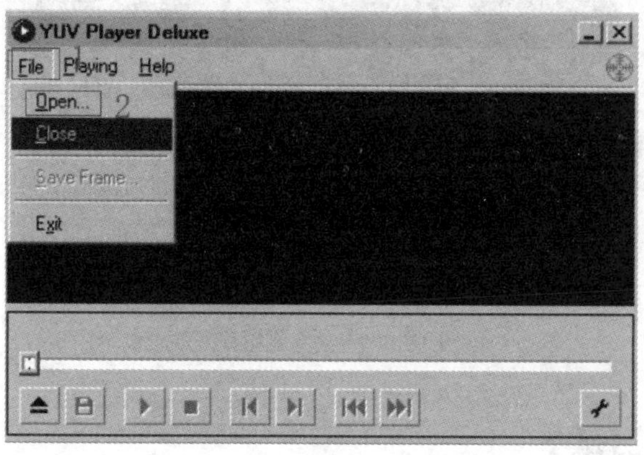

图 4.59　打开 out.yuv 文件

单击“Apply”，然后单击“ok”按钮。播放效果如图 4.61 所示。

即可看到录制的视频。

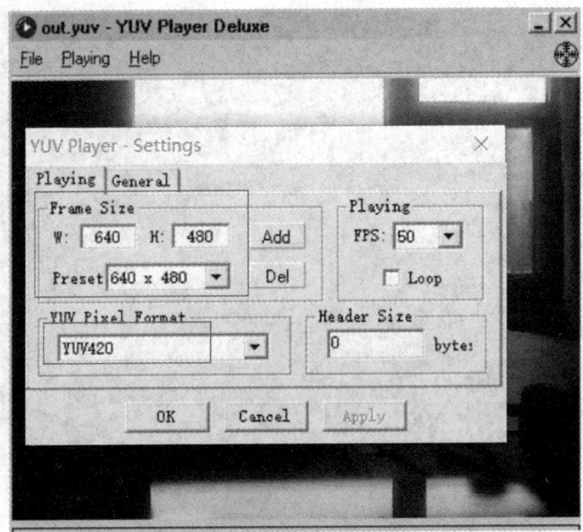

图 4.60 播放设置

图 4.61 播放效果

4.6.4 思考与练习

Linux V4L2 如何进行视频的制式和帧格式?

第5章

嵌入式 Linux 系统移植

一个嵌入式 Linux 系统从软件的角度通常分为 4 个层次：引导加载程序（bootLoader）、Linux 系统内核、文件系统和用户应用程序。因此，嵌入式 Linux 系统移植也要进行这 4 部分移植。

一般来说，嵌入式 Linux 系统移植主要包含 4 大部分：

（1）搭建交叉开发环境。

（2）bootloader 的选择和移植。

（3）Linux 内核的配置、编译和移植。

（4）根文件系统的制作。

进行系统移植首先要安装交叉编译工具。交叉编译工具在 2.8 节已介绍，此处不再赘述。本章详细介绍后面 3 步的移植，最后介绍整个系统的烧写。

5.1 bootloader 的编译

bootloader（引导加载程序）是在系统内核启动之前运行的小系统程序。这段程序可以初始化硬件设备（如串口、计时器等）、建立内存空间的地址映射，加载内核映像以及根文件系统映像，从而将系统的软硬件环境带到一个合适状态，以便操作系统内核和文件系统能够顺利启动，这就是所谓的引导加载程序（bootloader）。

bootloader 有很多种类，不同的 bootloader 具有不同的使用环境。表 5.1 罗列主要的 bootloader。

表 5.1 不同 bootloader 介绍

Bootloader	Monitor	描　述	X86	ARM	PowerPC
LILO	否	Linux 磁盘引导程序	是	否	否
GRUB	否	GNU 的 LILO 替代程序	是	否	否
Loadlin	否	从 DOS 引导 Linux	是	否	否
ROLO	否	从 ROM 引导 Linux 而不需要 BIOS	是	否	否
Etherboot	否	通过以太网卡启动 Linux 系统的固件	是	否	否

续表 5.1

Bootloader	Monitor	描　述	X86	ARM	PowerPC
BLOB	否	LART 等硬件平台的引导程序	否	是	否
Vivi	是	主要为 S3C2410 等三星处理器引导 Linux	否	是	否
U-Boot	是	通用引导程序	是	是	是
RedBoot	是	基于 eCos 的引导程序	是	是	是

5.1.1 U-Boot 简介

众多 bootloader 中，最显著的是 U-Boot。它是一个应用最广的引导程序。它同时支持 X86、ARM 和 PowerPC 等多种处理器架构，能够在 Linux 系统环境中运行。U-Boot 的全称是 Universal Boot Loader，是遵循 GPL 条款的开源项目，由德国 DENX 小组开发，用于多种嵌入式 CPU 的 bootloader 程序。

U-Boot 的工作模式有启动加载模式和下载模式两种。启动加载模式是 bootloader 的正常工作模式。在启动加载模式下，bootloader 将嵌入式操作系统从 FLASH 中加载到 SDRAM 中运行，整个过程是自动完成的。下载模式就是 bootloader 通过某些通信手段将内核映像或根文件系统映像等从 PC 机中下载到目标板的 SDRAM 中运行，用户可以利用 bootloader 提供的一些接口来完成自己想要的操作，这种模式主要用于测试和开发。

U-boot 的主要特点：

(1) 能够引导操作系统内核启动并给内核传参。U-boot 的终极目标是启动内核。Linux 内核可以被传参。用户可以在 U-boot 中事先给 Linux 内核准备一些启动参数放在内存特定位置然后传给内核，内核启动后到特定位置取 U-boot 传给它的参数，然后在内核中解析这些参数，这些参数被用来指导 Linux 内核的启动过程。

(2) 能提供系统部署功能。U-boot 必须能够被人借助而完成整个系统(包括 U-boot、kernel、rootfs 等的镜像)在 Flash 上的烧录下载工作。

(3) 能进行板级硬件管理。U-boot 中实现了一部分硬件的控制能力(Uboot 中初始化了一部分硬件)，U-boot 为了完成一些任务必须让这些硬件工作。

(4) U-boot 的“生命周期”。U-boot 本质上是一个裸机程序(不是操作系统)。一旦 U-boot 开始运行，嵌入式系统就会单独运行 U-boot。这意味着此刻嵌入式系统在 U-boot 运行的时候其他程序是不可能同时运行的。当 U-boot 运行结束后无法再次被运行。因此 U-boot 启动了内核后，它自己本身就死了，要想再次看到 U-boot 界面必须重启系统。

5.1.2　U-Boot 编译

本小节介绍 U-Boot 的编译过程。

(1) 通过 SSH 软件，把厂家提供的"CodeSign4SecureBoot_POP"、"CodeSign4SecureBoot_SCP"以及"mpts4412_uboot.tar.gz"(这 3 个安装文件见教材附件资料)复制到 Ubuntu 系统下。本小节用这些文件进行移植。

(2) 进入 Ubuntu 系统终端，将"mpts4412_uboot_.tar.gz"解压，得到"uboot"文件夹，如图 5.1 和图 5.2 所示。

```
/ubuntu/mpts412# tar  -xvf mpts4412_uboot.tar.gz
```

图 5.1　解压 mpts4412_uboot.tar.gz 文件

```
root@ubuntu-virtual-machine:/home/ubuntu/mpts412# cd uboot
root@ubuntu-virtual-machine:/home/ubuntu/mpts412/uboot# ls
all00_padding.bin  doc              libfdt          lib_sparc     paddingaa     u-boot
api                drivers          lib_generic     MAINTAINERS   post          u-boot-4412.bin
board              E4212            lib_i386        MAKEALL       README        u-boot.bin
build_uboot.sh     E4412_N.bl1.bin  lib_m68k        Makefile      readme.txt    u-boot.map
common             examples         lib_microblaze  mkbl2         rules.mk      uboot_readme.txt
config.mk          fs               lib_mips        mkconfig      sdfuse        u-boot.srec
COPYING            include          lib_nios        mkuboot       sdfuse_q
cpu                lib_arm          lib_nios2       nand_spl      System.map
CREDITS            lib_avr32        lib_ppc         net           tc4_cmm.cmm
disk               lib_blackfin     lib_sh          onenand_ipl   tools
root@ubuntu-virtual-machine:/home/ubuntu/mpts412/uboot#
```

图 5.2　查看解压后的文件

使用 ./build_uboot.sh SCP_1GDDR 命令编译 U-Boot，如图 5.3 所示。

```
/home/ubuntu/mpts412/uboot# ./build_uboot.sh SCP_1GDDR
```

图 5.3　编译 U-Boot

编译结束后将生成 u-boot-4412.bin 文件。用户就可以将此文件往开发板上烧写了。具体的烧写过程见 5.4 节。

5.2　Linux 内核裁减与编译

嵌入式系统移植很重要的一部分是操作系统移植。与其他操作系统相比，Linux 系统最大的特点是遵循 GPL 协议。基于此特点，用户可以自由地使用、修改和扩展它。也正是由于这一特点，Linux 系统在嵌入式系统移植过程中越来越受到青睐。对 Linux 系统的移植而言，这种移植通常是跨平台的、与硬件相关的，也就是要考虑硬件系统的体系结构。

Linux 内核是该操作系统的核心，它管理所有的系统线程、进程、资源以及资源分配。针对 Linux 系统的特点，用户可以对内核增加或消除某些特定设备或子系统。在嵌入式系统开发时，开发人员经常会删除系统中对一些无关设备的支持，将节省出来的内存分配给各种跟嵌入式系统有关系的应用软件。

Linux 内核对各种硬件以及接口的支持需要通过各种硬件驱动程序来实现。Linux 内核通过内核设置编辑器设置。内核设置编辑器可以描述每个内核设置变量，以帮助用户决定哪些变量需要清除，哪些变量需要写入内核，或者编译一个可加载的内核模块以便在需要时加载。内核决定一个程序在什么时候对某部分硬件操作以及操作多长时间。直接对硬件操作非常复杂，因此内核通常提供硬件抽象方法来完成这些操作。

下面介绍嵌入式 Linux 系统移植步骤。

(1) 编译内核。根据目标板处理器的类型选择处理器架构。不同处理器架构在编译内核时有不同的选项。本章使用的目标板是 ARM 处理器，因此在 ARM 文件系统根目录中 Makefile 的“ARCH”设定目标板处理器为 ARM 类型值。如：

```
ARCH：= arm
```

或者手动配置命令

```
[root@local Linux]# export ARCH = arm
```

(2) 内核源码在厂家提供的 mpts4412_Kernel_3.0.tar.gz 文件中，通过此文件进行内核编辑。厂家已做好选型。用户只需通过 SSH 软件将 mpts4412_Kernel_3.0.tar.gz 复制到 Ubuntu 系统下，打开 Ubuntu 系统终端，然后将“mpts4412_kernel_3.0.tar.gz”解压，得到“kernel”文件夹，如图 5.4 和图 5.5 所示。

```
/home/ubuntu/mpts412# tar zxvf mpts4412_kernel.tar.gz
```

图 5.4 解压 mpts4412_kernel_3.0.tar.gz 文件

```
arch                    config_for_ubuntu_pop     drivers   kernel              net             System.map
back                    config_for_ubuntu_pop_sd  firmware  kernel_readme.txt   pull_log.bat    tools
binary                  config_for_ubuntu_scp     fs        lib                 README          usr
block                   config_for_ubuntu_scp_sd  include   MAINTAINERS         REPORTING-BUGS  virt
config_for_android_pop  COPYING                   init      Makefile            samples         vmlinux
config_for_android_scp  CREDITS                   ipc       mm                  scripts         vmlinux.o
config_for_linux_pop    crypto                    Kbuild    modem.patch         security
config_for_linux_scp    Documentation             Kconfig   Module.symvers      sound
```

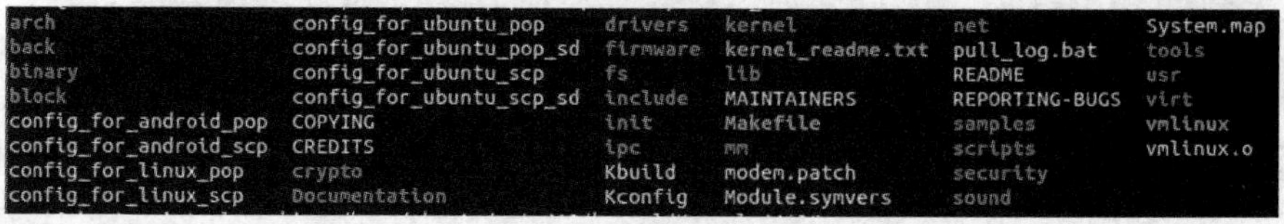

图 5.5 查看解压文件

使用“cp config_for_Linux_scp .config”命令用新配置文件覆盖自带的配置文件，如图 5.6 所示。

(3) 通过 make menuconfig 命令进入 menuconfig 菜单界面，在此界面就可以进行内核的裁减，如图 5.7 所示。

```
/kernel/Kernel_4412# cp config_for_linux_scp .config
```

图 5.6　覆盖配置文件

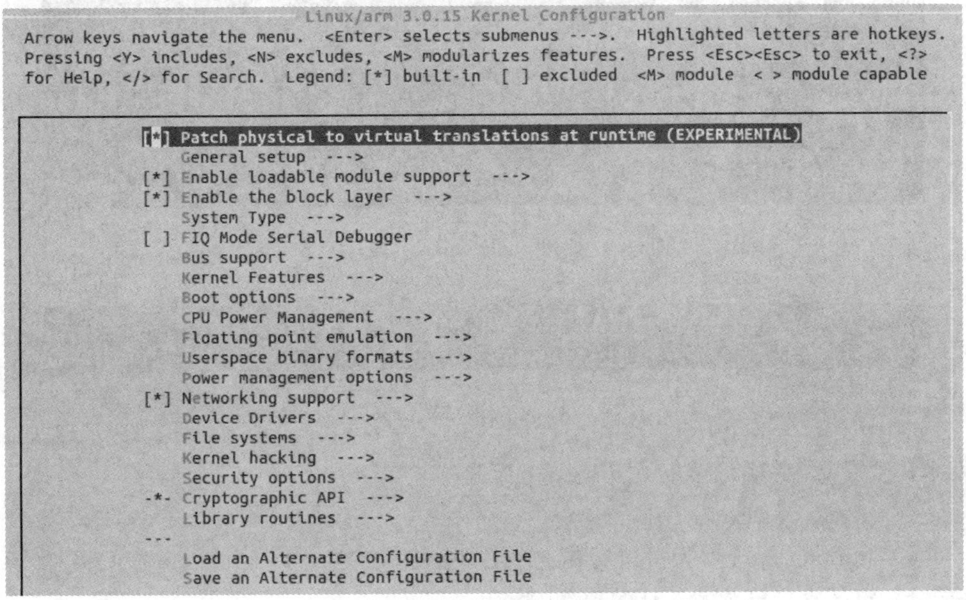

```
Linux/arm 3.0.15 Kernel Configuration
Arrow keys navigate the menu.  <Enter> selects submenus --->.  Highlighted letters are hotkeys.
Pressing <Y> includes, <N> excludes, <M> modularizes features.  Press <Esc><Esc> to exit, <?>
for Help, </> for Search.  Legend: [*] built-in  [ ] excluded  <M> module  < > module capable

    [*] Patch physical to virtual translations at runtime (EXPERIMENTAL)
        General setup  --->
    [*] Enable loadable module support  --->
    [*] Enable the block layer  --->
        System Type  --->
    [ ] FIQ Mode Serial Debugger
        Bus support  --->
        Kernel Features  --->
        Boot options  --->
        CPU Power Management  --->
        Floating point emulation  --->
        Userspace binary formats  --->
        Power management options  --->
    [*] Networking support  --->
        Device Drivers  --->
        File systems  --->
        Kernel hacking  --->
        Security options  --->
    -*- Cryptographic API  --->
        Library routines  --->
    ---
        Load an Alternate Configuration File
        Save an Alternate Configuration File
```

图 5.7　menuconfig 菜单界面

在选择相应的配置时，menuconfig 配置菜单提供 3 种选择方式。它们分别代表的含义如下：

Y—将该功能编译进内核；

N—不将该功能编译进内核；

M—将该功能编译成在需要时动态加载到内核中。

使用空格键进行选取。每一个选项前都有一个括号，有的是中括号有的是尖括号，还有圆括号。用空格键选择时可以发现，中括号里面要么是空，要么是"*"，而尖括号里面除了是空和"*"还有"M"。这表示前者对应的选项要么不要，要么编译到内核里；后者还可以编译成动态加载模块。而圆括号的内容是要在所提供的几个选项中选择一项。

注意：其中有不少选项是目标板开发人员加的。对于陌生选项，用户不熟悉的情况下建议使用默认值。

然后使用编译命令“make zImage”，如图 5.8 所示。

编译完，会在“arch\arm\boot”目录中生成 zImage 内核映像文件，如图 5.9 所示。此内核映像文件用来烧写在目标板上了。

下面简要介绍几个内核编译选项。以下内容仅供参考，在具体的嵌入式系统开

图 5.8 使用"make zImage"进行编译

```
root@ubuntu-virtual-machine:/home/ubuntu/mpts412/kernel/Kernel_4412# cd arch/arm/boot/
root@ubuntu-virtual-machine:/home/ubuntu/mpts412/kernel/Kernel_4412/arch/arm/boot# ls
bootp  compressed  Image  install.sh  Makefile  zImage
```

图 5.9 生成内核映像文件

发中需要注意内核版本的差异。

(1) General setup

General setup 选项为常规安装选项，包括版本信息、虚拟内存、进程间通信、系统调用、审计支持等基本内核配置选项。

(2) Networking support

Networking support 即网络支持，该选项配置的是网络协议。其内容庞杂，这里不一一介绍。只要对网络协议有所了解，应该可以看懂相关帮助文件。如果要开发嵌入式系统能像 PC 一样使用各类网络协议，则可以使用默认选项，其中，最常用的是 TCP/IP networking 选项。

(3) Device Drivers

Device Drivers 即设备驱动，该选项包括内核所支持的各类硬件设备的配置信息。对于嵌入式系统来说，设备驱动配置选项是最重要的步骤之一，下面详细介绍它们。

● Generic Driver Options 驱动程序通用选项。

● Memory Technology Devices(MTD)

特殊的存储技术装置，如常用于数码相机或嵌入式系统的闪存卡。如果不清楚其具体使用方法，则选择 N。

● Parallel port support 并口支持(传统的打印机接口)。如果不清楚其具体使用方法，则选择 N。

● Plug and Play support 支持即插即用，若未选，则应当在 BIOS 中的"PnP OS"选择 N。这里的选项与 PCI 设备无关。

- Block devices 块设备。
- Misc devices 杂项设备。如果不清楚其具体使用方法,则选择 N。
- ATA/ATAPI/MFM/RLL support SCSI 设备通常是 IDE 硬盘和 ATAPI 光驱。纯 SCSI 系统且不使用这些接口可以选择 N。
- SCSI device support SCSI 设备。如果不清楚其具体使用方法,则选择 N。
- Serial ATA and Parallel ATA drivers SATA 与 PATA 设备。如果不清楚其具体使用方法,则选择 N。
- Old CD-ROM drivers(not SCSI,not IDE)

老旧的 CD-ROM 驱动,这种 CD-ROM 既不使用 SCSI 接口,也不使用 IDE 接口。如果不清楚其具体使用方法,则选择 N。

- Multi-device support(RAID and LVM)

多设备支持(RAID 和 LVM)。RAID 和 LVM 的功能是使多个物理设备组建成一个单独的逻辑磁盘。如果不清楚其具体使用方法,则选择 N。

- Fusion MPT device support

Fusion MPT 设备支持。如果不清楚其具体使用方法,则选择 N。

- IEEE 1394(FireWire)support

IEEE 1394(火线)。如果不清楚其具体使用方法,则选择 N。

- I2O device support

I2O(智能 I/O)设备使用专门的 I/O 处理器负责中断处理、缓冲存取、数据传输等烦琐任务已达到减少 CPU 占用的目的,一般 PC 的主板上没有。如果不清楚其具体使用方法,则选择 N。

- Network device support 网络设备。
- Character devices 字符设备
- I2C support I2C 是 Philips 极力推动的微控制应用中使用的低速串行总线协议,可用于监控电压、风扇转速、温度等。SMBus(系统管理总线)是 I2C 的子集。
- Sound 声卡。
- USB support USB 支持。

(4) Loadable module support 可加载模块支持。

(5) Block layer 块设备层。

(6) Executable file formats 可执行文件格式。

(7) Networking 网络。

(8) Device Drivers 设备驱动程序。

(9) File systems 文件系统。

(10) Kernel hacking 内核 hack 选项。可以不选。

(11) Security options 安全选项,可以不选。

(12) loadable model support 可加载模块支持。

笔者简要列出一部分选项,用户可以根据自己的情况及时选择。需要注意:不必要的驱动越多,内核就越大,不仅运行速度慢、占用内存多,在少数情况下、还会引发其他问题。

5.3 文件系统的制作

5.3.1 根文件系统简介

文件系统的制作和移植是系统移植的最后一步。因为在 Linux 系统中一切皆是文件,因此文件系统把大部分的硬件设备和软件数据都以文件的形式进行管理。

用户可以把一个文件系统分解成多个文件系统分别存放到不同存储介质上。比如,一个文件系统可以存储到光盘里,另一个文件系统可以存储到硬盘中。使用时把光盘里的文件系统的根目录挂载到硬盘文件系统的一个目录下面。这样访问这个目录就相当于是访问光盘的根目录了。找到根目录就可以访问整个光盘上的文件系统了。

Linux 系统对设备和数据的管理框架图如图 5.10 所示。

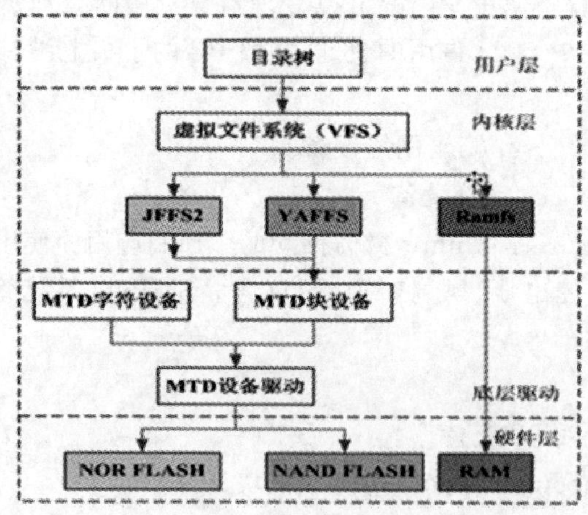

图 5.10 嵌入式 Linux 系统下的文件系统结构

对于嵌入式系统,由于它的体积和移动特性的限制,不能采用磁盘和光盘,只能采用 Flash 类的存储设备以及内存和虚拟存储设备作为文件系统的存储介质。Flash 芯片的驱动程序由系统提供,所以它的存取特点完全是 Flash 自身的特点。适合 Flash 的文件系统有 Jffs、Yaffs、Cramfs 和 Romfs。这些文件系统都是嵌入式 Linux 系统中常用的文件系统。

嵌入式系统的文件系统是Linux文件系统的简化版。其文件系统要求包含的目录有/bin、/sbin、/etc、/boot、/mnt、/lib、/usr、/proc 、/dev、/var 等。下面对其进行简要介绍。

/bin 目录包含二进制可执行文件。在单用户模式下，常见的 Linux 命令都位于此目录下。

/sbin 目录是系统二进制文件，就像/bin。/sbin 同样也包含二进制可执行文件。但是这个目录下的 Linux 命令通常由系统管理员使用，用于对系统进行维护。例如：iptables、reboot、fdisk、ifconfig、swapon 命令。

/etc 目录是含所有程序所需的配置文件，也包含了用于启动/停止单个程序的启动和关闭 shell 脚本。例如：/etc/resolv. conf 等。

/boot 目录包含引导加载程序相关的文件。内核的 initrd、vmLinux 文件位于/boot。

/mnt 目录用于挂载，系统管理员可以挂载文件系统。

/lib 目录包含支持位于/bin 和/sbin 下的二进制文件的库文件。

/usr 目录包含二进制文件、文档、库文件和二级程序的源代码。/usr/bin 中包含用户程序的二进制文件。若在/bin 中找不到用户二进制文件，可以到/usr/bin 目录查看。例如：at、awk、cc、less、scp。/usr/sbin 中也包含系统管理员的二进制文件。

/proc 目录包含系统进程的相关信息。这是一个虚拟的文件系统，包含有关正在运行的进程信息。系统资源以文本信息形式存在。

/dev 目录包含设备文件。包括终端设备、USB 或连接到系统的任何设备。例如：/dev/tty1、/dev/USBmon0。

/var 目录包含败坏变量文件。这个目录下可以找到内容可能增长的文件。这包括系统日志文件(/var/log)；包和数据库文件(/var/lib)；电子邮件(/var/mail)；打印队列(/var/spool)；锁文件(/var/lock)；多次重新启动需要的临时文件(/var/tmp)。

由于嵌入式系统资源受限，它的文件系统大多数是只读文件系统，但是他们的架构仍然采用目录树的形式。

制作文件系统需要使用到 Busybox 工具。BusyBox 是一个集成了一百多个最常用 Linux 命令和工具的软件。BusyBox 包含了一些简单的工具，例如 ls、cat 和 echo 等，还包含了一些更大、更复杂的工具，也包含了 Android 系统自带的 shell。例如 grep、find、mount 以及 telnet。因此有些人将 BusyBox 称为 Linux 工具里的瑞士军刀。

Busybox 的下载网址是 http://www. busybox. net/，这是一个开源的程序，并且一直在更新中，本书使用的版本是 busybox-1. 21. 1. tar. bz2。

5.3.2 根文件系统制作

这里列举制作 ext4 文件系统的方法和步骤。

(1) 复制厂家提供的 busybox-1.21.1.tar.bz2 文件到虚拟机的 Ubuntu 系统上。然后执行解压命令 tar -xvf busybox-1.21.1.tar.bz2,解压完成后如图 5.11 所示。

```
busybox-1.22.1/selinux/
busybox-1.22.1/selinux/Kbuild.src
busybox-1.22.1/selinux/setsebool.c
busybox-1.22.1/selinux/getenforce.c
busybox-1.22.1/selinux/matchpathcon.c
busybox-1.22.1/selinux/load_policy.c
busybox-1.22.1/selinux/sestatus.c
busybox-1.22.1/selinux/Config.src
busybox-1.22.1/selinux/chcon.c
busybox-1.22.1/selinux/setfiles.c
busybox-1.22.1/selinux/runcon.c
busybox-1.22.1/selinux/selinuxenabled.c
busybox-1.22.1/selinux/getsebool.c
busybox-1.22.1/selinux/setenforce.c
busybox-1.22.1/init/
busybox-1.22.1/init/Kbuild.src
busybox-1.22.1/init/mesg.c
busybox-1.22.1/init/reboot.h
busybox-1.22.1/init/bootchartd.c
busybox-1.22.1/init/halt.c
busybox-1.22.1/init/Config.src
busybox-1.22.1/init/init.c
ubuntu@ubuntu-virtual-machine:~/mpts4412$
```

图 5.11 解压 busybox-1.21.1.tar.bz2 文件

然后进入到 Busybox 目录中,如图 5.12 所示。

```
ubuntu@ubuntu-virtual-machine:~/mpts4412/busybox-1.22.1$ ls
applets     AUTHORS        coreutils    editors    init       LICENSE     Makefile.custom  modutils    README   shell      TODO_unicode
applets_sh  Config.in      debianutils  examples   INSTALL    loginutils  Makefile.flags   networking  runit    sysklogd   util-linux
arch        configs        docs         findutils  libbb      mailutils   Makefile.help    printutils  scripts  testsuite
archival    console-tools  e2fsprogs    include    libpwdgrp  Makefile    miscutils        procps      selinux  TODO
ubuntu@ubuntu-virtual-machine:~/mpts4412/busybox-1.22.1$
```

图 5.12 进入 Busybox 目录

(2) 对 Busybox 的编译配置与对 Linux 内核编译配置使用的命令是一样的。下面开始配置 Busybox,使用命令 make menuconfig 会出现 Busybox 的配置界面,如图 5.13 所示。

在图 5.13 中,选中 Busybox Settings 选项,然后进入到 Busybox Settings 界面,如图 5.14 所示。

Busybox Settings 配置选项需要修改两个地方,第一个是 Build Optiions→Cross Compiler prefix,它是指定用什么编译器来编译 Busybox,选中 Build Options

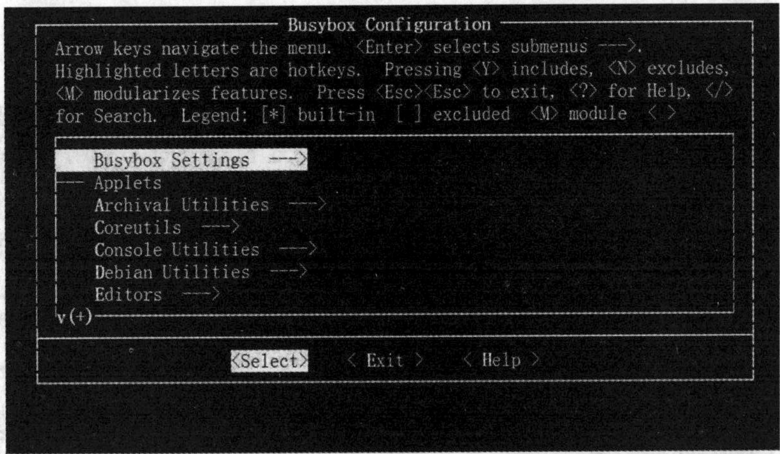

图 5.13 配置 Busybox 界面

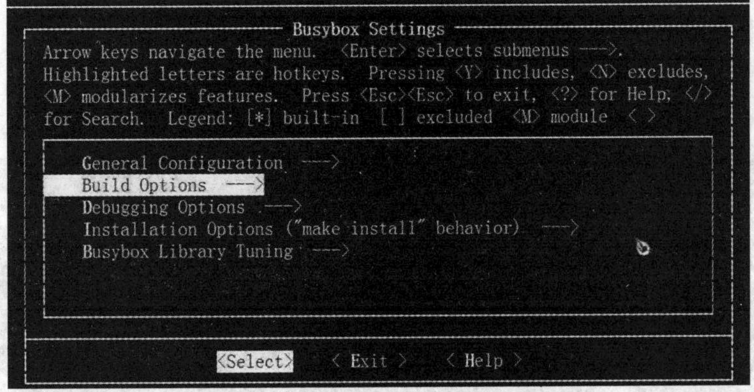

图 5.14 进入 Busybox Setting 界面

如图 5.14 所示，然后按回车键，进入到 Build Options 配置界面，如图 5.15 所示。

```
                         Build Options
 Arrow keys navigate the menu.  <Enter> selects submenus --->.
 Highlighted letters are hotkeys.  Pressing <Y> includes, <N> excludes,
 <M> modularizes features.  Press <Esc><Esc> to exit, <?> for Help, </>
 for Search.  Legend: [*] built-in  [ ] excluded  <M> module  < >

 [ ] Build BusyBox as a static binary (no shared libs) (NEW)
 [ ]   Build BusyBox as a position independent executable (NEW)
 [ ] Force NOMMU build (NEW)
 [ ] Build shared libbusybox (NEW)
 [*] Build with Large File Support (for accessing files > 2 GB) (NEW)
 ()  Cross Compiler prefix (NEW)
 ()  Path to sysroot (NEW)
 v(+)

           <Select>    < Exit >    < Help >
```

图 5.15 Build Options 配置界面

选中 Build Options 配置界面的 Cross Compiler prefix 如图 5.15 所示，然后按回车键，进入 Cross Compiler prefix 配置界面，如图 5.16 所示。

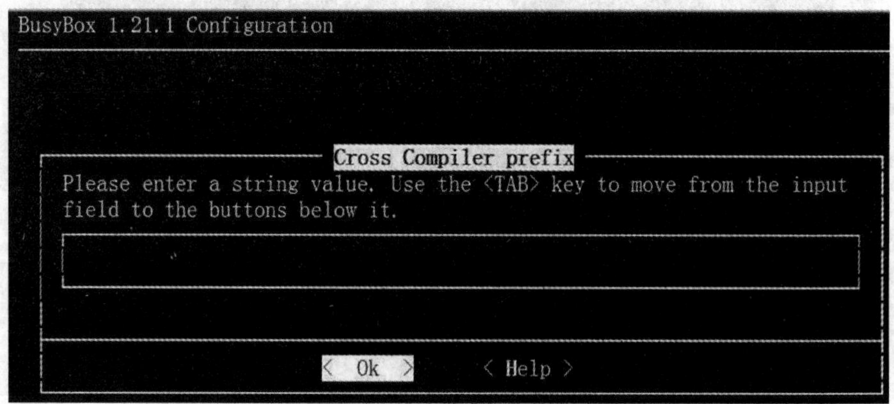

图 5.16　Cross Compiler prefix 界面

在图 5.16 中输入使用的交叉编译工具名 arm-none-Linux-gnueabi-，如图 5.17 所示。

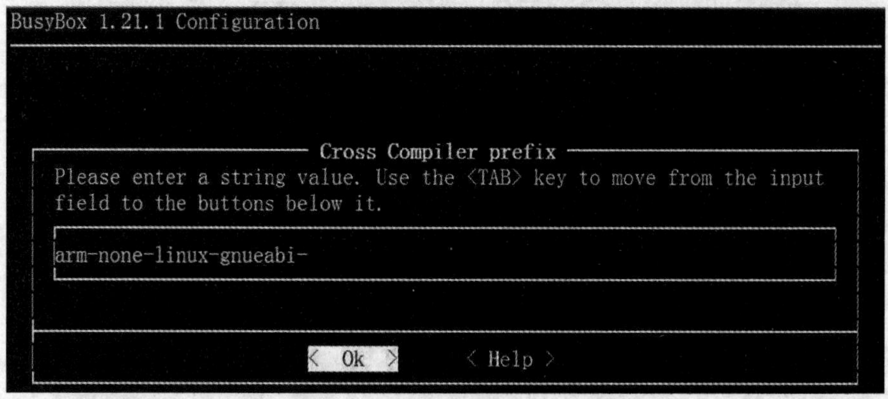

图 5.17　输入交叉编译命令

然后按回车键返回到 Build Options 配置界面，这时可以看到刚才我们设置的交叉编译工具，如图 5.18 所示。

然后使用键盘的左右按键选中 Exit 退出，如图 5.19 所示。

回到 Busybox Settings 设置界面，如图 5.20 所示。

继续回退，选中 Installation Options 选项，如图 5.20 所示，进入 Installation Options 配置界面，如图 5.21 所示。

选中 BusyBox installation prefix 如图 5.21 所示，然后按回车键进入 BusyBox installation prefix 配置界面(这个界面的作用是设置编译完 Busybox，把最终生成的二进制文件安装到具体哪个目录下面的)，如图 5.22 所示。

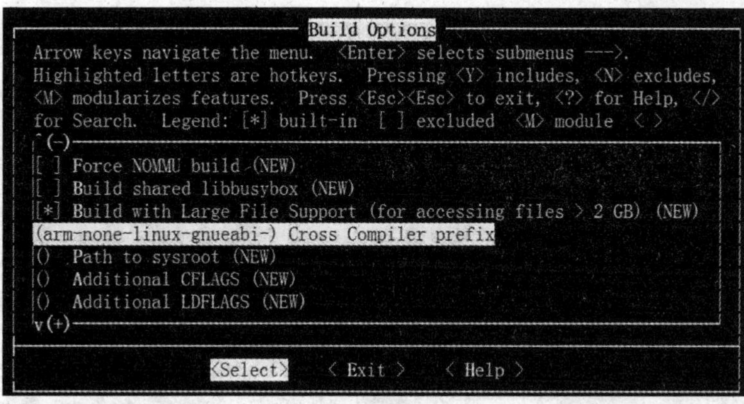

图 5.18　返回到 Build Options 配置界面

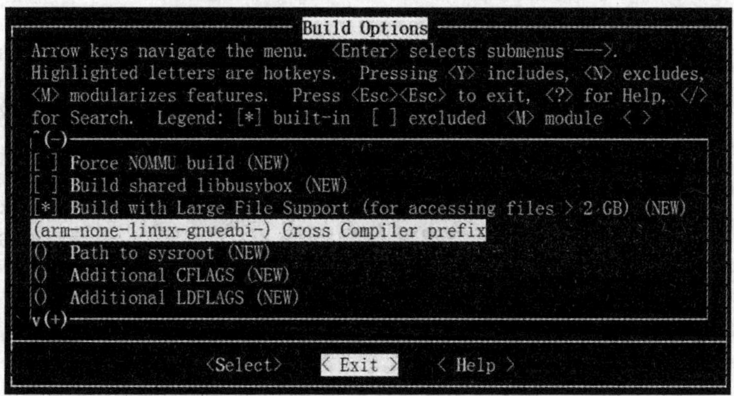

图 5.19　退出 Build Options 配置界面

```
                         Busybox Settings
Arrow keys navigate the menu.  <Enter> selects submenus --->.
Highlighted letters are hotkeys.  Pressing <Y> includes, <N> excludes,
<M> modularizes features.  Press <Esc><Esc> to exit, <?> for Help, </>
for Search.  Legend: [*] built-in  [ ] excluded  <M> module  < >

    General Configuration  --->
    Build Options  --->
    Debugging Options  --->
    Installation Options ("make install" behavior)  --->
    Busybox Library Tuning  --->

            <Select>    < Exit >    < Help >
```

图 5.20　退回到 Busybox Setting 界面

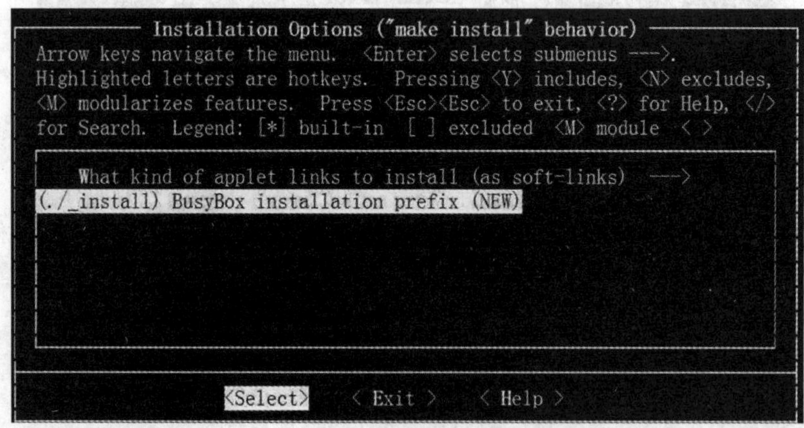

图 5.21　进入 Installation Options 配置界面

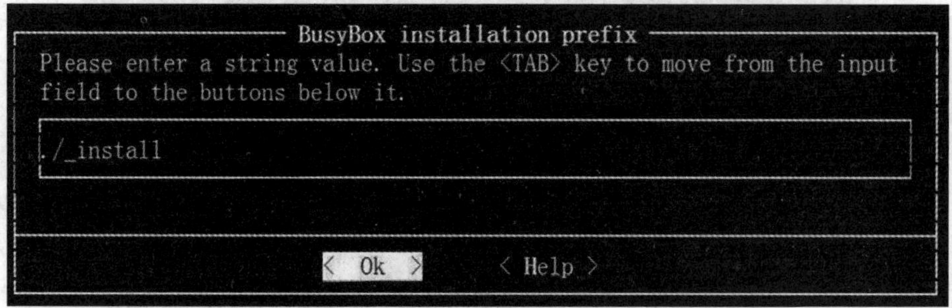

图 5.22　BusyBox installation prefix 配置界面

删除图 5.22 里面的./_install，然后输入../system(将最终生成的二进制文件安装到当前目录的上一级目录的 system 目录下)，如图 5.23 所示。

```
BusyBox installation prefix
Please enter a string value. Use the <TAB> key to move from the input
field to the buttons below it.
../system
< Ok >        < Help >
```

图 5.23　修改路径

继续然后按回车键，回到 Installation Options，如图 5.24 所示。

继续返回到 Busybox Settings，使用键盘向右的方向键，移动光标到“Exit”，如图 5.25 所示。

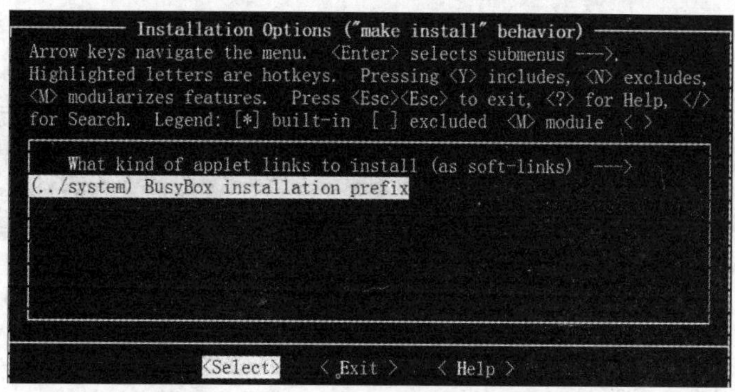

图 5.24　回到 Installation Options 界面

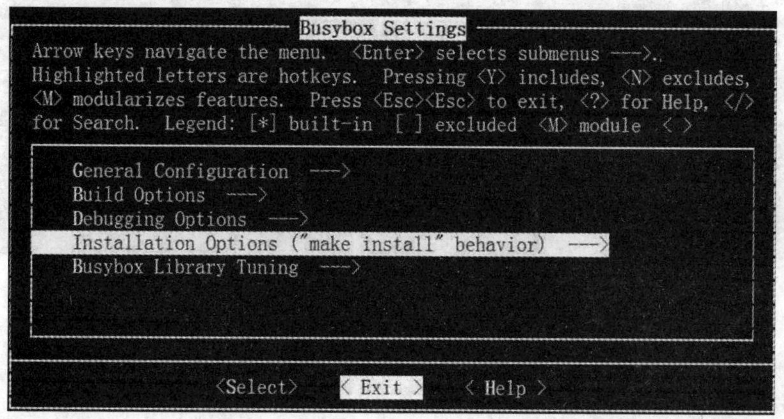

图 5.25　再次返回到 Busybox Setting 界面

然后按回车键，返回到 Busybox Configuration 界面，使用键盘向右的方向键移动光标到"Exit"键退出，如图 5.26 所示。

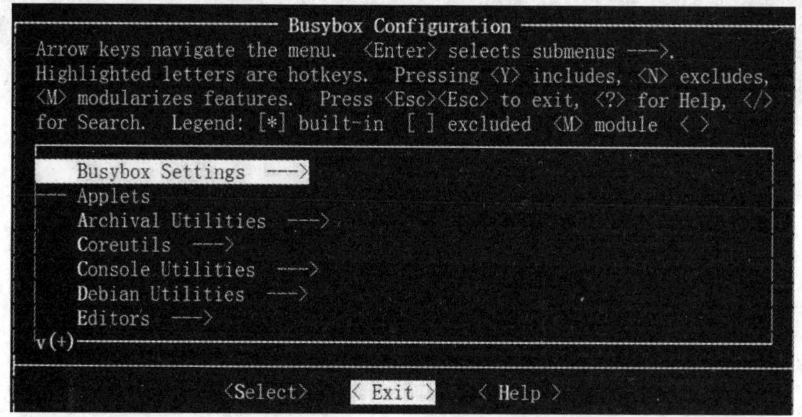

图 5.26　退回到 Busybox Configuration 界面

继续选择“Exit”然后输入回车键，弹出保存配置界面，如图 5.27 所示。

图 5.27　保存配置界面

使用键盘向右的方向键，移动光标到“Yes”，然后按回车保存配置，退出配置界面，如图 5.28 所示。

```
  HOSTCC  scripts/kconfig/lxdialog/util.o
  HOSTCC  scripts/kconfig/lxdialog/yesno.o
  HOSTLD  scripts/kconfig/lxdialog/lxdialog
scripts/kconfig/mconf Config.in
#
# using defaults found in /dev/null
#


*** End of configuration.
*** Execute 'make' to build the project or try 'make help'.

root@ubuntu:/home/mptsa9/linuxQt/busybox-1.22.1#
```

图 5.28　回到 Ubuntu 系统终端

(3) Busybox 配置完成后，开始编译 Busybox，在 Ubuntu 系统终端输入 make 命令开始编译 Busybox，如图 5.29 所示。

```
root@ubuntu:/home/mptsa9/linuxQt/busybox-1.22.1# make
  SPLIT   include/autoconf.h -> include/config/*
  GEN     include/bbconfigopts.h
  HOSTCC  applets/usage
applets/usage.c: In function ‘main’:
applets/usage.c:52:8: warning: ignoring return value of ‘write’, declared with a
ttribute warn_unused_result [-Wunused-result]
  GEN     include/usage_compressed.h
  HOSTCC  applets/applet_tables
applets/applet_tables.c: In function ‘main’:
```

图 5.29　编译 Busybox

图 5.30 是编译完成的截图。

(4) 接下来需要把编译生成的二进制文件安装到刚才指定的../system 目录里面。输入 make install 命令安装二进制文件到../system 目录，如图 5.31 所示。

图 5.32 为 make install 执行完成的截图。

通过 cd 命令进入../system，查看里面安装的文件，如图 5.33 所示。

(5) 创建文件系统响应文件夹。

制作的文件系统还需要 dev，etc，lib，mnt，proc，sys，tmp，var 文件夹，用命令

```
  CC      util-linux/volume_id/udf.o
  CC      util-linux/volume_id/util.o
  CC      util-linux/volume_id/volume_id.o
  CC      util-linux/volume_id/xfs.o
  AR      util-linux/volume_id/lib.a
  LINK    busybox_unstripped
Trying libraries: crypt m
 Library crypt is not needed, excluding it
 Library m is needed, can't exclude it (yet)
Final link with: m
  DOC     busybox.pod
  DOC     BusyBox.txt
  DOC     busybox.1
  DOC     BusyBox.html
root@ubuntu:/home/mptsa9/linuxQt/busybox-1.22.1#
```

图 5.30　编译 Busybox 完成

```
  DOC     BusyBox.html
root@ubuntu:/home/mptsa9/linuxQt/busybox-1.22.1# make install
```

图 5.31　安装二进制文件

```
../system//usr/sbin/setfont -> ../../bin/busybox
../system//usr/sbin/setlogcons -> ../../bin/busybox
../system//usr/sbin/svlogd -> ../../bin/busybox
../system//usr/sbin/telnetd -> ../../bin/busybox
../system//usr/sbin/tftpd -> ../../bin/busybox
../system//usr/sbin/ubiattach -> ../../bin/busybox
../system//usr/sbin/ubidetach -> ../../bin/busybox
../system//usr/sbin/ubimkvol -> ../../bin/busybox
../system//usr/sbin/ubirmvol -> ../../bin/busybox
../system//usr/sbin/ubirsvol -> ../../bin/busybox
../system//usr/sbin/ubiupdatevol -> ../../bin/busybox
../system//usr/sbin/udhcpd -> ../../bin/busybox
```

图 5.32　make install 执行效果

```
root@ubuntu:/home/mptsa9/linuxQt/busybox-1.22.1# cd ../system
root@ubuntu:/home/mptsa9/linuxQt/system# ls
bin  linuxrc  sbin  usr
```

图 5.33　查看 linuxQt/system 目录

mkdir 来创建一下，如图 5.34 所示。

```
root@ubuntu:/home/mptsa9/linuxQt/busybox-1.22.1# cd ../system
root@ubuntu:/home/mptsa9/linuxQt/system# ls
bin  linuxrc  sbin  usr
root@ubuntu:/home/mptsa9/linuxQt/system# mkdir dev etc lib mnt proc sys tmp var
root@ubuntu:/home/mptsa9/linuxQt/system# ls
bin  dev  etc  lib  linuxrc  mnt  proc  sbin  sys  tmp  usr  var
root@ubuntu:/home/mptsa9/linuxQt/system#
```

图 5.34　创建子目录

(6) 编辑 eth0-setting。

使用 cd 命令进入刚才创建的 etc 目录，在其下使用 vi 创建 eth0-setting 文件，并在 eth0-setting 文件里输入如下内容(注，IP 地址可以自行修改)。

```
IP = 192.168.1.230
Mask = 255.255.255.0
Gateway = 192.168.1.1
DNS = 192.168.1.1
MAC = 08:90:90:90:90:90
```

保存并退出 eth0-setting，使用 chmod 命令修改 eth0-setting 的权限，如下：

```
#chmod 777 eth0-setting
```

(7) 编辑 ifconfig-eth0。

在 etc 目录下用 mkdir 命令建立 init.d 目录，如下：

```
#mkdir init.d
```

在 init.d 文件夹下面使用 vi 命令建立 ifconfig-eth0 文件，文件内容如下：

```
#! /bin/sh
echo -n Try to bring eth0 interface up......>/dev/ttySAC2
if [ -f /etc/eth0-setting ]; then
source /etc/eth0-setting
if grep -q "^/dev/root / NFS " /etc/mtab ; then   echo -n NFS root ... > /dev/ttySAC2
else
fconfig eth0 down
ifconfig eth0 hw ether $MAC
ifconfig eth0 $IP netmask $Mask up
route add default gw $Gateway
fi
echo nameserver $DNS > /etc/resolv.conf
else
if grep -q "^/dev/root / NFS " /etc/mtab; then  -n NFS root ... > echo /dev/ttySAC2
else
/sbin/ifconfig eth0 192.168.253.12 netmask 255.255.255.0 up fi
fi
echo Done > /dev/ttySAC2
```

编辑完成后，使用 chmod 命令修改文件权限，如下：

```
#chmod  777 ifconfig-eth0
```

(8) 编辑 rcS 文件

然后在 init.d 文件夹下面使用 vi 命令建立 rcS 文件，文件内容如下：

```
#! /bin/sh
PATH = /sbin: /bin: /usr/sbin: /usr/bin: /usr/local/bin
runlevel = S
prevlevel = N
umask 022
export PATH runlevel prevlevel
#
# Trap CTRL-C &c only in this shell so we can interrupt subprocesses.
#
trap ": " INT QUIT TSTP
/bin/hostname mpts-4412

# /bin/mount -n -t proc none /proc
# /bin/mount -n -t sysfs none /sys
# /bin/mount -n -tUSBfs none /proc/bus/USB
# /bin/mount -t ramfs none /dev
[ -e /proc/1 ]      || /bin/mount -n -t proc   none /proc
[ -e /sys/class ] || /bin/mount -n -t sysfs none /sys
[ -e /dev/tty ]    || /bin/mount      -t ramfs none /dev
echo /sbin/mdev > /proc/sys/kernel/hotplug
/sbin/mdev -s
/bin/hotplug
# mounting file system specified in /etc/fstab
mkdir -p /dev/pts
mkdir -p /dev/shm
/bin/mount -n -t devpts none /dev/pts -o mode = 0622
/bin/mount -n -t tmpfs tmpfs /dev/shm
/bin/mount -n -t ramfs none /tmp
/bin/mount -n -t ramfs none /var
mkdir -p /var/empty
mkdir -p /var/log
mkdir -p /var/log/boa
mkdir -p /var/lock
mkdir -p /var/run
mkdir -p /var/tmp

ln -sf /dev/ttyS2 /dev/tty2
ln -sf /dev/ttyS2 /dev/tty3
ln -sf /dev/ttyS2 /dev/tty4
```

```
amixer cset numid=5 127
amixer cset numid=6 1
amixer cset numid=30 8,0
amixer cset numid=40 1
amixer cset numid=43 1
amixer cset numid=47 1

/sbin/hwclock -s -f /dev/rtc

syslogd
/etc/rc.d/init.d/netd start
echo "                    " > /dev/ttySAC2
echo "Starting networking..." > /dev/ttySAC2
#sleep 1
#/etc/rc.d/init.d/httpd start
#echo "                    " > /dev/ttySAC2
#echo "Starting web server..." > /dev/ttySAC2
#sleep 1
#/etc/rc.d/init.d/leds start
#echo "                    " > /dev/ttySAC2
#echo "Starting leds service..." > /dev/ttySAC2
#echo "                    "
#sleep 1
sleep 2

/etc/firmware/load_firmware
#mkdir /mnt/disk
#mount -t yaffs2 /dev/mtdblock3 /mnt/disk
/sbin/ifconfig lo 127.0.0.1
/etc/init.d/ifconfig-eth0
####### #wifi setting #######
#/etc/init.d/ath6kl
#/etc/init.d/mt6620
echo 0 > /proc/sys/kernel/hung_task_timeout_secs
#echo "                              " > /dev/ttySAC2
#echo "Starting Qtopia,please waiting..." > /dev/ttySAC2
#echo "                              " > /dev/ttySAC2
echo "Starting Qtopia4,please waiting..." > /dev/ttySAC2

#/bin/qtopia &
/bin/qt4 &
```

```
#must run this shell
/bin/sh
```

编辑完成后使用 chmod 修改 rcS 的权限，如下：

```
#chmod 777 rcS
```

(9) 编辑 passwd

在 etc 目录下使用 vi 建立文件 passwd，在新建立的 passwd 文件输入下面的内容：

```
root: : 0: 0: root: /: /bin/sh
bin: * : 1: 1: bin: /bin:
daemon: * : 2: 2: daemon: /sbin:
nobody: * : 99: 99: Nobody: /:
```

然后保存并退出 passwd。使用 chmod 命令修改 passwd 的权限命令如下：

```
#chmod 777 passwd
```

(10) 编辑 profile 文件

使用 vi 命令在 etc 目录建立 profile 文件，在 profile 文件中输入下面的内容：

```
# Ash profile
#vim: syntax = sh
# No core files by default
ulimit -S -c 0 > /dev/null 2>&1
USER = "`id -un`"
LOGNAME = $USER
PS1 ='[$USER@$HOSTNAME]#'
PATH = $PATH
HOSTNAME =`/bin/hostname`
export USER LOGNAME PS1 PATH
```

然后保存并退出 profile，使用 chmod 命令修改 profile 的权限，命令如下：

```
#chmod 755 profile
```

(11) 编辑 netd 文件

使用 mkdir 命令在 etc 目录建立文件夹 rc.d，然后再 rc.d 文件夹创建 init.d 文件夹

```
#mkdir rc.d
#cd rc.d
#mkdir init.d
```

接着在 init. d 文件夹,使用 vi 命令建立 netd 文件

netd 文件里面输入下面的内容:

```
#! /bin/sh
base = inetd
# See how we were called.
case "$1" in
start)
/usr/sbin/$base
;;
stop)
    pid =`/bin/pidof $base`
    if[-n" $pid"];then
        kill -9 $pid
        fi
;;
esac
exit 0
```

然后保存并退出 netd,使用 chmod 命令修改 netd 的权限,命令如下:

```
#chmod 755 netd
```

(12) 增加 lib 库

使用 cd .. 命令返回到 system 目录,使用 cd 命令进入到 lib 目录。因为使用的交叉编译环境和编译内核是一样的,所以编译器是/usr/local/arm/4. 3. 2,Busybox 编译生成的二进制文件以动态链接库的形式运行,所以需要复制编译器里面的库文件到 lib 目录,使用下面的命令:

```
cp  /usr/local/arm/4.3.2/arm-none-Linux-gnueabi/libc/lib/* ./
```

执行结果如图 5.35 所示。

(13) 修改 var 文件夹

使用 mkdir 命令在 var 目录下建立 lib,lock,log,run,tmp 这 5 个目录

```
#cd var
#mkdir lib lock log run tmp
```

(14) 生成 systm. img

```
make_ext4fs -s -l 314572800 -a root -LLinux system.img system 生成 system.img
```

到此,根文件系统制作完成,可以目标板烧写文件了。

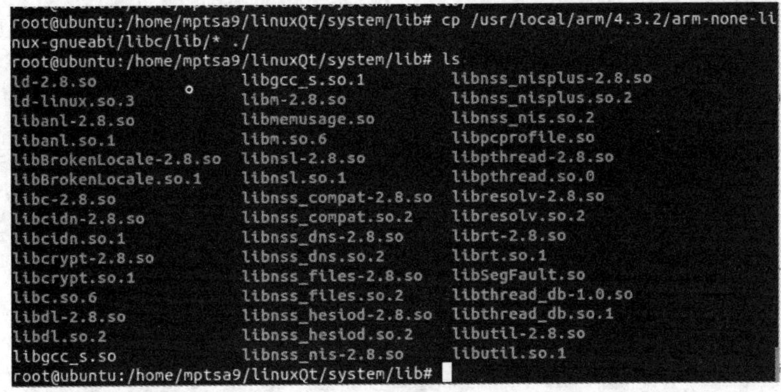

图 5.35

5.4　嵌入式 Linux 系统的烧写

本节采用 OTG 方式烧写，俗称“线刷”，是安卓手机常用的 fastboot 刷机模式。整个烧写过程需要用到一条 OTG 线（USB 线）和一条串口线。本节利用此模式将 U-Boot、系统内核（kernel）、ramdisk 文件系统以及 system 文件系统烧写到实验平台 emmc 上。

1. 安装 OTG 驱动

用户在 PC 机插上 OTG 线，通过驱动精灵软件在网上下载合适的 USB 驱动。这里以 Win7-64 位操作系统为例（Windows-XP-32 位操作系统安装方法类似），使用“android_USB_40_1_2_3_64.exe”文件。

1）双击软件“android_USB_40_1_2_3_64.exe”，开始安装。如图 5.36 所示，在弹出的对话框中，单击“下一步(N)”按钮，继续安装。

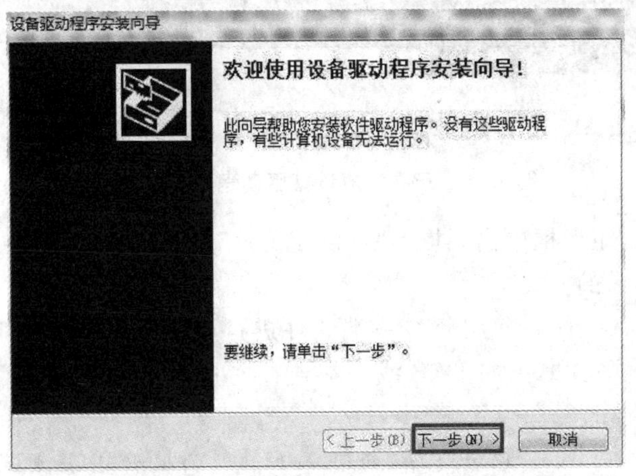

图 5.36　使用设备驱动程序安装向导

2）如图 5.37 所示，若系统装有杀毒软件，会弹出对话框，直接选择信任或者安装之类的选项。

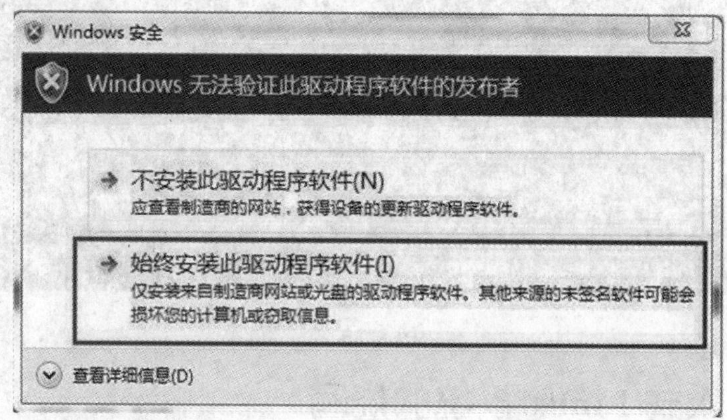

图 5.37　选择始终安装此驱动程序软件

进入图 5.38 界面，单击“完成”按钮。

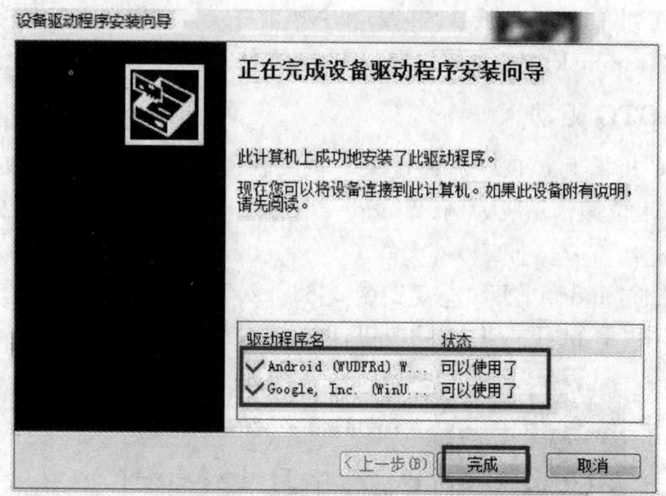

图 5.38　正在完成设备驱动程序安装向导

当图 5.38 的矩形框中出现提示“可以使用了”，就说明驱动安装成功了。此驱动软件安装是很容易的。

3）驱动装完后，最好使用超级终端软件进行连接测试。如图 5.39 所示，使用 MPTS－A9 教学平台提供的 USB 线一端连接网口旁边的 USB 接口，另一端连接 PC 机端的 USB 接口。

打开“hyperterminal”超级终端（通过 Xshell 软件同样可以测试，方法类似），连通 MPTS－A9 教学平台配套的电源，拨动电源开关，使 MPTS－A9 教学平台上电，

图 5.39 USB 接口

在串口终端会有打印信息，在 3 s 倒计时内按空格键，进入 uboot 命令行。有如此的打印信息出现，证明驱动程序安装成功。如图 5.40 所示。

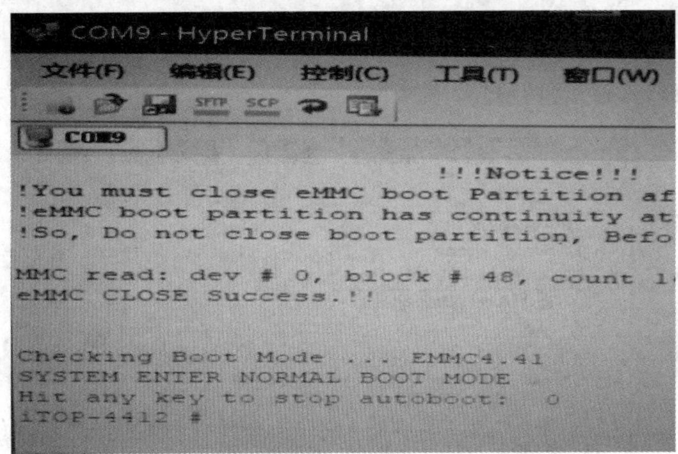

图 5.40 测试驱动程序安装

2. 进入烧写步骤

1）在超级终端界面进入 uboot 命令界面时，输入 fastboot 指令，会列出分区表信息，如图 5.41 所示。

2）OTG 烧写接口的连接。

用 MPTS-A9 教学平台提供的另一个根 USB 线连接 MPTS-A9 教学平台 CPU 板左上角的 mini USB 接口，如图 5.42 所示。USB 线另外一端连接 PC 机端 USB 接口。

3）在设备管理器中检查一下 PC 是否识别了设备，当有图 5.43 类似的显示证明

```
X4412 # fast
[Partition table on MoviNAND]
ptn 0 name='ubootpak' start=0x0 len=N/A (use hard-coded info. (cmd: movi))
ptn 1 name='fwbl1' start=N/A len=N/A (use hard-coded info. (cmd: movi))
ptn 2 name='bl2' start=N/A len=N/A (use hard-coded info. (cmd: movi))
ptn 3 name='bootloader' start=N/A len=N/A (use hard-coded info. (cmd: movi))
ptn 4 name='tzsw' start=N/A len=N/A (use hard-coded info. (cmd: movi))
ptn 5 name='kernel' start=N/A len=N/A (use hard-coded info. (cmd: movi))
ptn 6 name='ramdisk' start=N/A len=0x1a00000(~26624KB) (use hard-coded info. (cmd: movi))
ptn 7 name='system' start=0x426b400 len=0x18371a00(~396742KB)
ptn 8 name='userdata' start=0x1c5dce00 len=0x401cdc00(~1050423KB)
ptn 9 name='cache' start=0x5c7aaa00 len=0x18371a00(~396742KB)
ptn 10 name='fat' start=0x74b1c400 len=0x73147e00(~1885471KB)
OTG cable connected!
```

图 5.41　输入 fastboot 指令后的界面显示

图 5.42　mini USB 接口

PC 识别了该设备，可以进行烧写了。

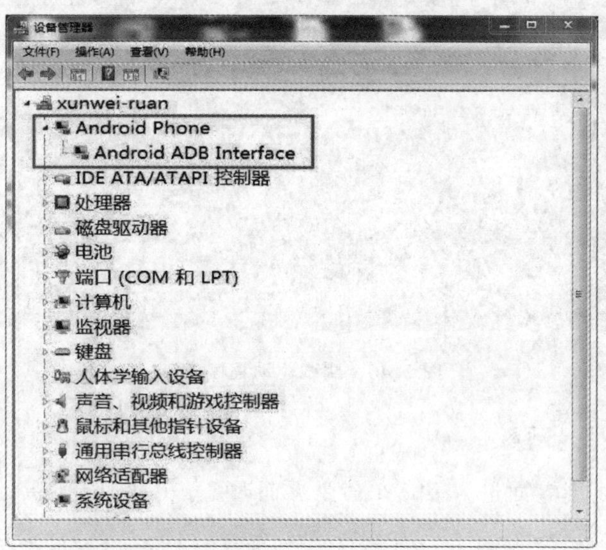

图 5.43　检查 PC 是否识别设备

4）使用 fastboot 工具（可以在网上下载）解压“USB_fastboot_tool. zip”软件。进入相应文件夹中，如图 5.44 所示。

5）选择“cmd. exe”，右键“以管理员身份运行”，如图 5.45 所示，进入命令行界

图 5.44　USB_fastboot_tool 软件

面，如图 5.46 所示。

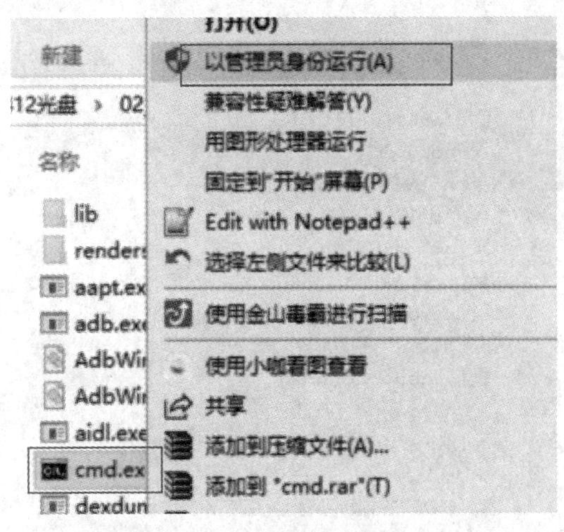

图 5.45　运行"cmd.exe"文件

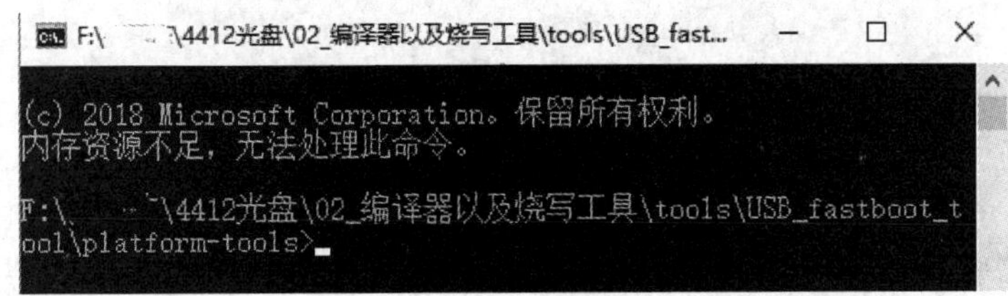

图 5.46　使用 fastboot 工具

6）复制前几节制作好的镜像文件以及一个 ramdisk-uboot.img(ram 文件系统镜像)文件。把所需用的 4 个文件放到同一个目录下，命名为"04_镜像_QT 文件系统"，进行烧写。选定为 USB_fastboot_tool\platform-tools 路径，以上步骤如

图 5.47、图 5.48 所示。

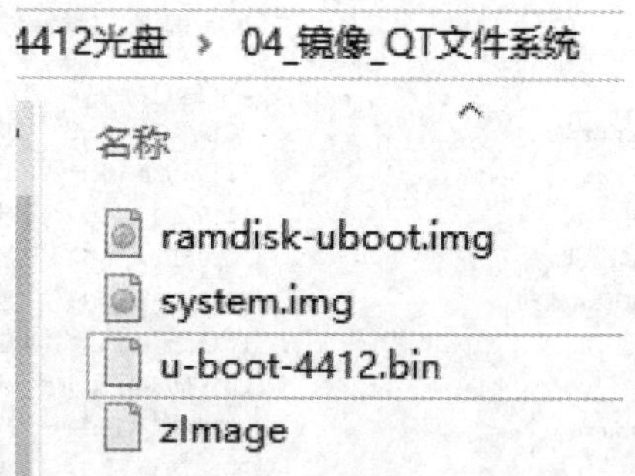

图 5.47 "04_镜像_QT 文件系统"目录

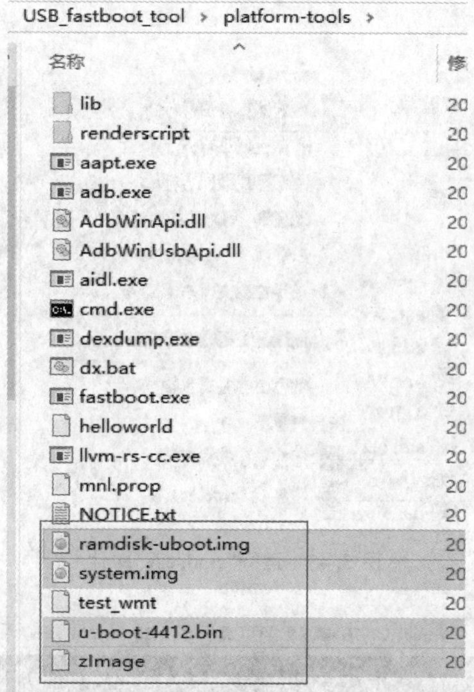

图 5.48 platform-tools 目录

7）在 Windows 命令行中，输入如下烧写 uboot 命令，如图 5.49 所示。

"fastboot.exe flash bootloader u-boot-iTOP-4412.bin"

特别提醒：不建议用户烧写"u-boot-iTOP-4412.bin"这个文件，可跳过此步骤，因为出厂前已经烧写过这个镜像文件了。

8）如图 5.50 所示，输入烧写 zImage 内核命令"fastboot.exe flash kernel zImage"烧写内核。

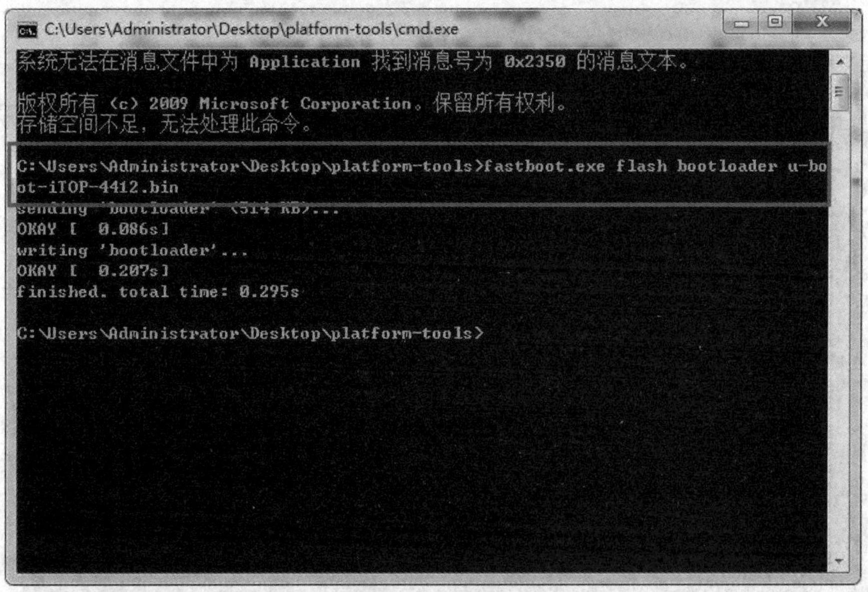

图 5.49　烧写 U-Boot

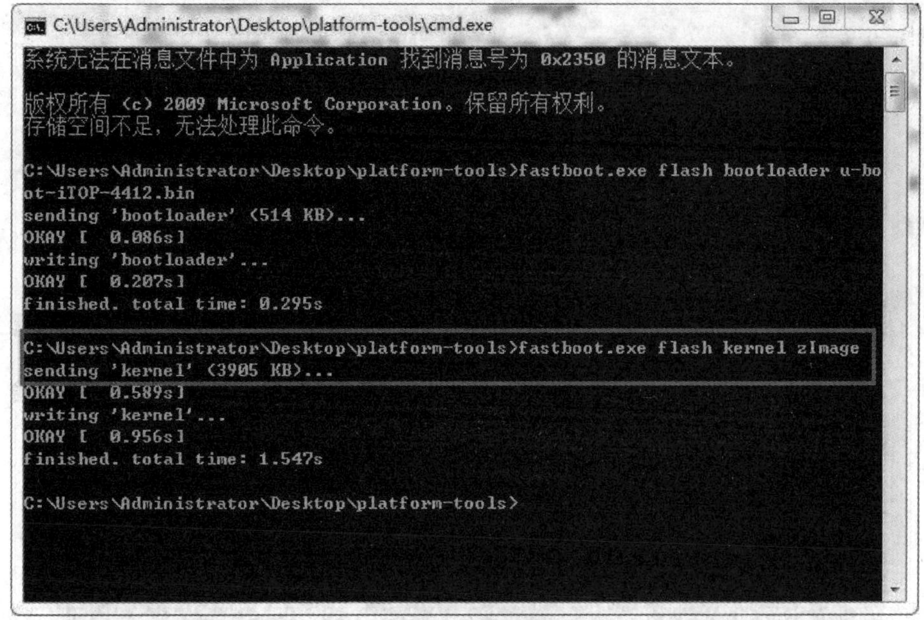

图 5.50　烧写内核

9）如图 5.51 所示，输入烧写 ramdisk 命令“fastboot.exe flash ramdisk ramdisk-uboot.img”，烧写 ramdisk 文件系统。

10）如图 5.52 所示，输入烧写 system 文件系统命令“fastboot.exe flash system

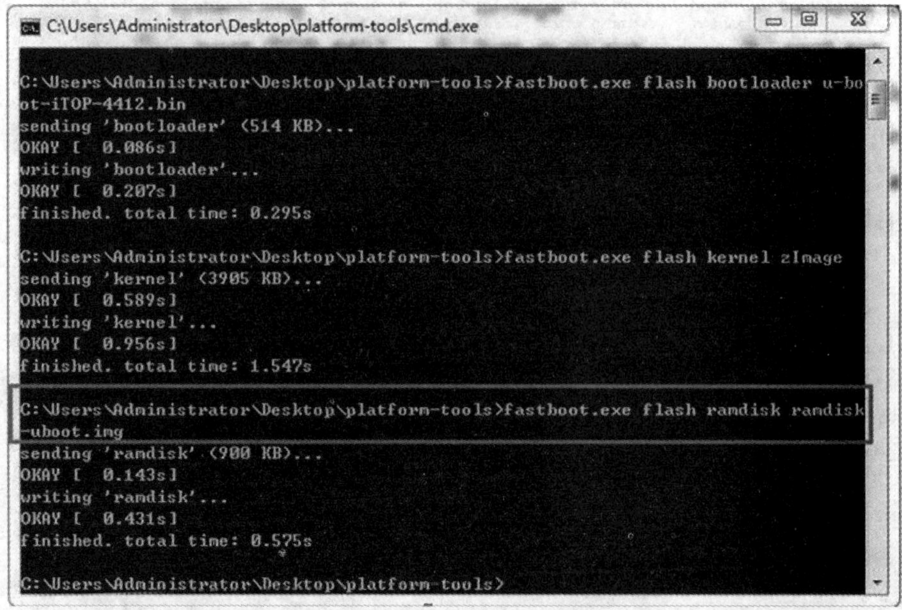

图 5.51 烧写 ramdisk 文件系统

system. img”烧写。

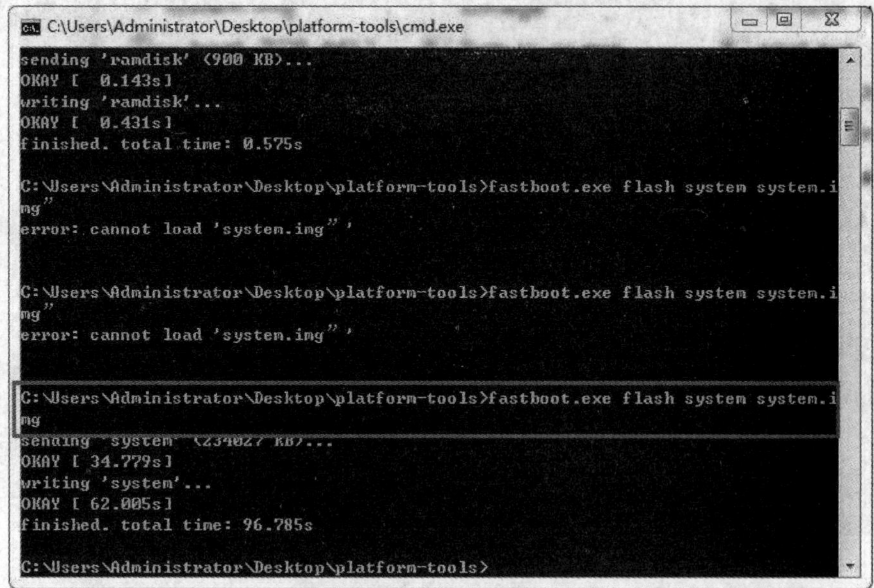

图 5.52 烧写 system 根文件系统

11）继续烧写，如图 5.53 所示，输入擦除命令“fastboot -w”。

12）在 Windows 命令行中，输入重启 MPTS－A9 教学平台开发板命令“fast-

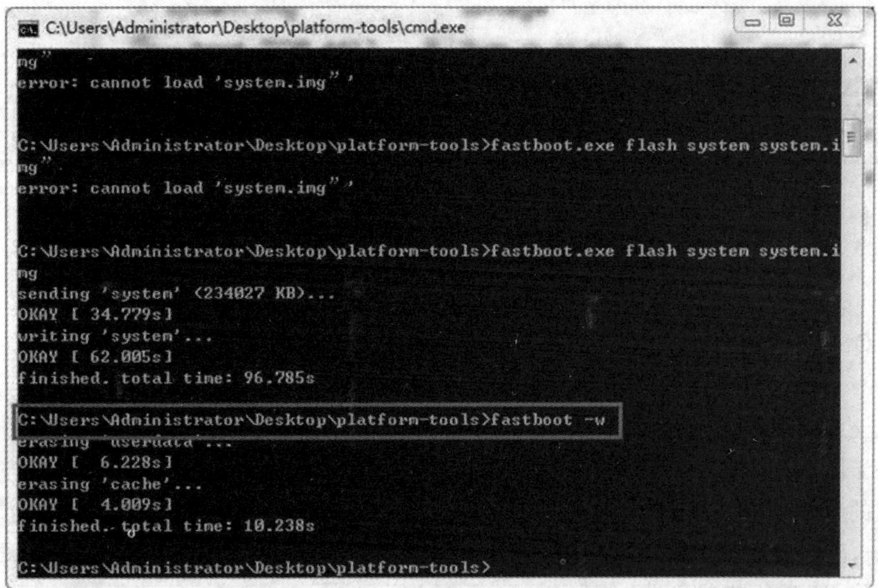

图 5.53　输入擦除命令

boot reboot”，如图 5.54 所示。

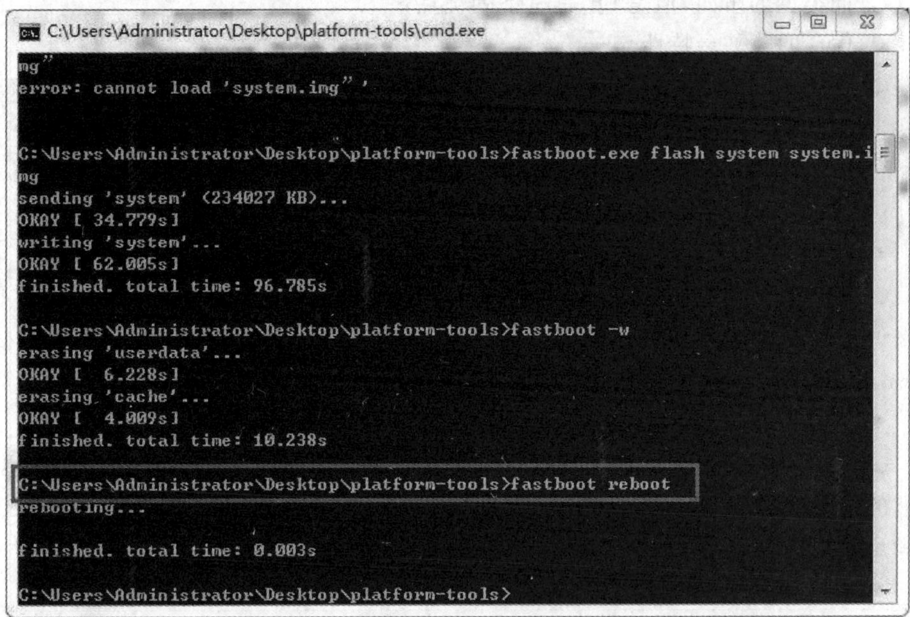

图 5.54　重启开发板

输入重启命令之后，MPTS－A9 教学平台开发板会重启，超级终端会打印启动信息，整个目标板系统烧写完成。

第 6 章

Qt 介绍

Qt 是一个多平台的 C++图形用户界面应用程序框架，由挪威 TrollTech 公司出品。它提供给应用程序开发者建立艺术级的图形用户界面所需的所用功能。Qt 是完全面向对象的，很容易扩展，并且允许真正地组件编程。它提供给应用程序开发者关于图形用户界面的应用程序所需的一切功能。Qt 是一个平台，它基于完全面向对象的 C++，扩展性非常强，并且允许利用组件编程。1996 年之前，进入商业领域的 Qt，已经应用于多种程序当中，是其他应用程序的基础。Qt 也是流行的 Linux 桌面环境 KDE 的基础。

Qt 同 X Window (X Window 是一种用于 UNIX 系统的标准图形化用户界面)上的 Motif、Openwin、GTK 等图形界面库和 Windows 平台上的 MFC、OWL、VCL、ATL 是同类型的东西，但是 Qt 具有下列优点：

● 优良的跨平台特性。

Qt 支持 Microsoft Windows 95/98，Microsoft Windows NT，Linux，BSD/OS，SCO，AIX，Solaris，Irix，OS390，QNX，FreeBSD，SunOS，HP-UX 等操作系统。Qt 的跨平台特性是选择 Qt 的一个非常重要的原因。对于相同功能的软件，Qt 开发人员无须针对不同的操作系统编写不同程序，只需将相同的代码针对不同的环境编译即可。

● 面向对象。

Qt 的良好封装机制使得 Qt 的模块化程度非常高，可重用性较好，对于用户开发来说是非常方便的。Qt 提供了一种称为 signals/slots(信号/槽)的安全类型来替代 callback(回调函数)，这使得各个元件之间的协同工作变得十分简单。

● 开放源码。

Qt 产品提供的是采用双重授权的软件许可模式。由于 Qt 的不间断开发，以及完整的代码透明性，以允许 Qt 开发员进行彻底深入地查看，进行自定义并扩展 Qt 来满足其独特的需求。

● 高效简便。

Qt 支持多平台的 API，因此程序员能够将大量精力使用在可增值的技术革新方面，不需要担心多版本应用程序的基础结构与界面的移植问题。因此 Qt 开发人员仅需要学会一种 API 来写入应用程序即可在任何地方运行。

Qt Creator 是跨平台的 Qt IDE，Qt Creator 是 Qt 被 Nokia 收购后推出的一款

新的轻量级集成开发环境(IDE)。此 IDE 能够跨平台运行,支持的系统包括 Linux(32 位及 64 位)、Mac OS X 以及 Windows。根据官方描述,Qt Creator 的设计目标是使开发人员能够利用 Qt 这个应用程序框架更加快速及轻易地完成开发任务。

Qt Creator 包括项目生成向导、高级的 C++ 代码编辑器、浏览文件及类的工具、集成了 Qt Designer、Qt Assistant、Qt Linguist、图形化的 GDB 调试前端,集成 qmake 构建工具等。

6.1　Qt Creator 的安装与启动实验

6.1.1　安装 Qt Creator 软件

PC 配置要求酷睿 i3 以上,硬盘 120 GB 以上,内存 2 GB 以上(最好 4 GB 内存)。操作系统为 Windows7 或者 Windows10。

下载地址:http://qt-project.org/downloads#qt-creator

选择版本:qt-opensource-linux-x64-android-5.3.2.run//。注意:具体根据自己的个人电脑而定。

修改文件属性:由于下载下来的文件一般可能默认不可执行,故修改为:

chmod 777 qt-opensource-linux-x64-android-5.3.2.run

执行./ qt-opensource-linux-x64-android-5.3.2.run,开始安装,会出现图形界面如图 6.1 所示。

```
mptsa9@ubuntu:~/linuxQt$ chmod 777 qt-opensource-linux-x64-android-5.3.2.run
mptsa9@ubuntu:~/linuxQt$ sudo su
[sudo] password for mptsa9:
./qroot@ubuntu:/home/mptsa9/linuxQt# ./qt-opensource-linux-x64-android-5.3.2.run
```

图 6.1　修改安装文件的权限

安装只需下一步即可。安装完成后,在桌面上会生成 Qt Creator 的快捷方式,双击运行,开始设置 qmake 和交叉编译工具。单击工具－>选项,出现选项设置界面。选择构建和运行,再选择 Qt 版本,添加弹出界面,如图 6.2 所示,单击“Next”按钮,进入图 6.3 界面,选择安装路径。

安装进入到图 6.4,安装 Qt5.3 的插件和 Qt Creator。Qt5.3 的插件仅仅是能够支持在 PC 上运行的应用程序,而不是在嵌入式平台上运行,单击“Next”按钮。

继续安装,进入图 6.5,选择“accompanying the Qt 5.3......”,再单击“Next”按钮。

继续安装,如图 6.6 所示,单击“Install”按钮,开始安装 Qt Creator。

如图 6.7 所示,安装等待中。

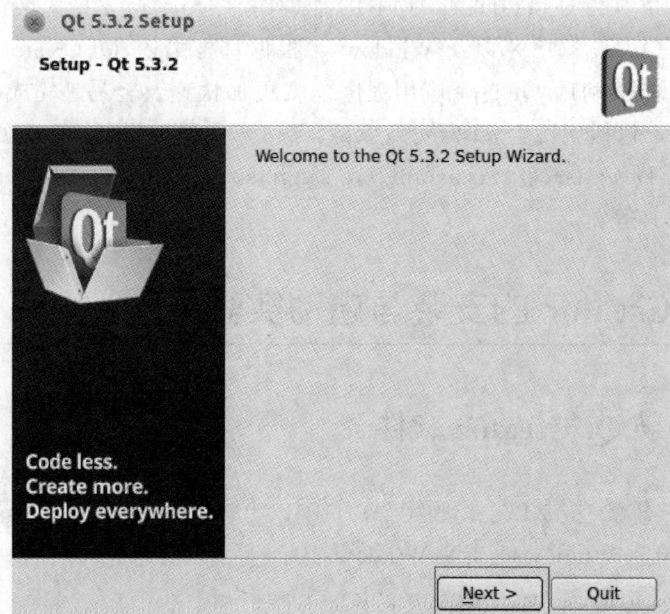

图 6.2　Qt Creator 安装启动

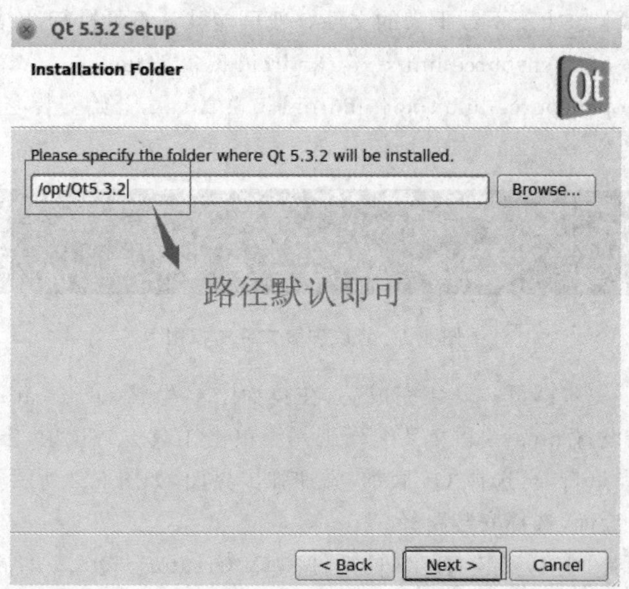

图 6.3　选择 Qt Creator 安装路径

进入图 6.8，单击“Finish”完成软件安装。

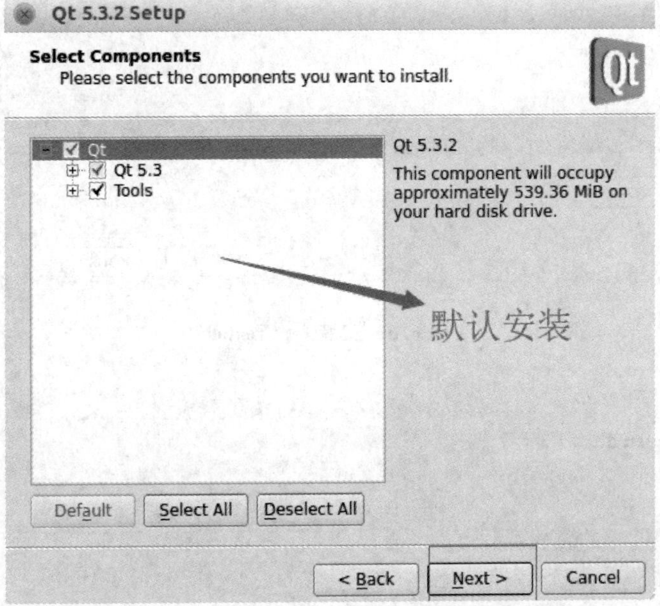

图 6.4　安装 Qt5.3 插件

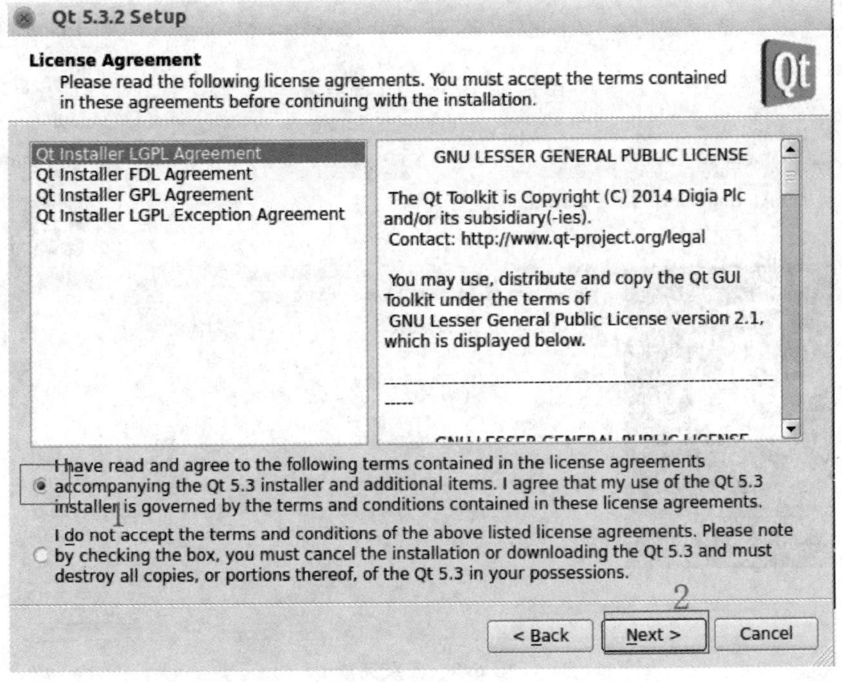

图 6.5　选择安装条款文件

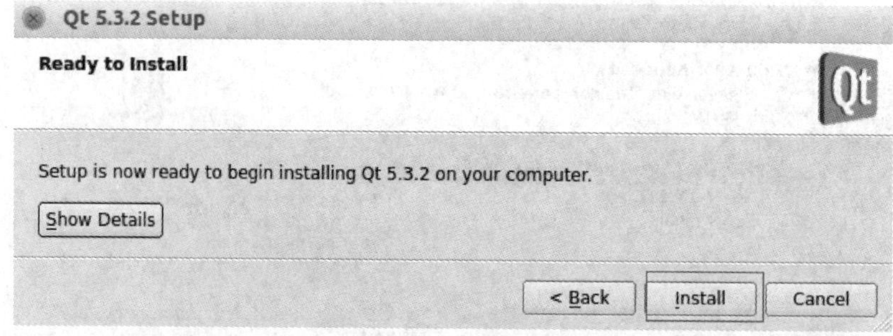

图 6.6　安装 Qt Creator

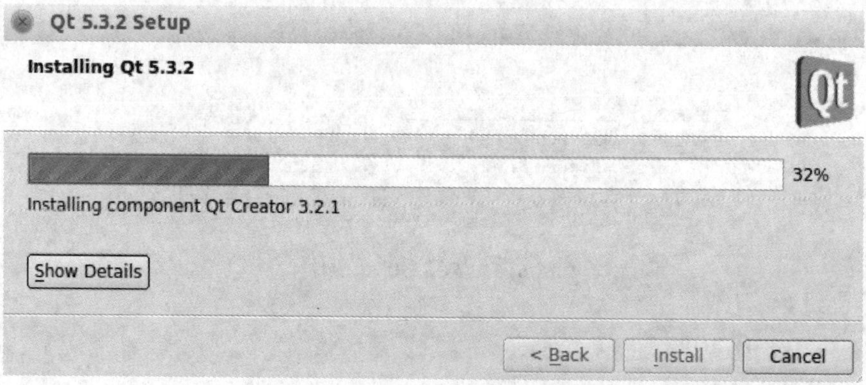

图 6.7　Qt Creator 安装等待

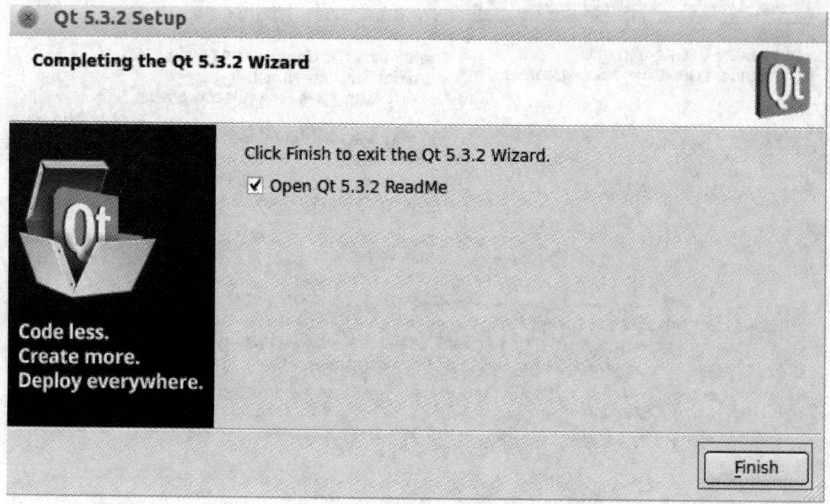

图 6.8　安装完成

6.1.2 启动 Qt Creator

1. 修改 Qt Creator 属性

为了保证 Qt 软件运行正常，需要修改软件安装后的文件夹属性，如图 6.9 所示。运行命令如下：

```
# cd /opt/Qt5.3.2      //Qt Creator 安装目录
# chmod  777   *
```

```
root@ubuntu:/# cd /opt/Qt5.3.2/
root@ubuntu:/opt/Qt5.3.2# chmod 777 *
root@ubuntu:/opt/Qt5.3.2#
```

图 6.9 修改 Qt Creator 安装目录权限

2. 运行 Qt Creator

运行的文件 Qt Creator 位于“/opt/Qt5.3.2/Tools/QtCreator/bin”，如图 6.10 所示。

```
$ cd /opt/Qt5.3.2/Tools/QtCreator/bin
$ ./qtcreator    //启动 Qt Creator 软件
```

注意：Qt Creator 尽量不要在 root 用户下运行，可能会出错！

```
mptsa9@ubuntu:/opt/Qt5.3.2/Tools/QtCreator/bin$ ls
imports     qbs-config-ui          qml          qtcreator                  sdktool
plugins     qbs-qmltypes           qml2puppet   qtcreator_process_stub
qbs         qbs-setup-qt           qmlpuppet    qtcreator.sh
qbs-config  qbs-setup-toolchains   qt.conf      qtpromaker
mptsa9@ubuntu:/opt/Qt5.3.2/Tools/QtCreator/bin$ ./qtcreator
```

图 6.10 运行 Qt Creator

如图 6.11 所示，弹出编译环境。

3. 配置 Qt Creator 编译环境

单击菜单“Tools”，在弹出的下拉菜单中选择“Options”，如图 6.12 所示。

弹出界面如图 6.13 所示。

切换到 kits 界面，如图 6.14 所示，默认的 kits 能够在 Ubuntu 下运行。至此，Qt Creator 的安装和启动已经完成。

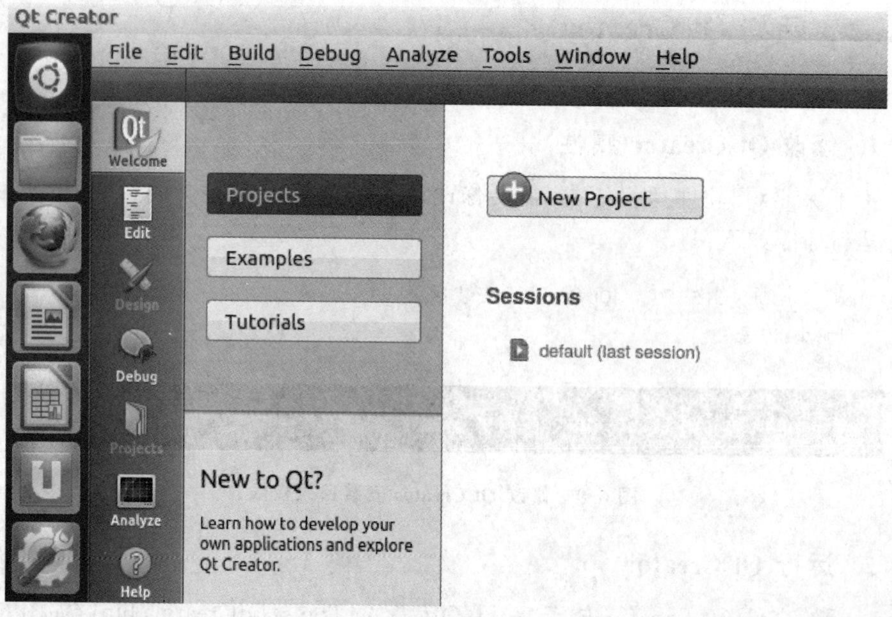

图 6.11 Qt Creator 的编译环境

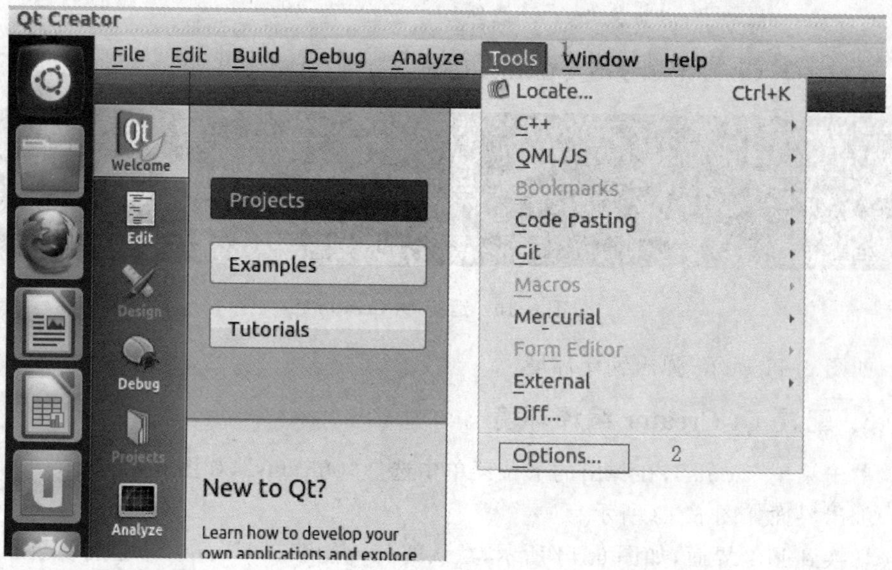

图 6.12 配置 Qt Creator 编译环境

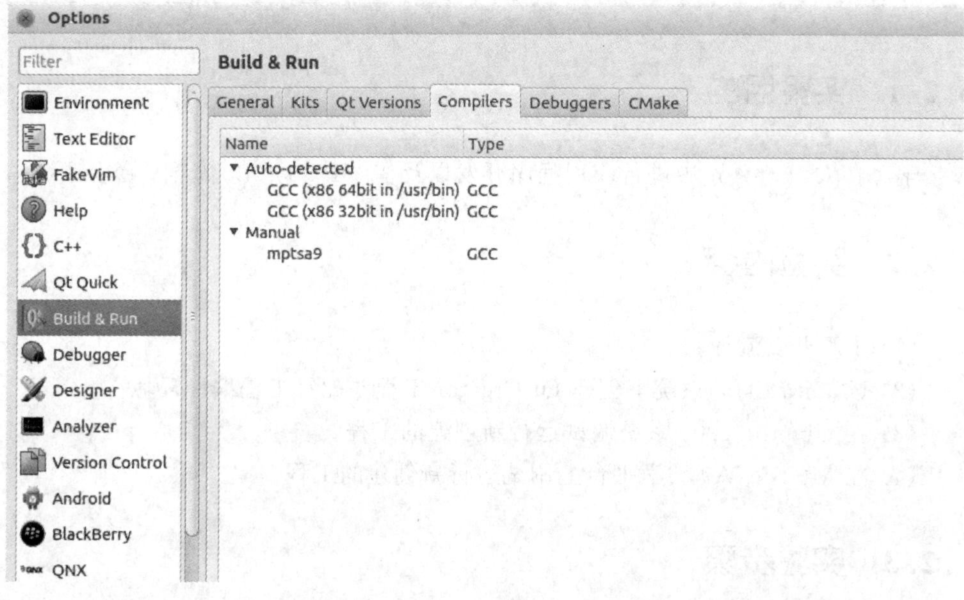

图 6.13　Qt Creator 的构造 & 运行界面

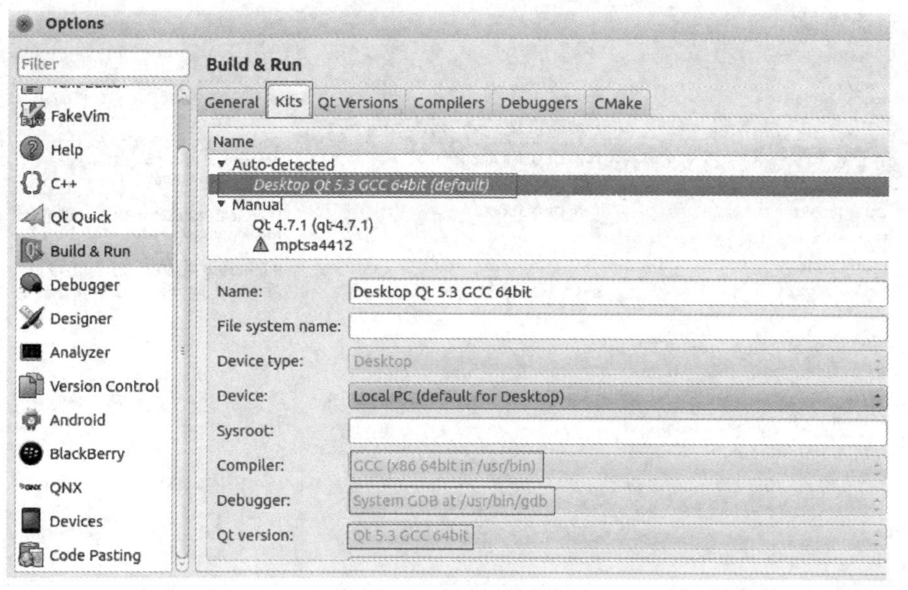

图 6.14　Qt Creator 的 kits 界面

6.2 第一个 Qt 应用程序 Hello World

6.2.1 实验目的

学习在 Qt Creator 中进行应用程序开发以及在 MPTS - A9 教学平台上调试。

6.2.2 实验内容

(1) 了解开发流程。

(2) Ubuntu12.04 系统下创建 Qt Creator 工程并配置工程编译环境。

(3) 在 Ubuntu12.04 系统调试运行新创建的工程。

(4) 在 MPTS - A9 教学平台上调试运行新创建的工程。

6.2.3 实验步骤

(1) 运行 Qt Creator 环境。在 Qt Creator 位于的"/opt/Qt5.3.2/Tools/QtCreator/bin"目录后运行./qtcreator 命令。

新建工程:单击菜单栏中的"File"选项,选择"New File or Project"选项,弹出图 6.15 界面。

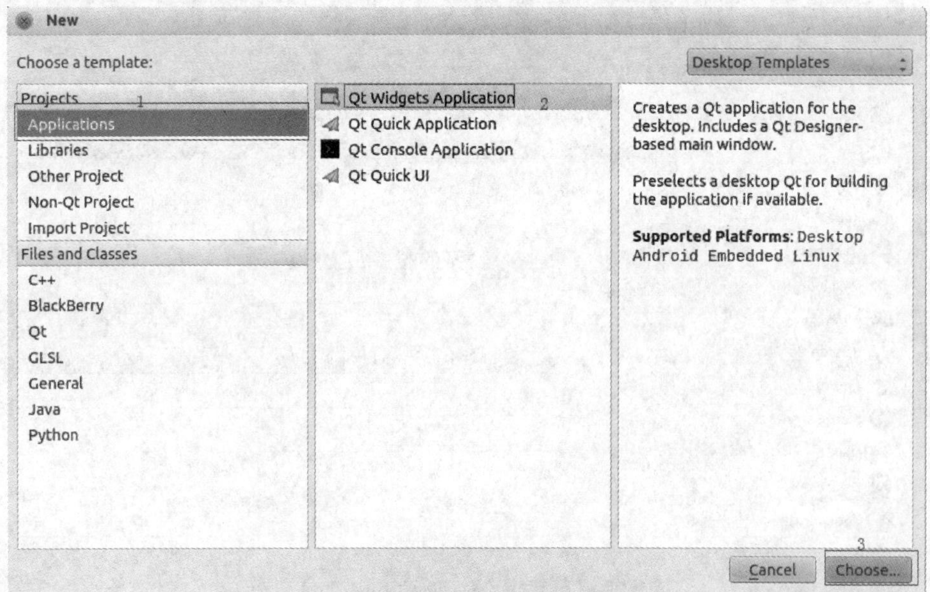

图 6.15 New File or Project 选项界面

先选择“Projects”选项中的“Applications”，然后选 “Qt Widgets Application”选项，最后单击“Choose”按钮。

如图 6.16 所示，设置项目名称“Name”为“helloWorld”，工程路径“Create in”一般设置在用户当前目录，如/home/mptsa9，单击“Next”按钮。

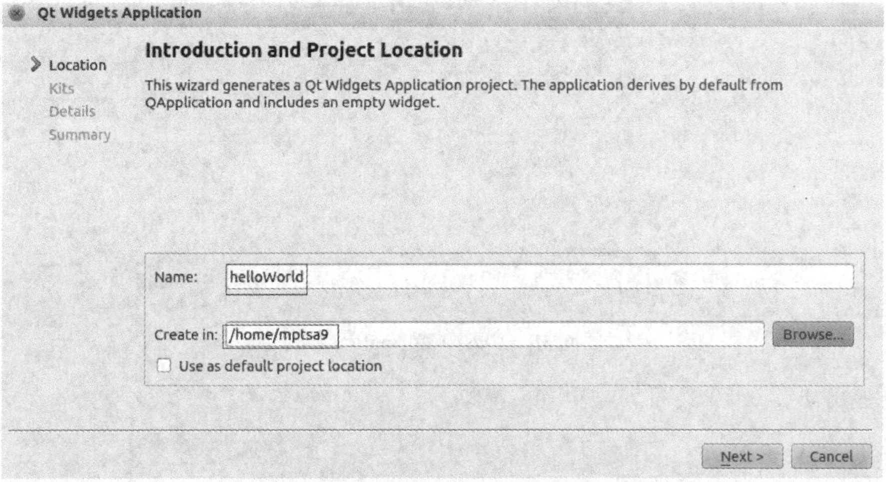

图 6.16　设置工程名和存储路径

由于是之前安装的 Qt Creator 环境，应用程序在 PC 机上，所以默认即可。如图 6.17 所示，单击“Next”按钮。

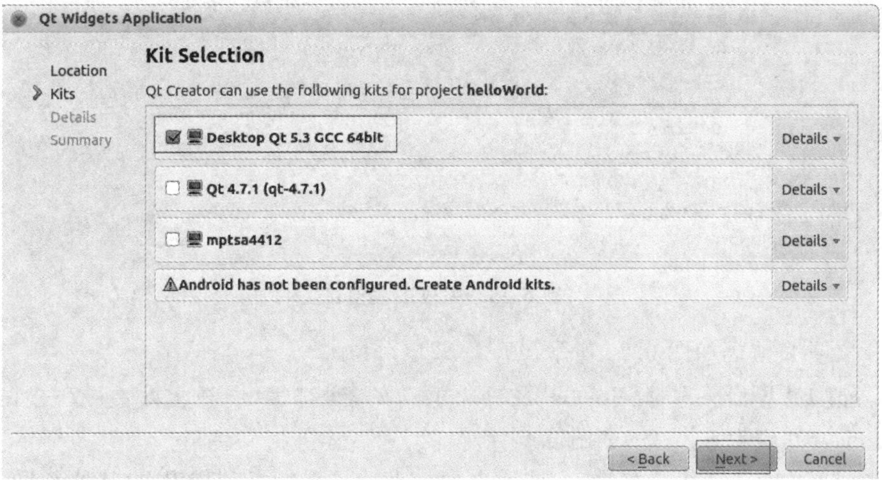

图 6.17　Kit Selection 界面

下一步，弹出如图 6.18 所示的 Class Information 界面，默认即可，单击“Next”按钮。

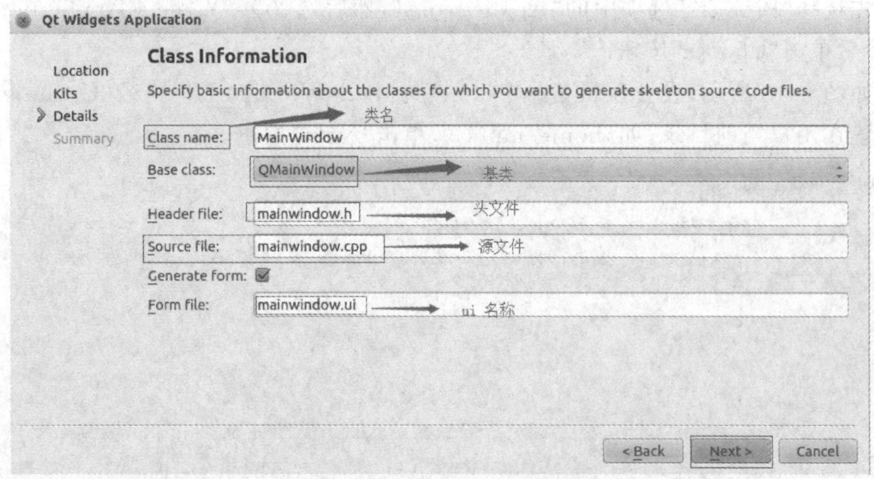

图 6.18　Class Information 界面

弹出如图 6.19 界面，单击“Finish”即可。

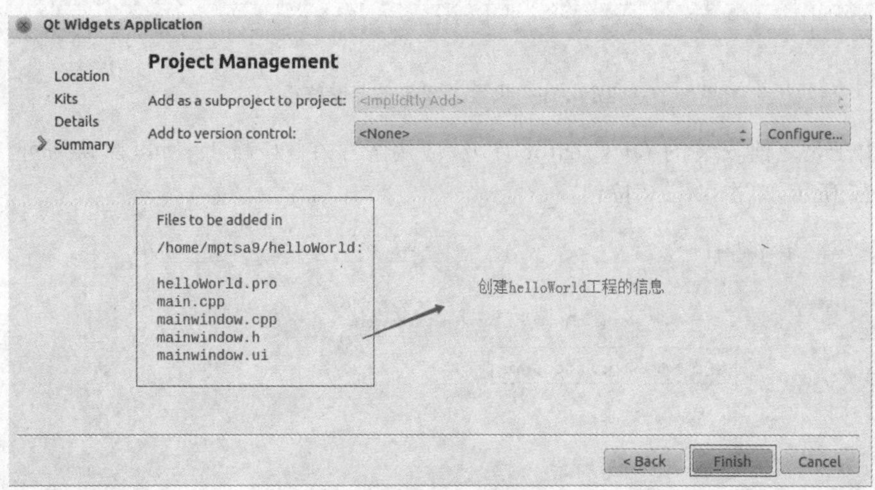

图 6.19　完成工程创建

(2) 项目源码如图 6.20 所示。

修改 UI 界面。选择“Forms”文件夹的前的 ▶ 符号，展开文件夹，双击“mainwindow.ui”，编辑 ui 文件，如图 6.21 所示。

图 6.22 中间工作区域是 ui 显示界面。左边区域是软件提供的各种各样的控件，可以用鼠标拖动控件布局到工作区。

拖动一个 Label 控件到工作区域，双击 Label 控件修改名字为“helloWorld”，如图 6.23 所示。

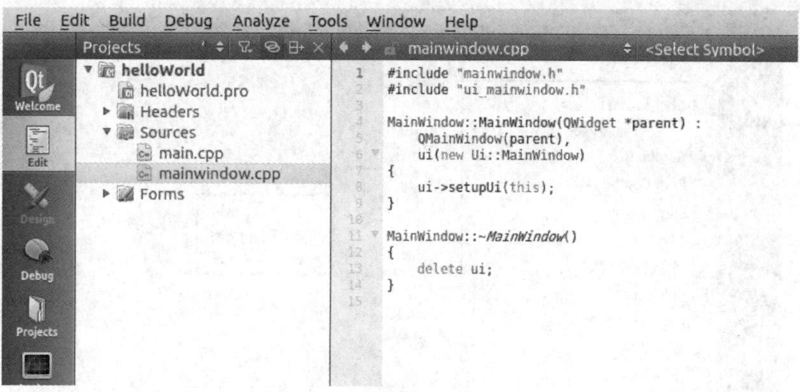

图 6.20　helloWorld 项目一览

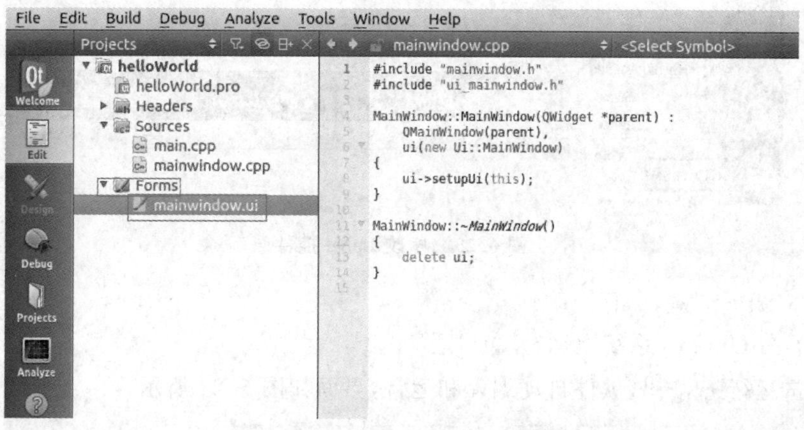

图 6.21　mainwindow.ui 文件

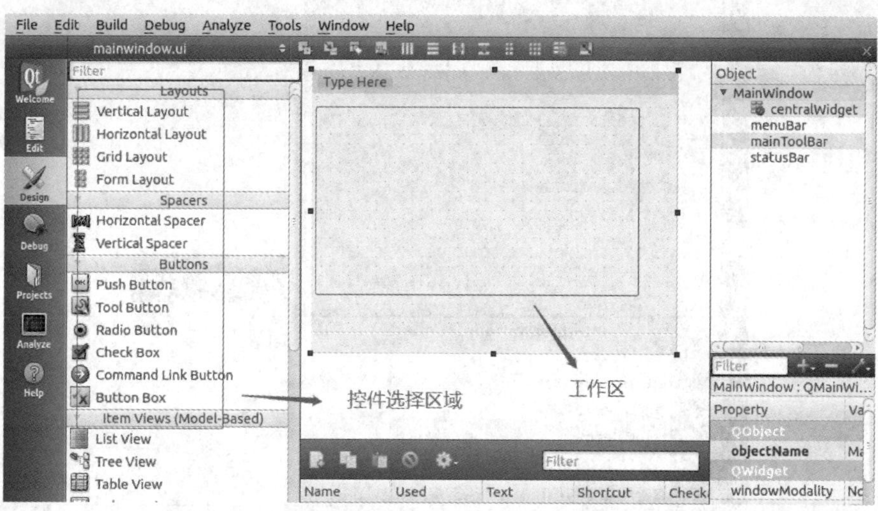

图 6.22　mainwindow.ui 显示界面

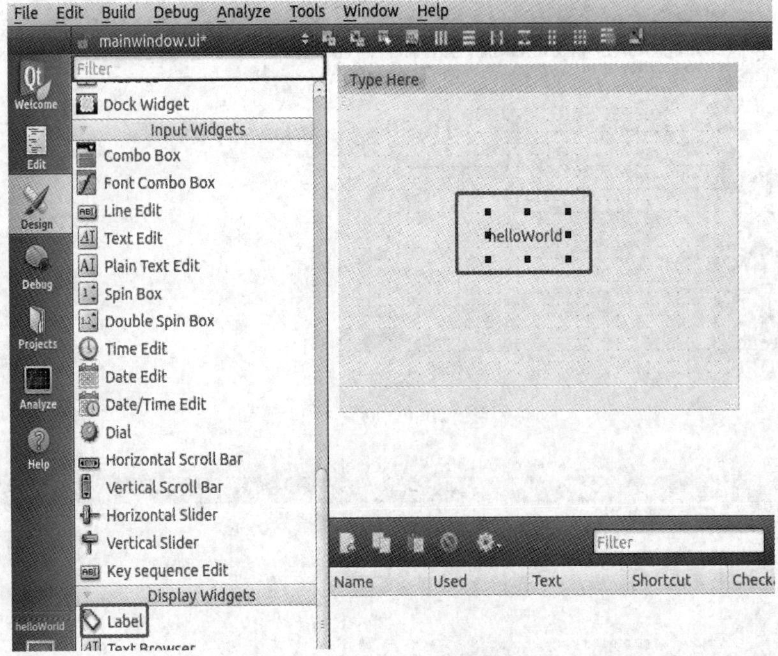

图 6.23 修改 Label 控件

按“Ctrl＋S”键，保存修改。

(3) 在 Ubuntu 系统上运行 Qt 工程。

单击运行▶按钮，软件自动编译和运行，界面如图 6.24 所示。

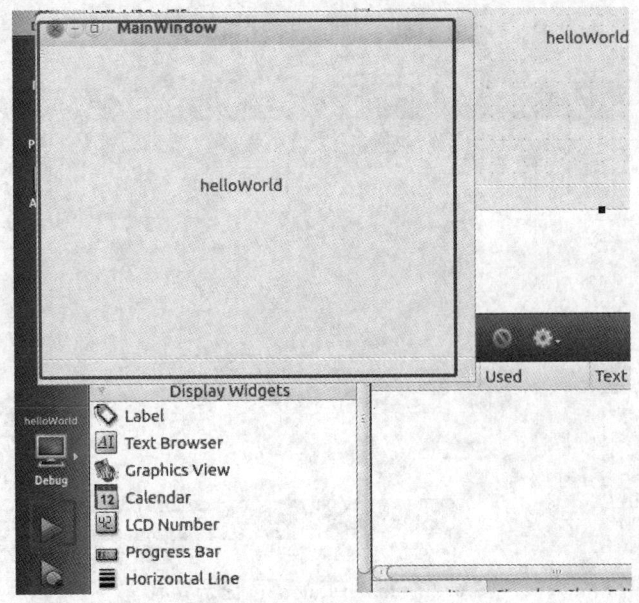

图 6.24 运行 Qt 工程

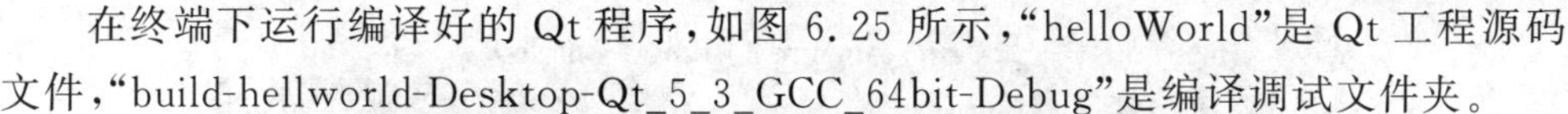

在终端下运行编译好的 Qt 程序，如图 6.25 所示，“helloWorld”是 Qt 工程源码文件，“build-hellworld-Desktop-Qt_5_3_GCC_64bit-Debug”是编译调试文件夹。

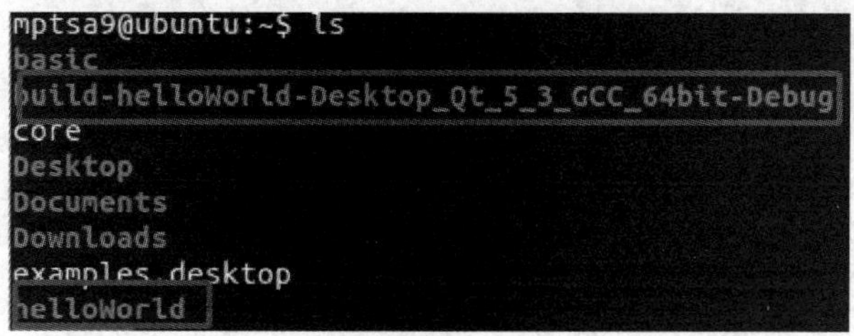

图 6.25　查看 helloWorld 目录

从图 6.26 可以看到生成的应用程序“helloWorld”。

```
mptsa9@ubuntu:~$ cd build-helloWorld-Desktop_Qt_5_3_GCC_64bit-Debug/
mptsa9@ubuntu:~/build-helloWorld-Desktop_Qt_5_3_GCC_64bit-Debug$ ls
helloWorld  mainwindow.o  moc_mainwindow.cpp  ui_mainwindow.h
main.o      Makefile      moc_mainwindow.o
mptsa9@ubuntu:~/build-helloWorld-Desktop_Qt_5_3_GCC_64bit-Debug$
```

图 6.26　查看 helloWorld 可执行文件

运行 Qt 应用程序，$./helloWorld，运行界面如图 6.27 所示。至此已完成在 Ubuntu 系统中创建并运行 helloWorld 文件。

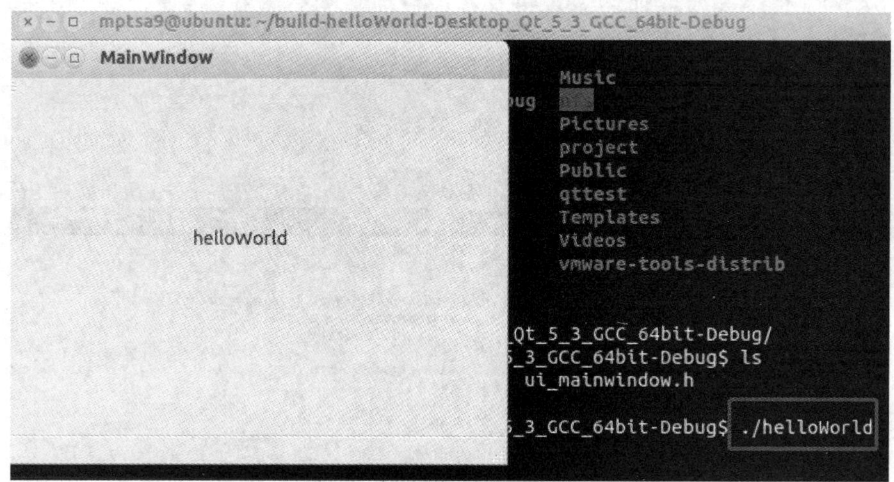

图 6.27　运行 helloWord 文件

(4) 在 MPTS－A9 教学平台上调试并运行 helloWord 工程。

在 Qt Creator 位于的“/opt/Qt5.3.2/Tools/QtCreator/bin”目录后行./qtcreator 命令 $./qtcreator 运行 Qt Creator 环境，单击菜单“File”，选择“Open File or Project”选项，如图 6.28 所示。

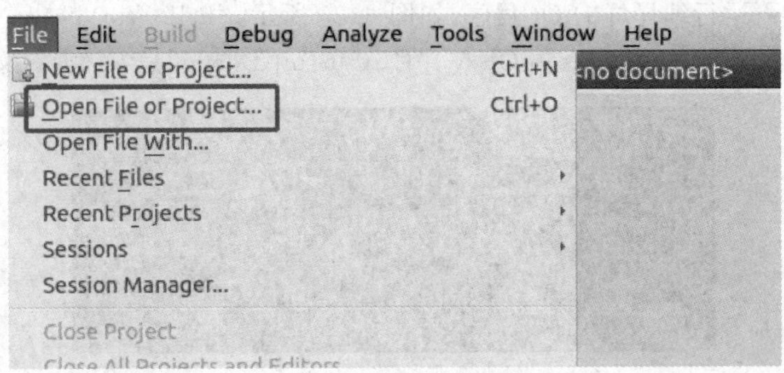

图 6.28　打开项目

在弹出的界面中选择“helloWorld. pro”，单击“Open”打开工程，如图 6.29 和图 6.30 所示。

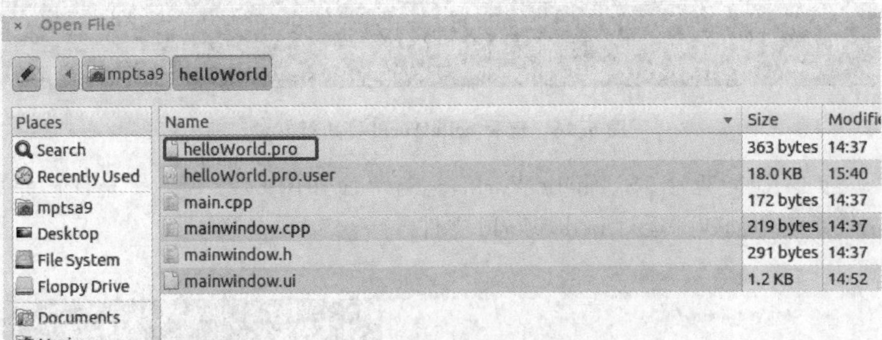

图 6.29　项目一览

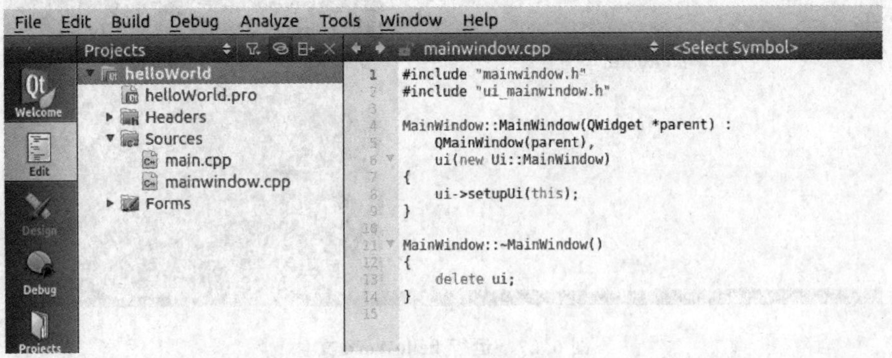

图 6.30　项目 mainwindow 界面

配置交叉编译 kits。单击“Tools”菜单，选择“Options”选项，如图 6.31 所示。进入交叉编译配置界面，单击“Add”按钮，选择“GCC”选项，如图 6.32 所示。

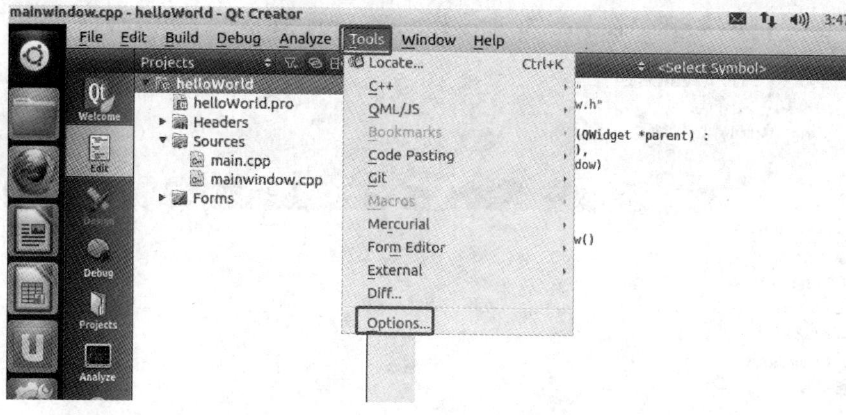

图 6.31　选择 Option 选项

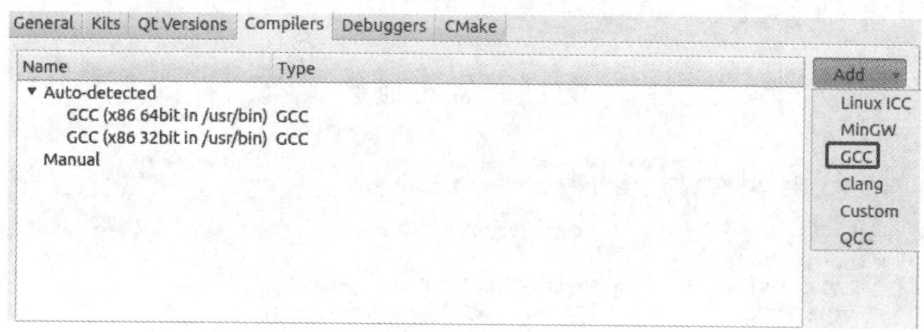

图 6.32　选择 GCC 编译工具

新建一个 Name 为“mptsa9”的交叉编译器，通过“Browse”选择交叉编译器路径，如图 6.33 所示。

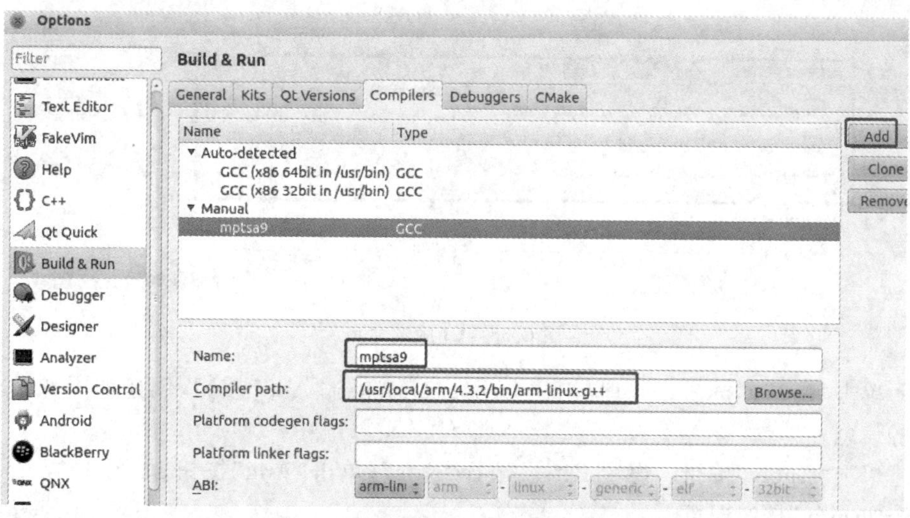

图 6.33　新建 mptsa9 交叉编译工具

单击“Apply”按钮。按照图 6.34 和图 6.35 进行 Qt Versions 设置。

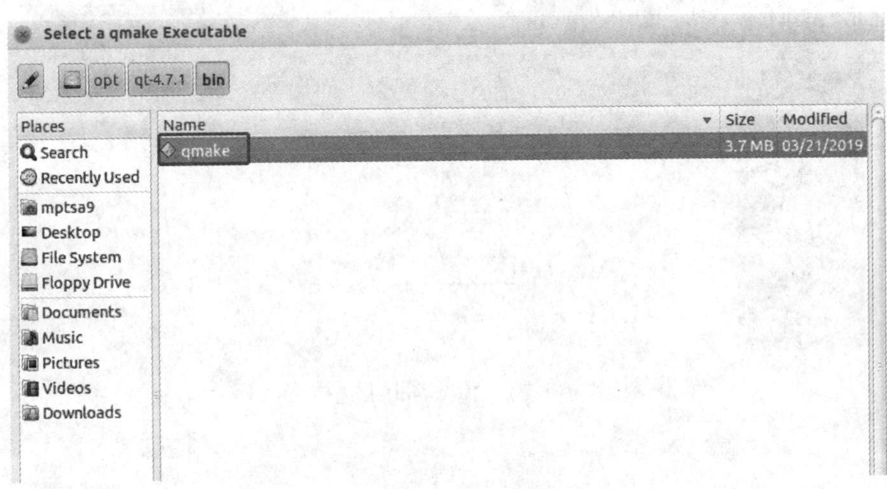

图 6.34 qmake 设置

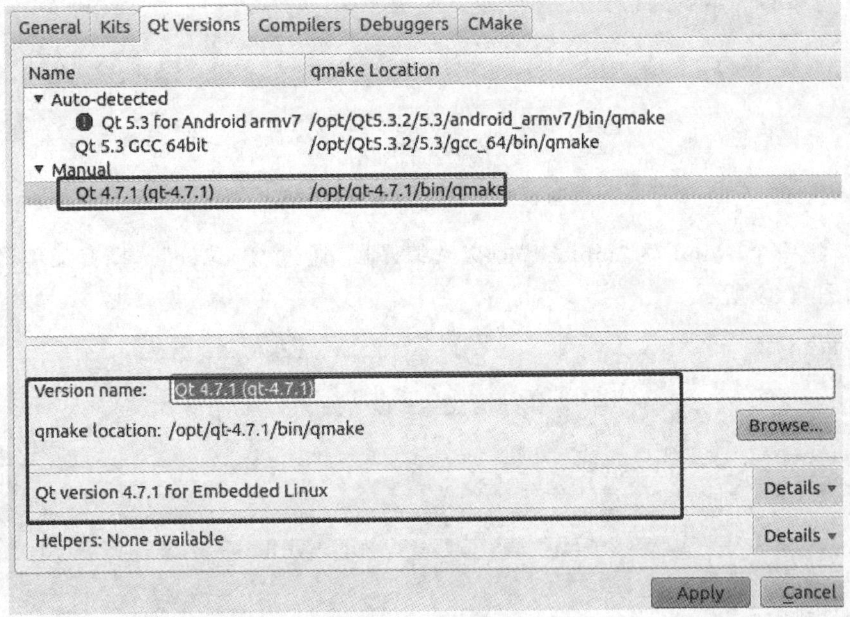

图 6.35 Qt 版本命名

单击“Apply”按钮。同理，创建 Debuggers，单击“Add”按钮，创建如图 6.36 所示的信息。

单击“Apply”按钮。设置 Kits。选择“Kits”，单击“Add”按钮，如图 6.37 所示，单击“Apply”按钮即可。

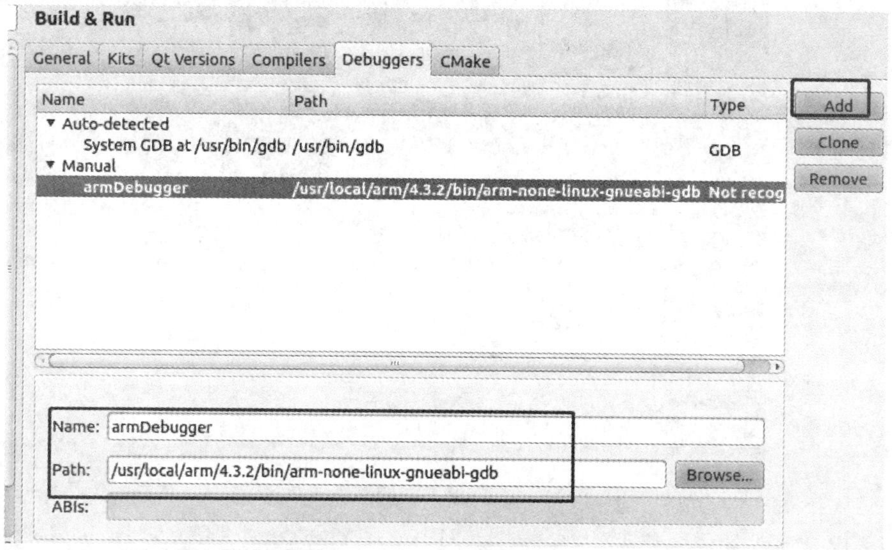

图 6.36　创建 Debuggers

图 6.37　Kits 选择

设置完成后单击“Ok”按钮。

切换工程的 Kits，单击 “Project”，如图 6.38、图 6.39、图 6.40 所示，单击“Add Kit”按钮，切换成“mptsa4412”。

单击“mptsa4412”，如图 6.40 所示，选中后变成黑色。

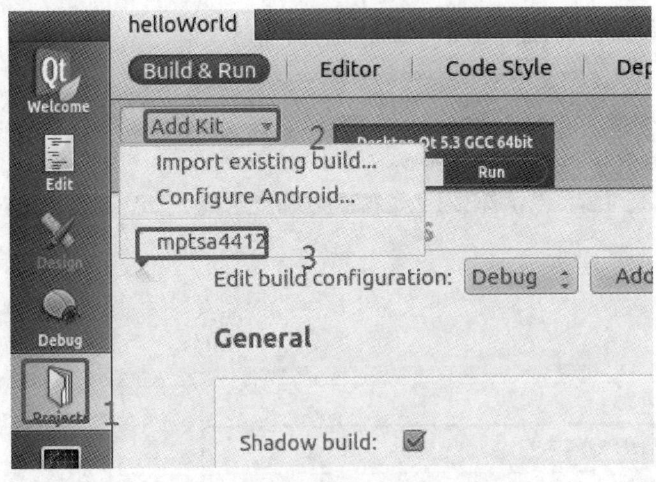

图 6.38　切换工程的 Kits—1

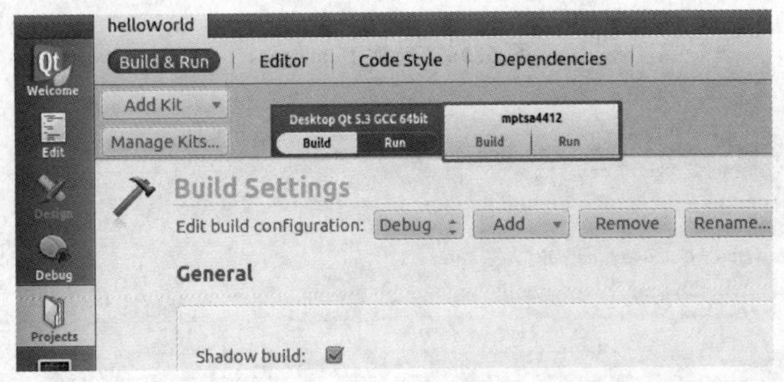

图 6.39　切换工程的 Kits—2

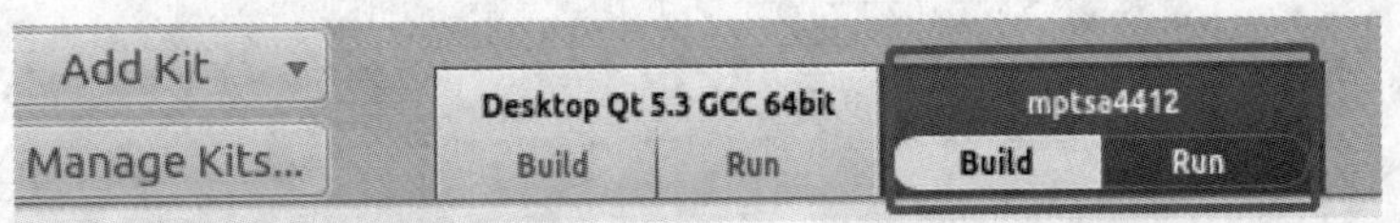

图 6.40　切换工程的 Kits—3

配置交叉编译。单击"Build"菜单,选择"Build Project "helloworld""选项,如图 6.41 所示。

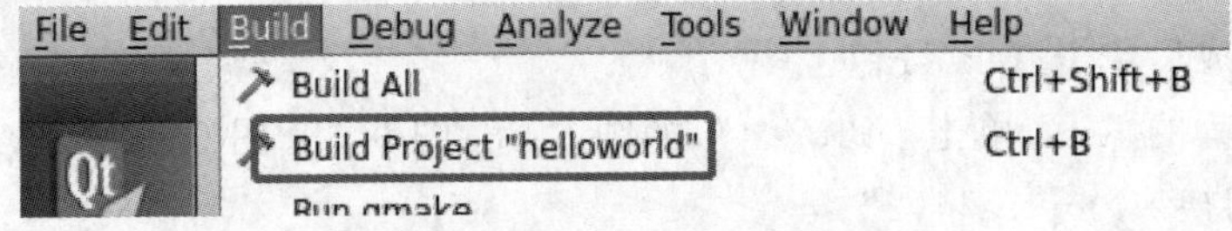

图 6.41　选择 Build Project "helloworld"选项

Qt Creator 环境右下角“Build”进度条到头，表示编译完成，如图 6.42 所示。

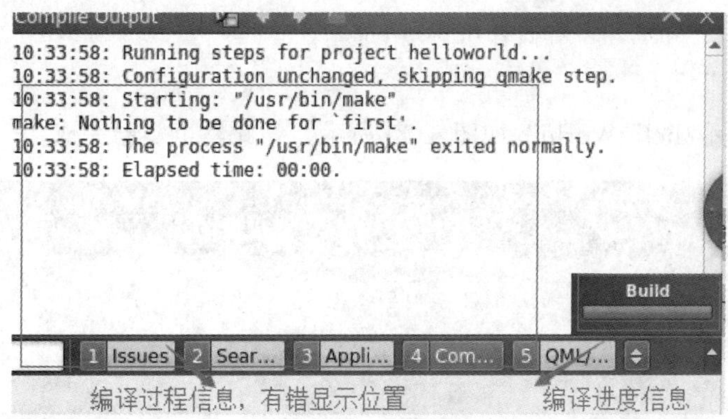

图 6.42　等待编译完成

编译产生的文件位于“build-helloworld-mptsa4412-Debug”文件夹中，如图 6.43 所示。

```
root@ubuntu:/home/mptsa9/linuxQt/src# cd build-helloworld-mptsa4412-Debug/
root@ubuntu:/home/mptsa9/linuxQt/src/build-helloworld-mptsa4412-Debug# ls
helloworld  Makefile        moc_widget.o  widget.o
main.o      moc_widget.cpp  ui_widget.h
root@ubuntu:/home/mptsa9/linuxQt/src/build-helloworld-mptsa4412-Debug# file hell
oworld
helloworld: ELF 32-bit LSB executable, ARM, version 1 (SYSV), dynamically linked
 (uses shared libs), for GNU/Linux 2.6.14, not stripped
root@ubuntu:/home/mptsa9/linuxQt/src/build-helloworld-mptsa4412-Debug#
```

图 6.43　查看 helloWorld 文件所在位置

将生成的应用程序“helloworld”复制到 NFS 共享目录，并修改文件权限，命令如下：

```
$ chmod  777 helloworld
$ cp  hellworld //home/ubuntu/NFS
```

连接 MPTS - A9 教学平台的调试 USB 到 PC 机，根据映射的串口打开超级终端。MPTS - A9 教学平台上电启动。嵌入式 Linux 启动完成后，通过网线连接实验设备和 PC 机。按着 NFS 配置说明，设置 PC 机和实验设备在一个网段。在嵌入式系统终端下使用 mount 命令建立 NFS 共享，如图 6.44 所示。

```
mount-t NFS-o nolock 192.168.1.128: /home/ubuntu/nfs  /mnt/nfs
```

```
~ # mount -t nfs -o nolock 192.168.1.128:/home/ubuntu/nfs /mnt/nfs/
~ # cd /mnt/nfs/
```

图 6.44　NFS 挂载

执行应用程序命令如下：

```
#source /bin/qt4        //设置 Qt 环境变量
#./helloWorld-qws
```

液晶上显示“helloWorld”，如图 6.45 所示。到此整个实验完成。

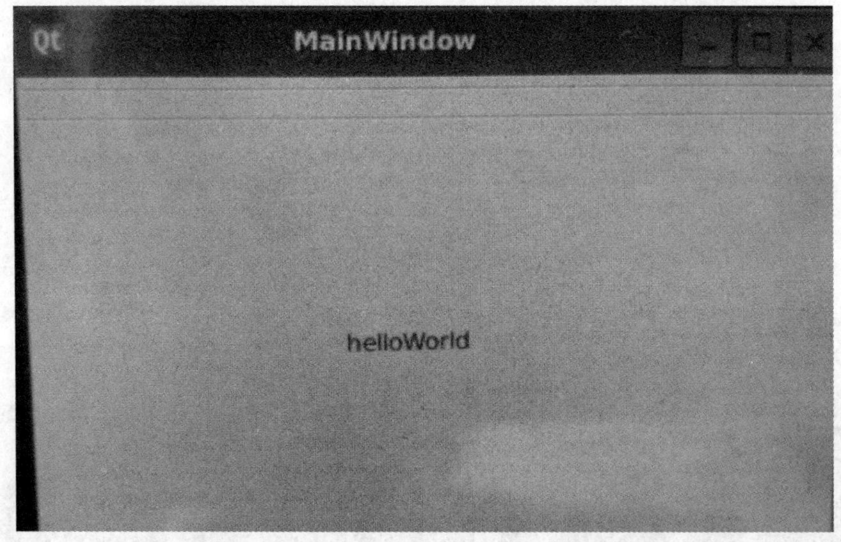

图 6.45　MPTS－A9 教学平台显示 helloWorld 项目内容

6.3　A/D 转换实验

6.3.1　实验目的

了解 Qt Creator 上的 A/D 转换。

6.3.2　实验内容

(1) Qt Creator 开发流程。

(2) Qt Creator 交叉编译的设置。

(3) AD 在 Qt 界面显示相互连接，及控件使用。

6.3.3　实验步骤

(1) 实验源码位于“4412 光盘\10_实验源码\qt\qt02_adc”，通过 SSH 软件把源码复制到虚拟机 Ubuntu 中。

如上一个 Qt 实验，执行 $. /qtcreator 命令，运行 Qt Creator 环境，单击“File”菜单，选择 “Open File or Project”选项，如图 6. 46 所示。

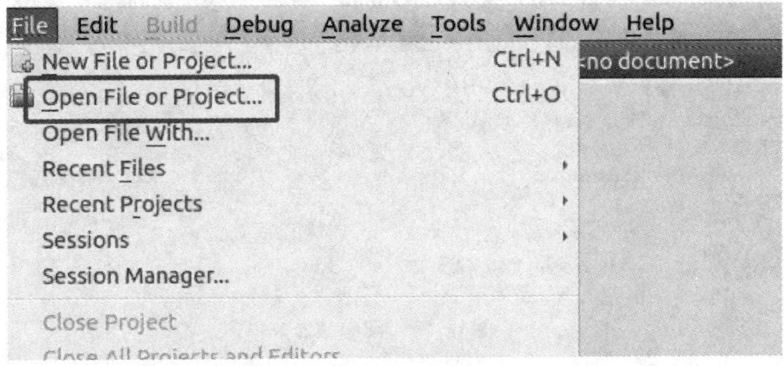

图 6. 46　打开实验项目

在弹出界面中选择“adc. pro”，单击“open”按钮打开工程，如图 6. 47 和图 6. 48 所示。

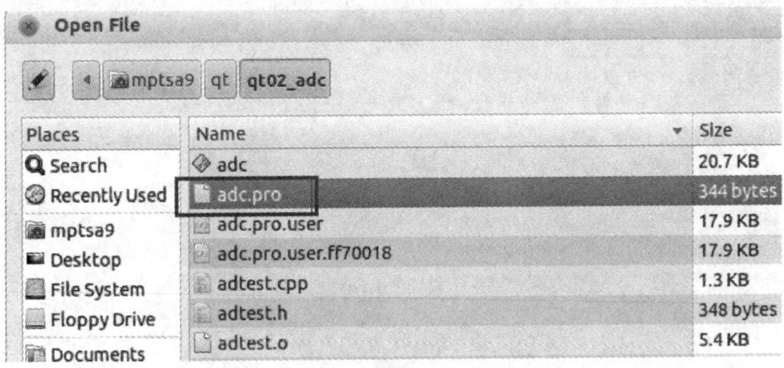

图 6. 47　打开 adc 工程文件 1

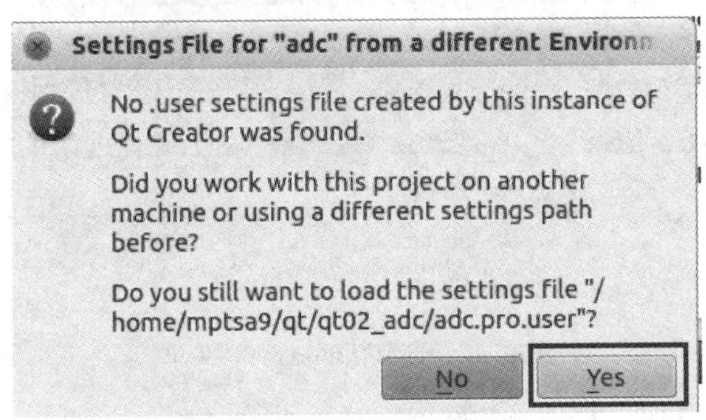

图 6. 48　打开 adc 工程文件 2

(2) 配置 Projects。选择“Projects”菜单，配置 Kit，如图 6. 49 所示。

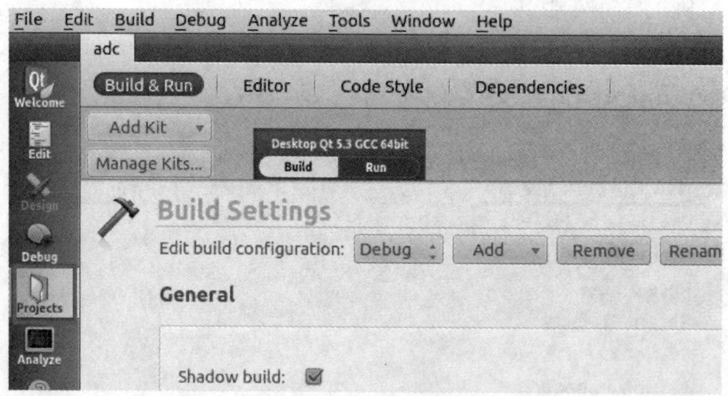

图 6.49 配置 Kit

单击“Add Kit”，选择实验三配置好的 Kit “mptsa4412”，如图 6.40 所示。

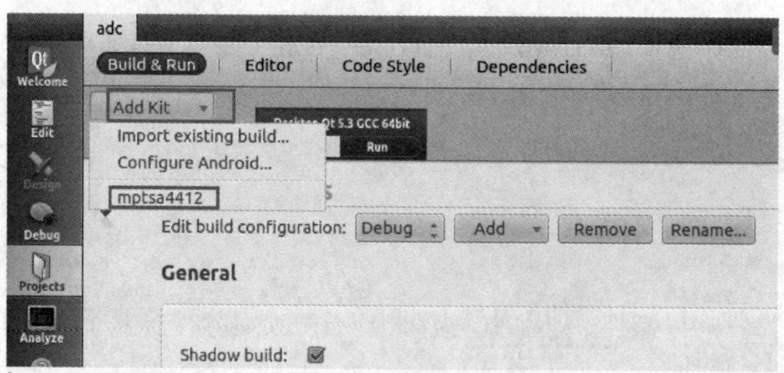

图 6.50 选择 mptsa4412 Kit

界面中增加了“mptsa4414”菜单，如图 6.51 所示。

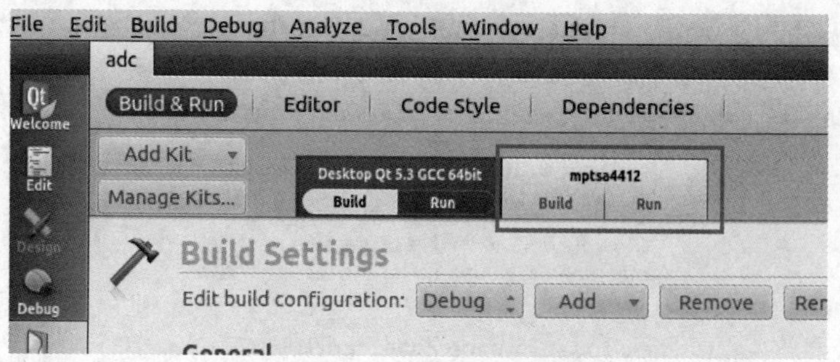

图 6.51 显示“mptsa4414”菜单

单击“mptsa4414”，如图 6.52 所示。

单击“Edit”切换到编辑界面，如图 6.53 和图 6.54 所示。

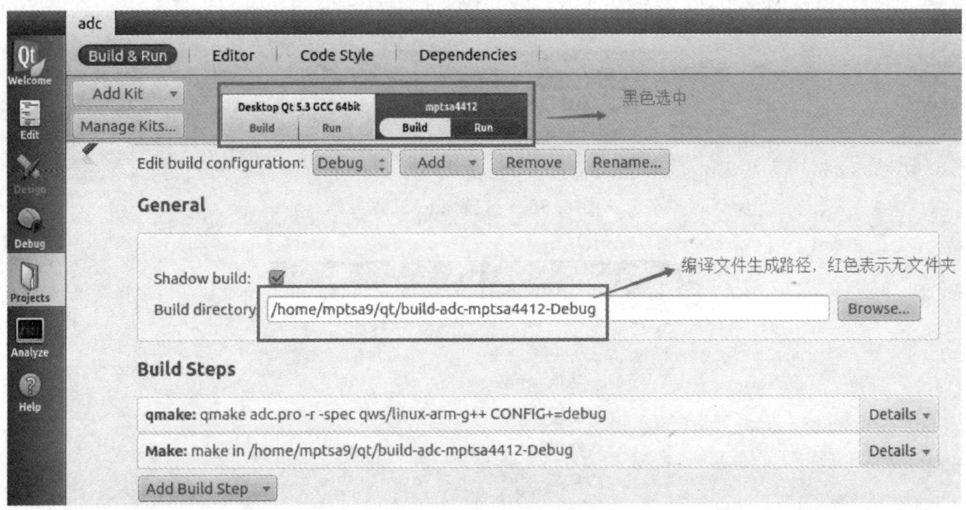

图 6.52　选中“mptsa4414”

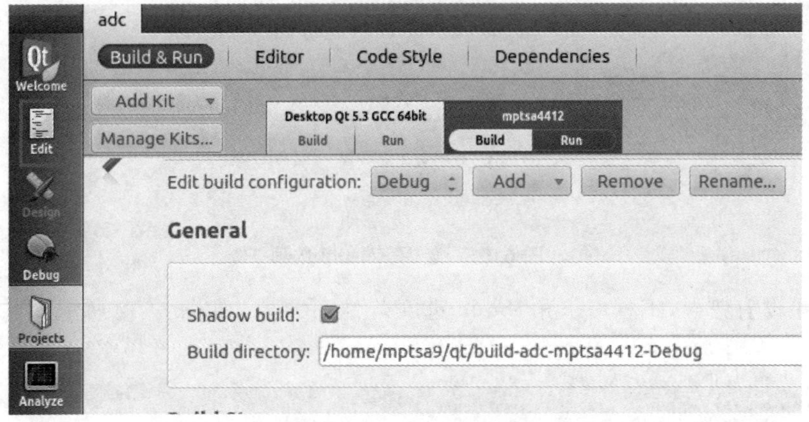

图 6.53　切换到编辑界面

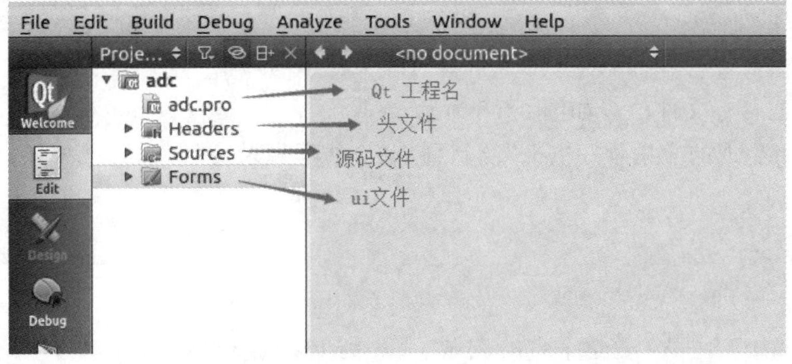

图 6.54　工程编辑界面一览

鼠标选中工程名称“adc”，右键选择“rebulid”选项，如图 6.55 和图 6.56 所示。

图 6.55　选择 adc 工程

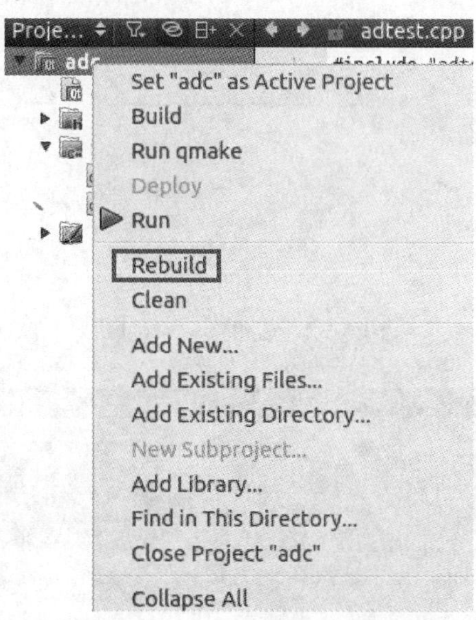

图 6.56　选择 Rebuild 选项

如果没有错误，工程右下角“build 进度条”显示到头，如图 6.57 所示。

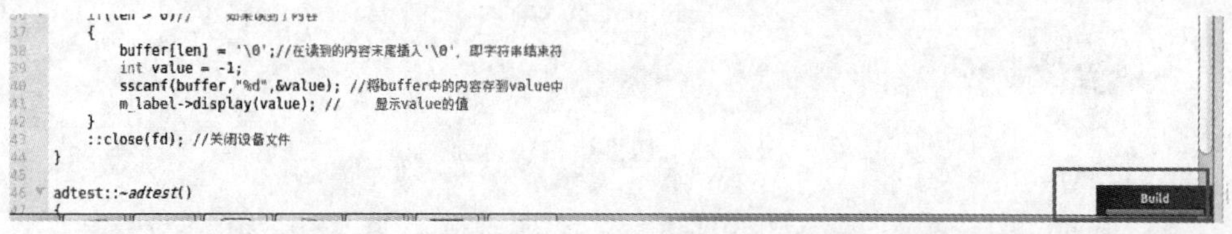

图 6.57　build 进度条

生成的目标文件位置如图 6.58 所示。

(3) 将生成的应用程序“adc”复制到 NFS 共享目录，并修改文件权限，使用如下命令：

```
$ chmod 777 adc
$ cp  adc /home/ubuntu/nfs
```

连接 MPTS - A9 教学平台的调试 USB 到 PC 机，根据映射的串口打开超级终端。MPTS - A9 教学平台上电启动。嵌入式 Linux 启动完成后，通过网线连接实验

图 6.58　生成 adc 目标文件目录

设备和 PC 机。按着 NFS 配置说明，设置 PC 机和实验设备在一个网段(具体步骤见基础实验)。在嵌入式系统终端下使用 mount 命令建立 NFS 共享。命令如下，如图 6.59 所示。

```
mount-t NFS-o nolock 192.168.1.128: /home/ubuntu/nfs   /mnt/nfs
```

```
~ # mount -t nfs -o nolock 192.168.1.128:/home/ubuntu/nfs /mnt/nfs/
~ # cd /mnt/nfs/
```

图 6.59　NFS 挂载

执行应用程序，观察液晶效果，命令如下：

```
#source /bin/qt4        (设置 QT 环境变量)
#./adc -qws
```

拨动拨轮电位器，如图 6.60 所示，可以看到液晶上 ADC 采样值发生变化，如图 6.61 所示。

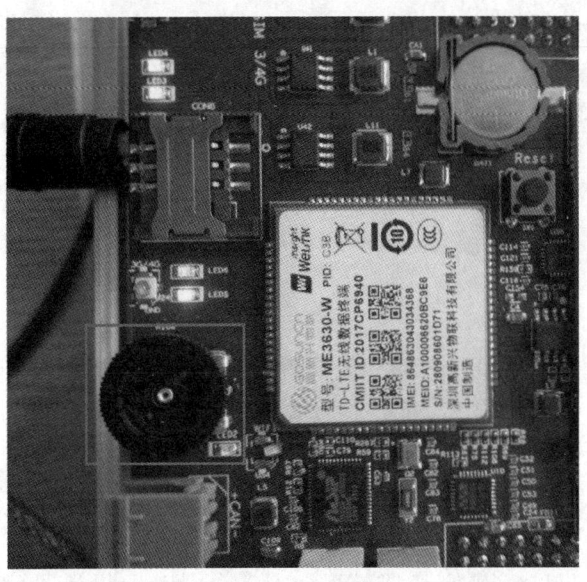

图 6.60　电位器

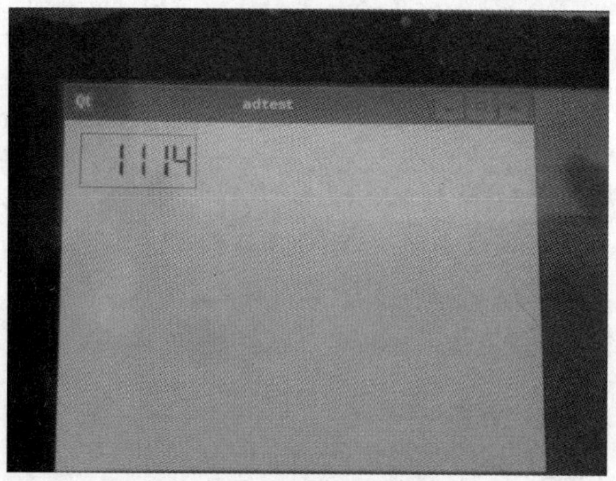

图 6.61 A/D 转化的实验结果显示

6.4 摄像头显示实验

6.4.1 实验目的

学习在 Qt Creator 进行摄像头实时显示。

6.4.2 实验内容

(1) Qt Creator 开发流程;

(2) Qt Creator 交叉编译的设置。

(3) 摄像头在 Qt 界面实时显示,及相关控件使用。

6.4.3 实验步骤

(1) 实验源码位于"4412 光盘\10_实验源码\qt\qt02_adc",通过 SSH 软件把源码复制到虚拟机 Ubuntu 中。如上一个 Qt 实验,执行 $./qtcreator 命令,运行 Qt Creator 环境,单击"File"菜单,选择 "Open File or Project"选项,如图 6.62 所示。

在弹出的界面中选择"camera. pro",单击"open"按钮打开工程,如图 6.63 和图 6.64 所示。

(2) 配置 Projects。配置界面显示如图 6.65 所示,出现两种 kit,则直接选择"mptsa4412"即可。

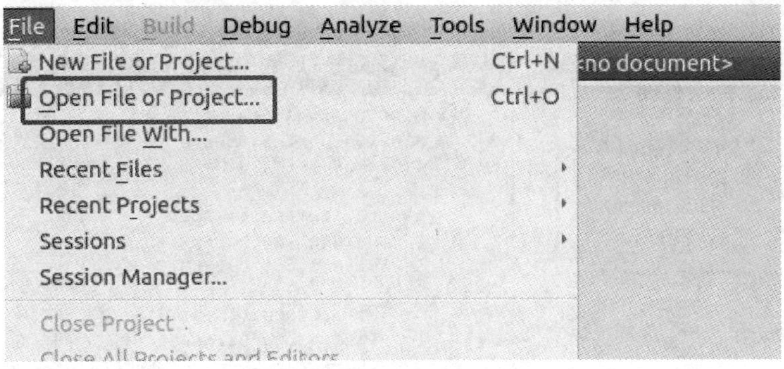

图 6.62　打开实验项目

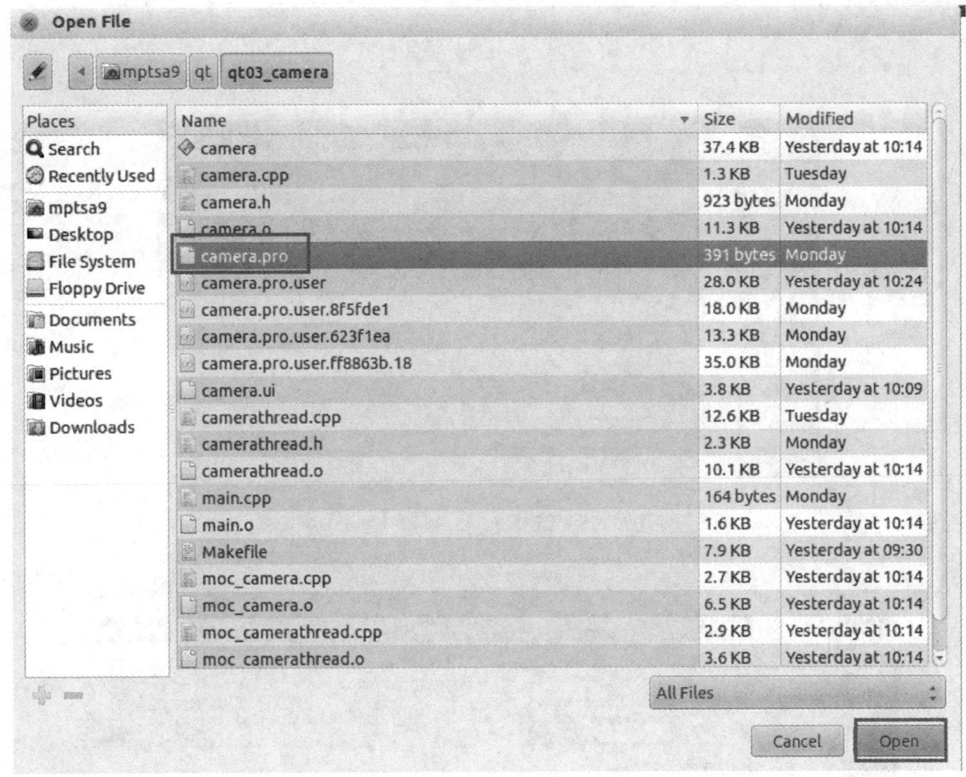

图 6.63　选择 camera 项目

如果界面中没有“mptsa4412”，往后继续。按图 6.66 选择方框位置“Projects”菜单，配置 Kit。

单击“Add Kit”按钮，选择实验三配置好的 Kit“mptsa4412”，如图 6.67 所示。

弹出界面如图 6.68 所示，界面中增加了“mptsa4414”菜单。

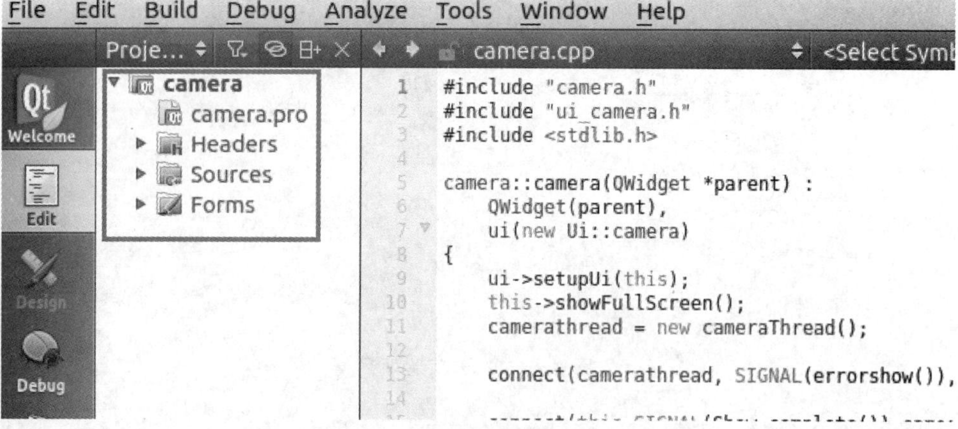

图 6.64 camera 项目一览

图 6.65 选择 mptsa4412 Kit—1

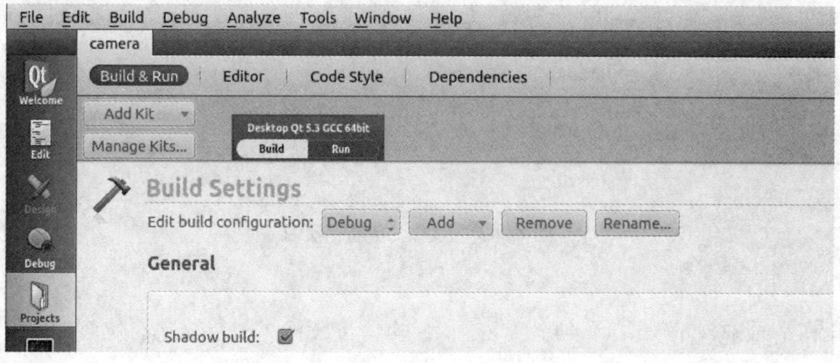

图 6.66 camera 项目选择 Project 菜单

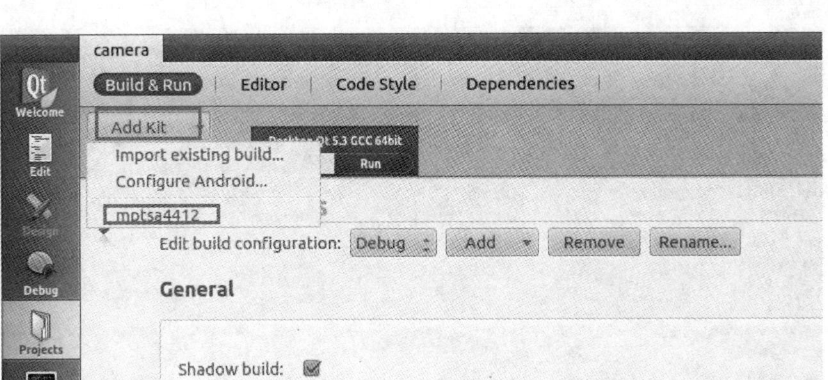

图 6.67　选择 mptsa4412 Kit—2

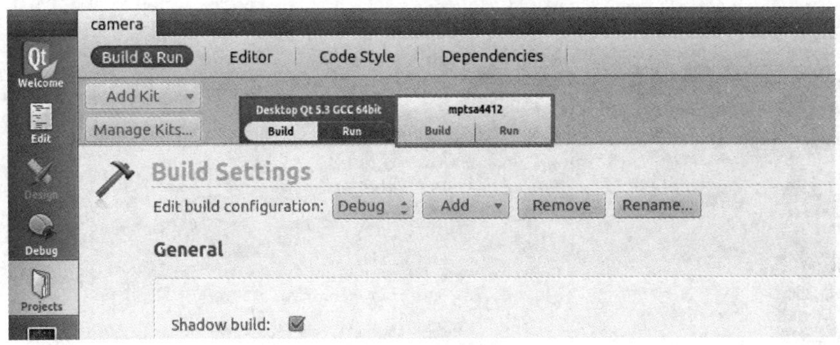

图 6.68　选择 mptsa4412 Kit—3

单击“mptsa4414”，如图 6.69 所示。

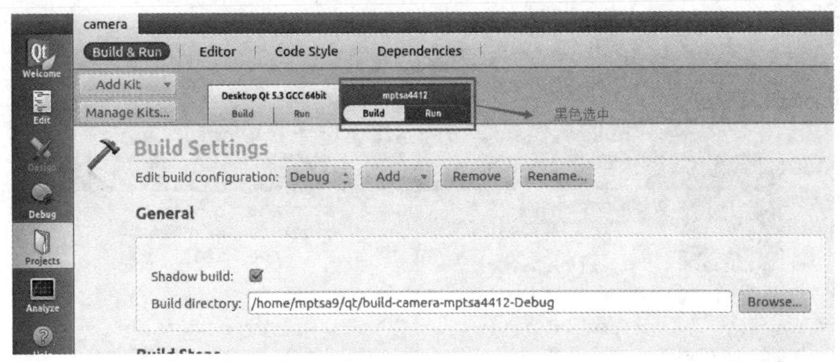

图 6.69　选择 mptsa4412 Kit—7

单击“Edit”按钮切换到编辑界面，如图 6.70 和图 6.71 所示。

摄像头显示项目一览，如图 6.71 和图 6.72 所示。

鼠标选中工程名称“camera”，右键选择“Rebulid”，如图 6.72 所示。

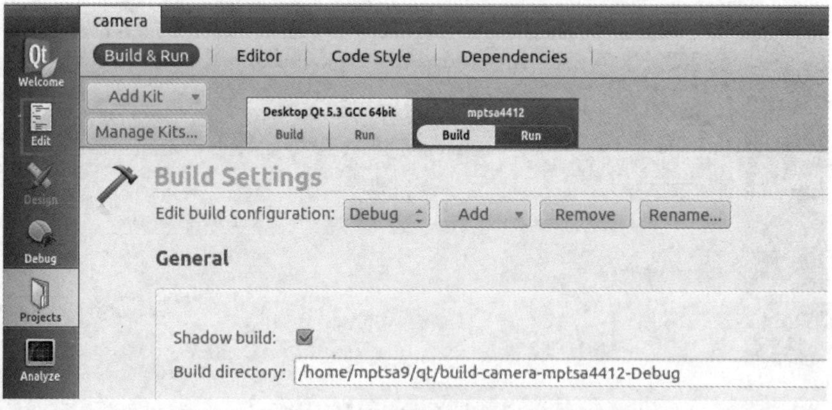

图 6.70 切换到编辑界面

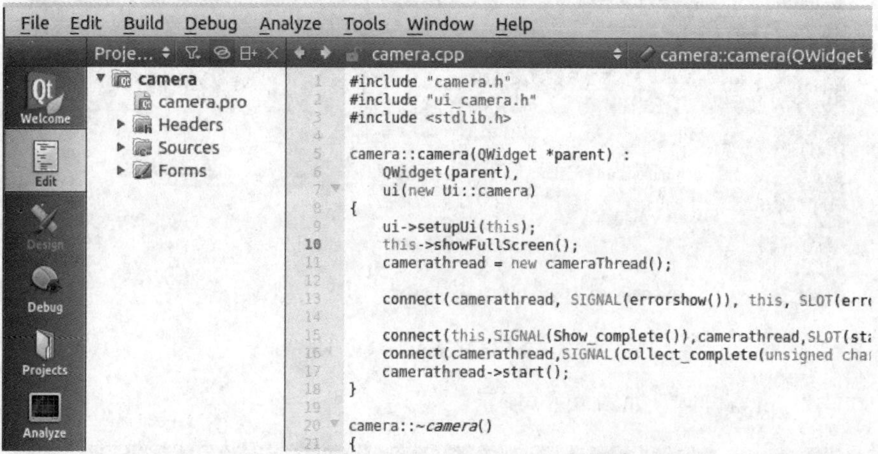

图 6.71 camera 项目一览 1

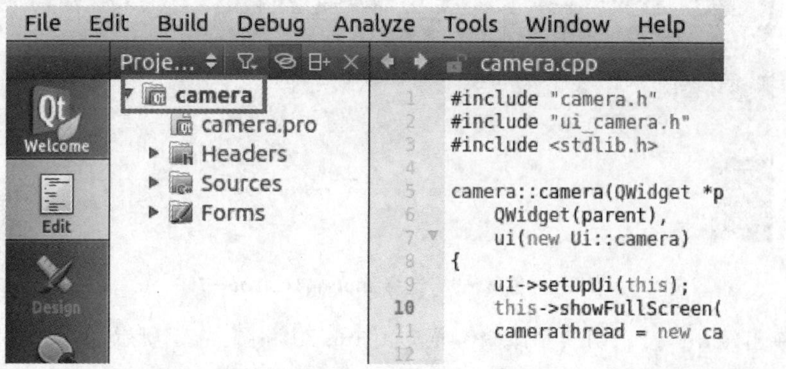

图 6.72 camera 项目一览 2

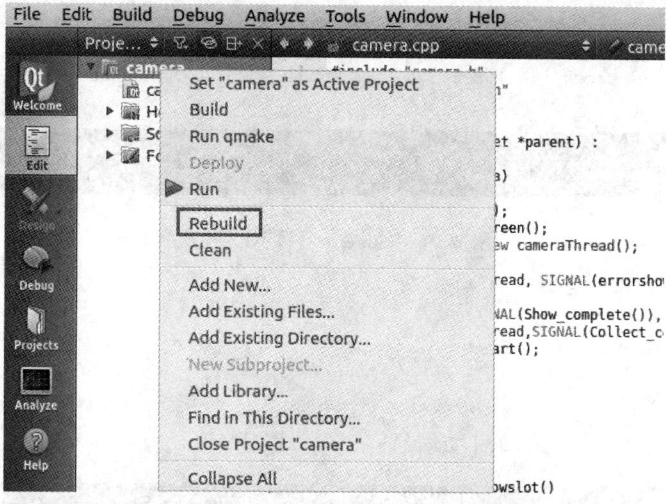

图 6.73　camera 项目的 Rebuild 选项

如果没有错误，工程“Build 进度条”显示到头，如图 6.74 所示。

图 6.74　camera 项目 build 进度条

生成的目标文件位置如图 6.75 所示。

图 6.75　生成 camera 目标文件位置

(3) 生成的应用程序“camera”复制到 NFS 共享目录，并修改文件权限，命令如下。

```
$ chmod  777 camera
$ cp  camera //home/ubuntu/nfs
```

连接 MPTS - A9 教学平台的调试 USB 到 PC 机，根据映射的串口打开超级终端。MPTS - A9 教学平台上电，启动 MPTS - A9 教学平台。嵌入式 Linux 启动完成后，通过网线连接实验设备和 PC 机。按着 NFS 配置说明，设置 PC 机和实验设备在一个网段。在嵌入式系统终端下使用 mount 命令建立 NFS 共享，如图 6.76 所示。

```
mount-t NFS-o nolock 192.168.1.128：/home/Ubuntu/nfs  /mnt/nfs
```

```
~ # mount -t nfs -o nolock 192.168.1.128:/home/ubuntu/nfs /mnt/nfs/
~ # cd /mnt/nfs/
```

图 6.76 camera 项目 NFS 挂载

执行应用程序，观察液晶效果，命令如下。

```
# source /bin/qt4        //设置 QT 环境变量
# ./ camera -qws
```

超级终端显示摄像头的启动信息，如图 6.77 所示。

```
/mnt/nfs # ./camera -qws
 6335.550637] s3cfb s3cfb.0: [fb2] already in                    FB_BLANK_UNBLANK
lCannot open input device '/dev/tty0': No such file or directory
[ 6335.653161] s3c-fimc0: FIMC0 1 opened.
open /dev/video0 success
pixelformat = RGBP, d[ 6335.660661] ov5640_probe()->5197 ov5640 probe start...
[ 6335.660664] escription = RGB-5-6-5
pixeov5640_probe()->5251
               cym: ov5640 sensor is power on
lformat = RGB4, description = RGB-8-8-8, unpacked 24 bpp
pixelformat = YUYV, description = YUV 4:2:2 packed, YCbYCr
pixelformat = UYVY, description = YUV 4:2:2 packed, CbYCrY
pixelformat = VYUY, description = YUV 4:2:2 packed, CrYCbY
pixelformat = YVYU, description = YUV 4:2:2 packed, YCrYCb
pixelformat = 422P, description = YUV 4:2:2 planar, Y/Cb/Cr
pixelformat = NV12, description = YUV 4:2:0 planar, Y/CbCr
pixelformat = TV12, description = YUV 4:2:0 planar, Y/CbCr, Tiled
pixelformat = NV21, description = YUV 4:2:0 planar, Y/CrCb
pixelformat = NV16, description = YUV 4:2:2 planar, Y/CbCr
pixelformat = NV61, description = YUV 4:2:2 planar, Y/CrCb
pixelformat = YU12, description = YUV 4:2:0 planar, Y/Cb/Cr
pixelformat = YV12, description = YUV 4:2:0 planar, Y/Cr/Cb
pixelformat = JPEG, description = JPEG encoded data
pixelformat = capt, description = get_jpeg_memsize
getVideoFmt success
[ 6335.781869] ov5640_init: version = 0x5640
[ 6338.336333] [OV5640_FOCUS_AD5820_Init]Profile = 2680303955
[ 6338.347242] check[0]=0x0
[ 6338.348295] check[1]=0xcf
[ 6338.350910] check[2]=0x0
[ 6338.353416] check[3]=0x8
[ 6338.355943] check[4]=0xf7
```

图 6.77 摄像头的启动信息

单击液晶上“Play”按钮，进入视频预览中，如图 6.78 所示。

图 6.78 液晶屏显示效果

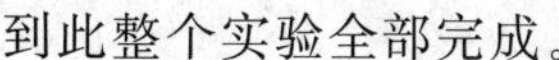

到此整个实验全部完成。

6.5 嵌入式平台的Qt综合软件实验

6.5.1 实验目的

在Qt Creator上进行综合软件实验。

6.5.2 实验内容

(1) Qt Creator开发流程。

(2) Qt Creator交叉编译的设置。

(3) Qt Creator综合实验设计。

6.5.3 实验步骤

(1) 实验源码位于"4412光盘\10_实验源码\qt\qt02_adc",通过SSH软件把源码复制到虚拟机Ubuntu中。如上一个Qt实验,执行$./qtcreator命令,运行Qt Creator环境,单击菜单"File",选择"Open File or Project"选择,如图6.79所示。

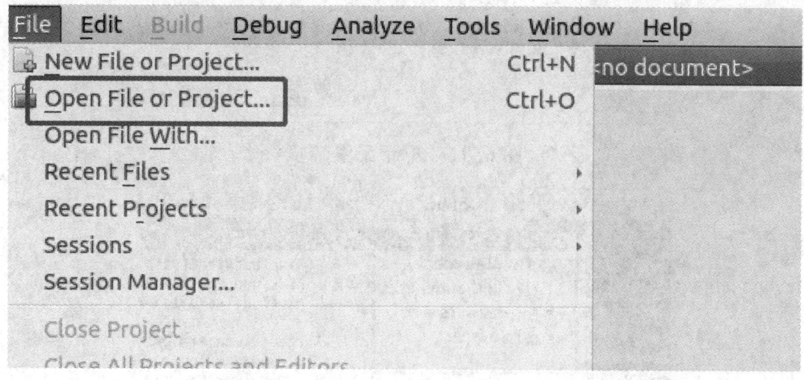

图6.79 打开实验项目

在弹出界面中选择"fluidlauncher.pro",单击"Open"按钮打开工程,如图6.80所示。

如果出现如下提示,选择"Yes"按钮,重新配置环境,如图6.81所示。

(2) 配置Projects。如果界面出现两种Kit,直接选择"mptsa4412"即可,如图6.83所示。

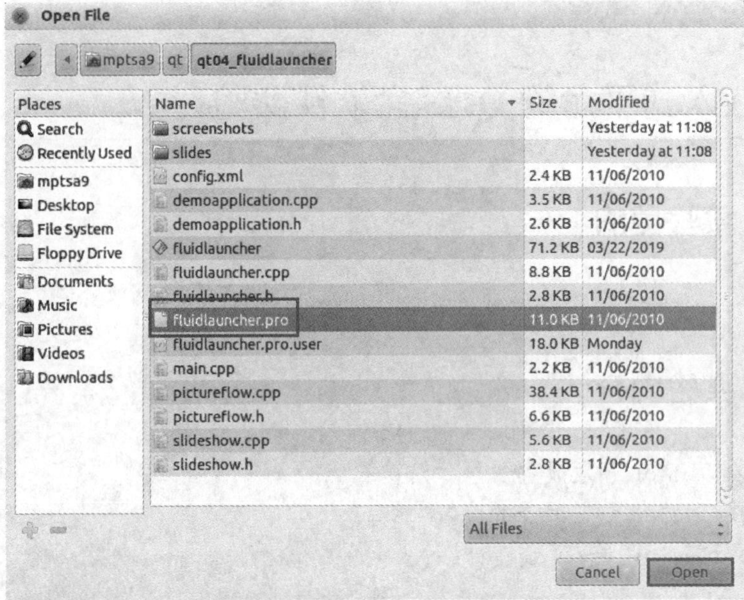

图 6.80　打开 fluidlauncher 实验项目

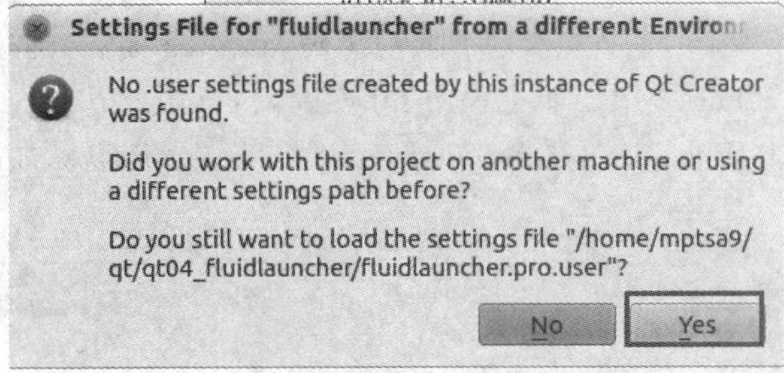

图 6.81　重新配置环境

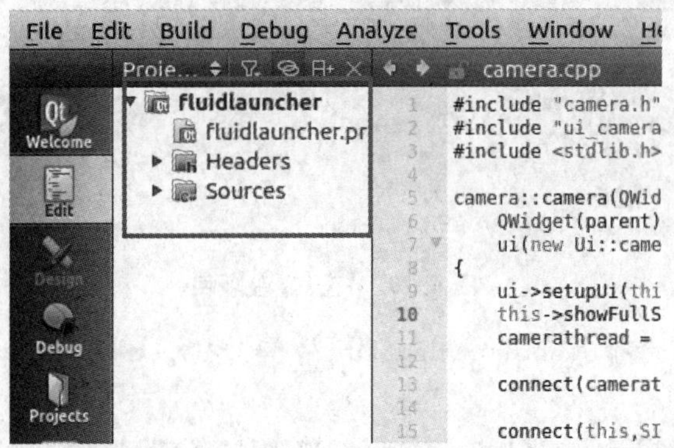

图 6.82　fluidlauncher 实验项目一览

图 6.83　选择 mptsa4412 构造

如果界面中没有“mptsa4412”，往后继续。选择“Projects”菜单，配置 Kit，如图 6.84 所示。

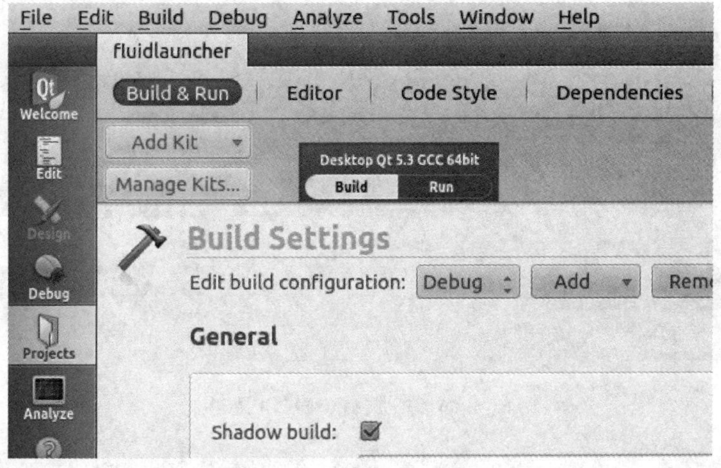

图 6.84　Projects 选项

单击“Add Kit”按钮，选择实验 6.3 配置好的 Kit“mptsa4412”，如图 6.85 所示。

界面中增加了“mptsa4414”菜单，如图 6.86 所示。

单击“mptsa4414”，如图 6.87 所示。

单击“Edit”按钮切换到编辑界面，如图 6.88 所示。

鼠标选中工程名称“fluidlauncher”，右键选择“Rebulid”，如图 6.89 和图 6.90 所示。

如果没有错误，工程右下角“Build 进度条”显示到头，如图 6.91 所示。

生成的目标文件位置如图 6.92 所示。

(3) 将生成的应用程序“fluidlauncher”复制到 NFS 共享目录，并修改文件权限，命令如下，如图 6.92 所示。

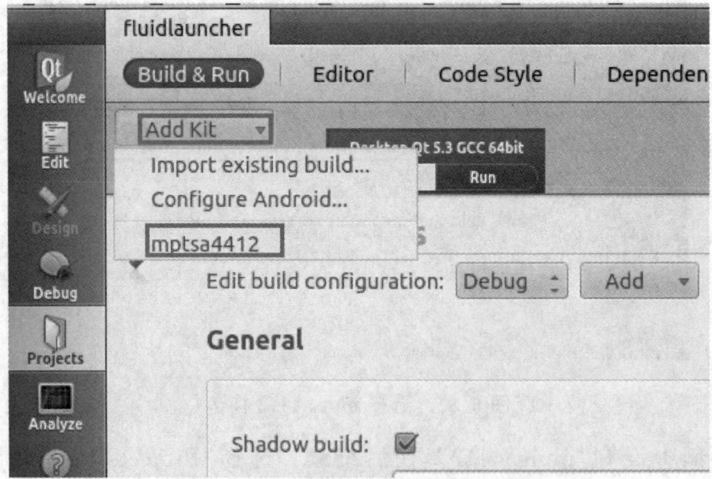

图 6.85　选择 mptsa4412 选项

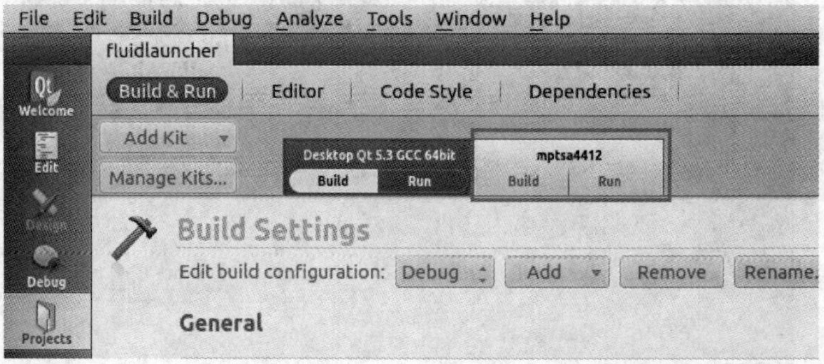

图 6.86　增加 mptsa4414 菜单

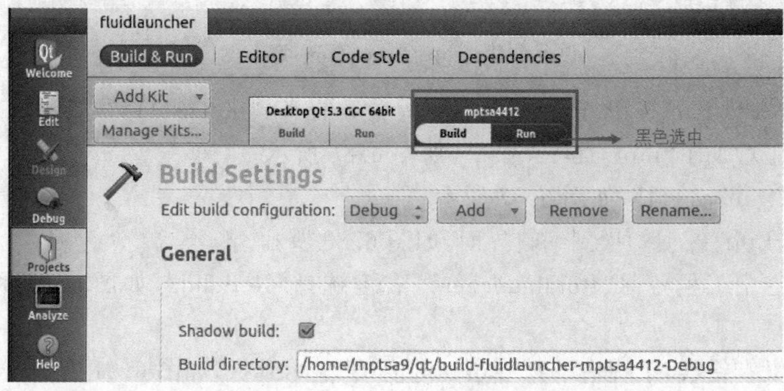

图 6.87　选中 mptsa4414 菜单

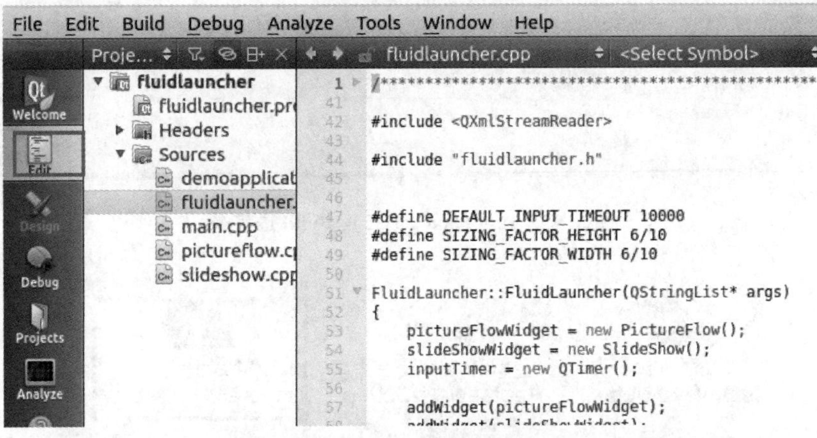

图 6.88　切换到 Edit 界面

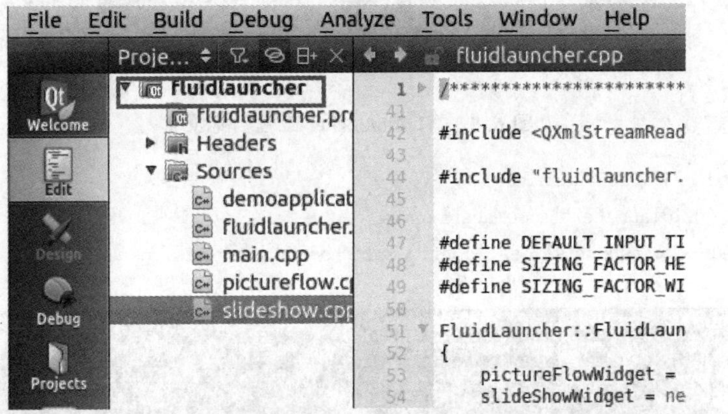

图 6.89　选择 Rebuild 选项 1

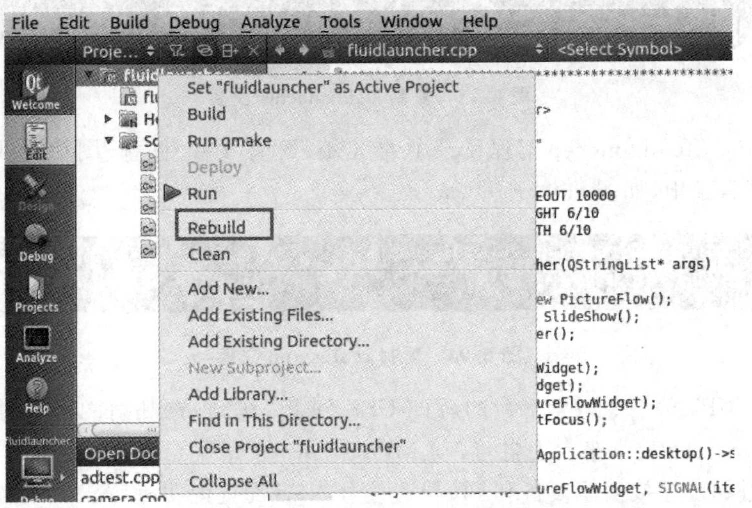

图 6.90　选择 Rebuild 选项 2

```
    {
        buffer[len] = '\0';//在读到的内容末尾插入'\0'，即字符串结束符
        int value = -1;
        sscanf(buffer,"%d",&value); //将buffer中的内容存到value中
        m_label->display(value); //    显示value的值
    }
    ::close(fd); //关闭设备文件
}

adtest::~adtest()
{
```

Build

图 6.91　fluidlauncher 工程 Build 进度条

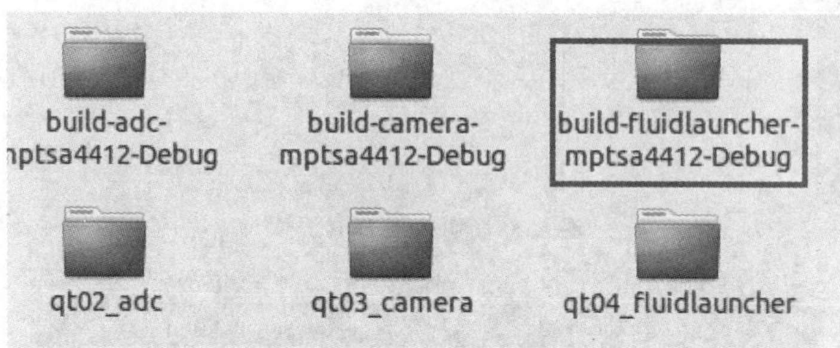

图 6.92　fluidlauncher 工程目标文件

```
$ chmod  777 fluidlauncher
$ cp  fluidlauncher /home/ubuntu/nfs
$ cp -r screenshots slides  config.xml /home/ubuntu/nfs/
```

```
mptsa9@ubuntu:~/qt/build-fluidlauncher-mptsa4412-Debug$ ls
demoapplication.o  moc_demoapplication.cpp  moc_pictureflow.o
fluidlauncher      moc_demoapplication.o    moc_slideshow.cpp
fluidlauncher.o    moc_fluidlauncher.cpp    moc_slideshow.o
main.o             moc_fluidlauncher.o      pictureflow.o
Makefile           moc_pictureflow.cpp      slideshow.o
mptsa9@ubuntu:~/qt/build-fluidlauncher-mptsa4412-Debug$ cp fluidlauncher /home/u
buntu/nfs
```

图 6.93　复制 fluidlauncher 文件

把 qt04_fluidlauncher 工程目录中的 XML 配置文件、图标、图片文件夹复制到 NFS 共享目录中，如图 6.94 所示。

```
mptsa9@ubuntu:~/qt$ cd qt04_fluidlauncher/
mptsa9@ubuntu:~/qt/qt04_fluidlauncher$ cp -r screenshots slides  config.xml /hom
e/ubuntu/nfs/
```

图 6.94　复制 config.xml 文件

连接 MPTS－A9 教学平台的调试 USB 到 PC 机，根据映射的串口打开超级终端。MPTS－A9 教学平台上电，启动 MPTS－A9 教学平台。嵌入式 Linux 启动完成后，通过网线连接实验设备和 PC 机。按着 NFS 配置说明，设置 PC 机和实验设备在一个网段。在嵌入式系统终端下使用 mount 命令建立 NFS 共享。具体命令如

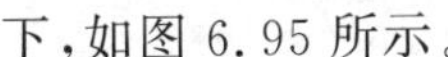

下,如图 6.95 所示。

```
mount-t NFS-o nolock 192.168.1.128：/home/Ubuntu/nfs  /mnt/nfs
```

```
~ # mount -t nfs -o nolock 192.168.1.128:/home/ubuntu/nfs /mnt/nfs/
~ # cd /mnt/nfs/
```

图 6.95　NFS 挂载

执行应用程序,命令如下,观察液晶效果。

```
#source /bin/qt4       //设置 QT 环境变量
#./ fluidlauncher  - qws
```

通过触摸屏滑动液晶,能够看到不同图片相互切换等功能,如图 6.96 所示。

图 6.96　fluidlauncher 工程实验效果

至此,整个 Qt 综合软件实验完成。

第 7 章

嵌入式 Android 系统应用

7.1　主机端的 Android 系统开发环境搭建

在主机端搭建 Android 系统开发环境需要下载并安装 JDK、配置 JDK 环境变量，安装 Android Studio 软件以及配置 Android 模拟器。Android Studio 是谷歌公司推出的一个 Android 集成开发工具。它基于 IntelliJIDEA，类似 Eclipse ADT。Android Studio 基于 Gradle 的构建支持，目前受到大量 Android 开发者的喜爱。

本节通过详细截图介绍整个 Android 系统开发环境的搭建。

1. 下载 JDK

用户可以按照如下网站下载 JDK 安装文件。

http://www.oracle.com/technetwork/java/javase/downloads/

在网站中找到 8u25 版，如图 7.1 所示。选择方框中的圆圈，接受下载协议，单击 JDK 下载链接。

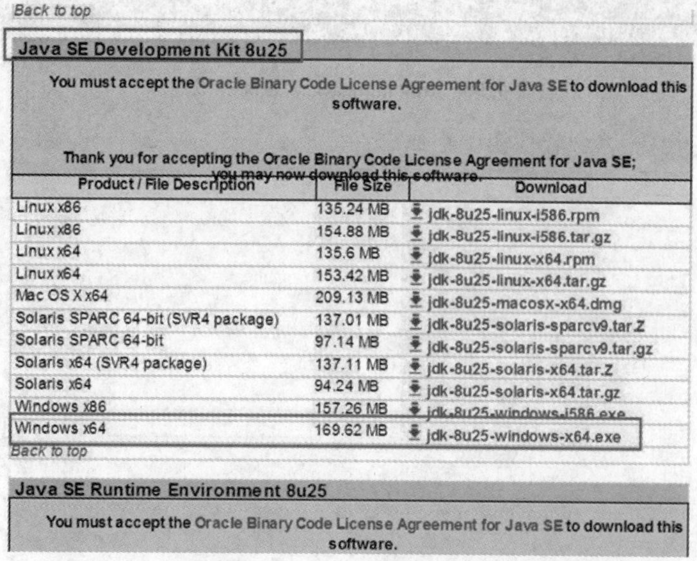

Back to top

Java SE Development Kit 8u25

You must accept the Oracle Binary Code License Agreement for Java SE to download this software.

Thank you for accepting the Oracle Binary Code License Agreement for Java SE; you may now download this software.

Product / File Description	File Size	Download
Linux x86	135.24 MB	jdk-8u25-linux-i586.rpm
Linux x86	154.88 MB	jdk-8u25-linux-i586.tar.gz
Linux x64	135.6 MB	jdk-8u25-linux-x64.rpm
Linux x64	153.42 MB	jdk-8u25-linux-x64.tar.gz
Mac OS X x64	209.13 MB	jdk-8u25-macosx-x64.dmg
Solaris SPARC 64-bit (SVR4 package)	137.01 MB	jdk-8u25-solaris-sparcv9.tar.Z
Solaris SPARC 64-bit	97.14 MB	jdk-8u25-solaris-sparcv9.tar.gz
Solaris x64 (SVR4 package)	137.11 MB	jdk-8u25-solaris-x64.tar.Z
Solaris x64	94.24 MB	jdk-8u25-solaris-x64.tar.gz
Windows x86	157.26 MB	jdk-8u25-windows-i586.exe
Windows x64	169.62 MB	jdk-8u25-windows-x64.exe

Back to top

Java SE Runtime Environment 8u25

You must accept the Oracle Binary Code License Agreement for Java SE to download this software.

图 7.1　下载 JDK 安装文件

2. 安装 JDK

下载完成后，用户双击下载的可执行文件“jdk-8u25-windows-x64.exe”，如图 7.2 所示，根据向导完成安装即可。用户按照需求修改安装路径，其后的环境变量也需要用户根据安装路径进行配置。

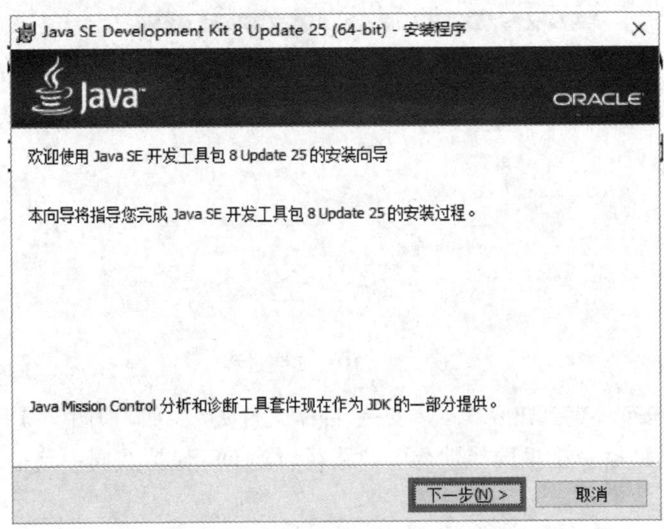

图 7.2　启动 JDK 安装

在图 7.2 中，单击“下一步”按钮，进入图 7.3。该步提示可以进行 JDK 安装路径选择。这里使用默认路径。

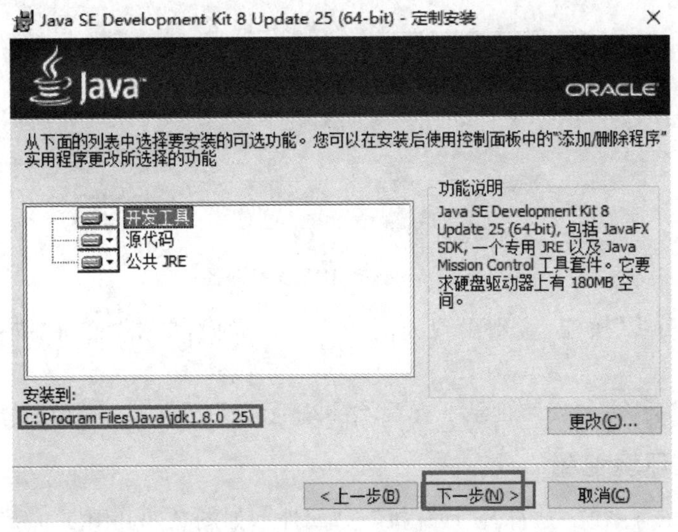

图 7.3　选择 JDK 安装路径

按着默认路径安装,单击“下一步”按钮,安装界面如图 7.4 所示。

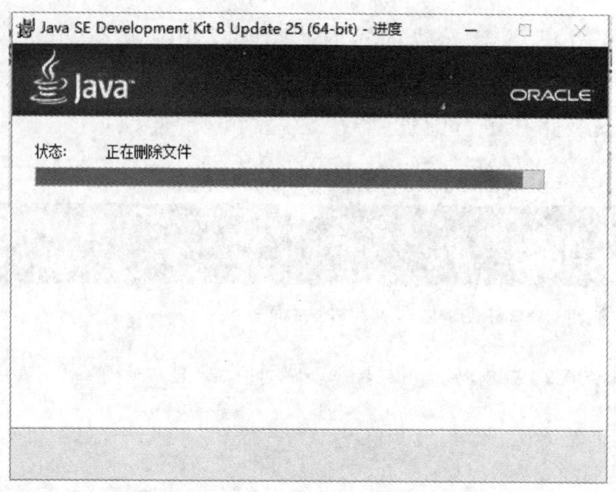

图 7.4 JDK 安装过程

JDK 自动安装,直到出现“Java 安装-目标文件夹”界面,如图 7.5 所示。这一步选择 JRE 安装路径。这里选择默认安装路径,与 JDK 保持在同一路径下。

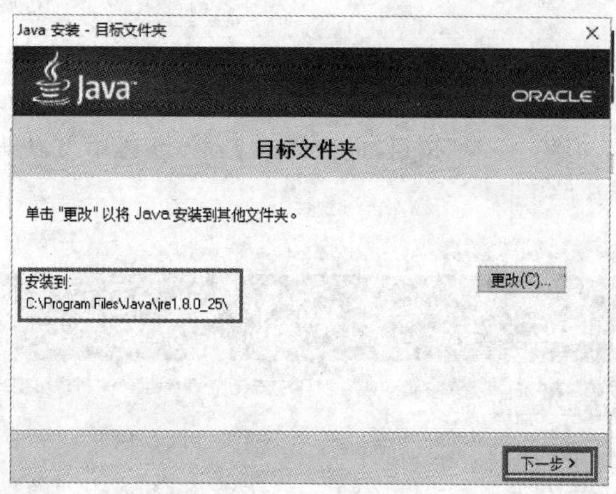

图 7.5 选择 JRE 安装路径

单击“下一步”按钮,直到出现如图 7.6 所示界面,单击“关闭”按钮,JDK 安装完成。

安装完成后,进入安装目录下查看,结果显示在图 7.7。

3. 修改环境变量

在 Windows 系统中,右击“计算机”→“属性”,如图 7.8 和图 7.9 所示。

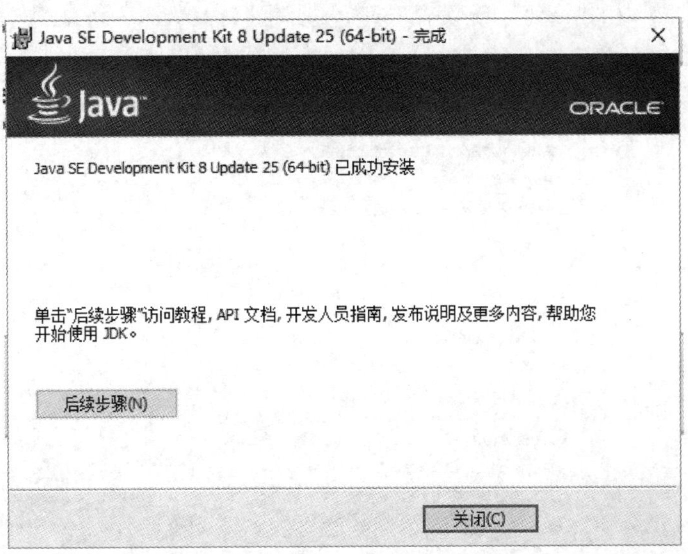

图 7.6　完场 JDK 安装

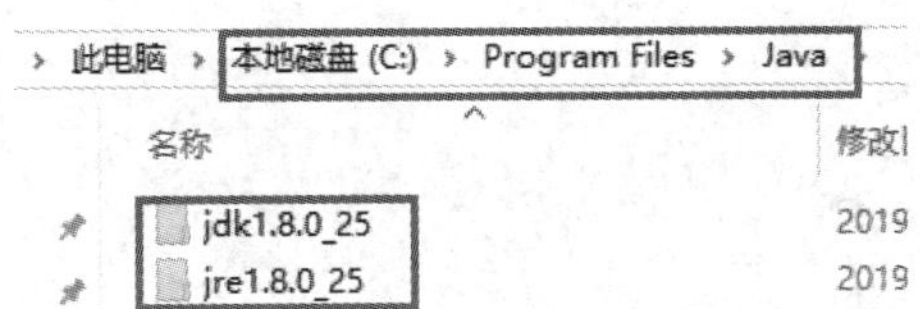

图 7.7　查看 JDK 安装情况

图 7.8　打开 Windows 系统属性

图 7.9　显示 Windows 系统信息

单击图 7.9 中的“高级系统设置”选项，进入图 7.10。

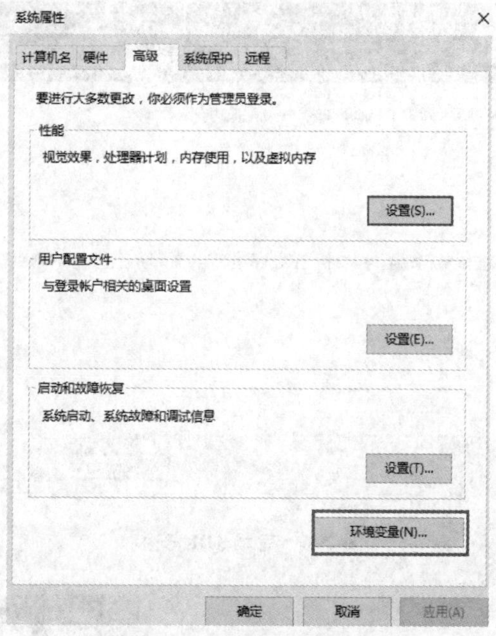

图 7.10　系统属性窗口

单击系统属性窗口中的“环境变量”按钮，进入环境变量窗口，如图 7.11 所示。

环境变量

zhanggd 的用户变量(U)

变量	值
OneDrive	C:\Users\zhanggd\OneDrive
TEMP	%USERPROFILE%\AppData\Local\Temp
TMP	%USERPROFILE%\AppData\Local\Temp

新建(N)...　编辑(E)...　删除(D)

系统变量(S)

变量	值
OS	Windows_NT
Path	C:\ProgramData\Oracle\Java\javapath;C...
PATHEXT	.COM;.EXE;.BAT;.CMD;.VBS;.VBE;.JS;.JSE;...
PROCESSOR_AR...	AMD64

新建(W)...　编辑(I)...　删除(L)

确定　取消

图 7.11　环境变量窗口 1

在环境变量窗口的“系统变量”属性中选择“Path”变量，单击“编辑”按钮，如图 7.12 所示。

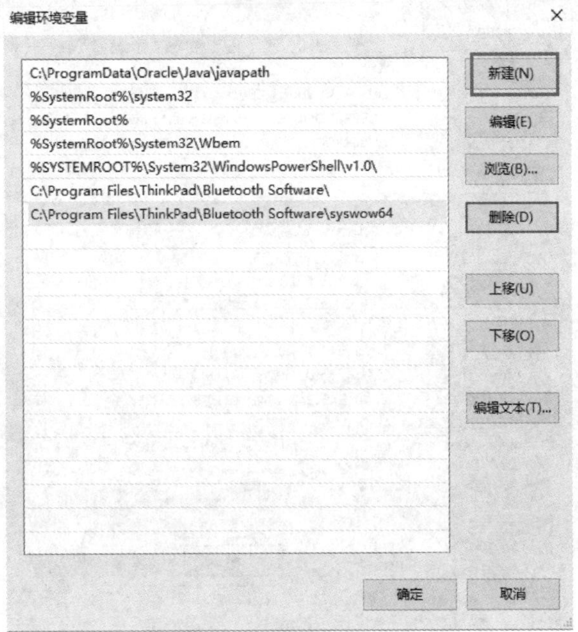

图 7.12　编辑环境变量

在编辑环境变量窗口中单击“新建”按钮，添加环境变量“C：\Programfiles\Java\jdk1.8.0_25”，如图 7.13 所示。

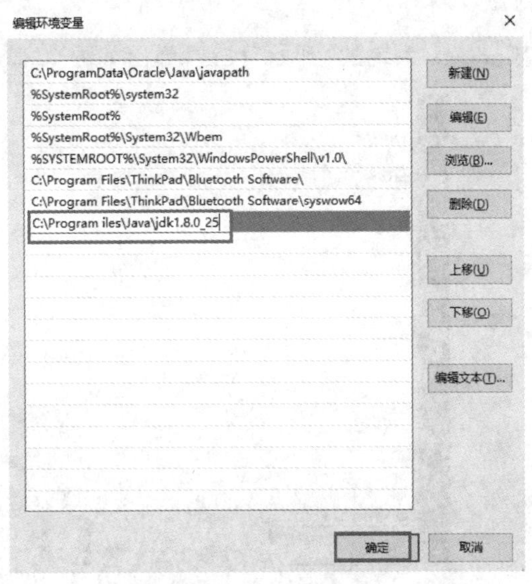

图 7.13　添加 JDK 环境变量

在图 7.13 中单击“确认”按钮，退出到环境变量窗口，如图 7.14 所示。

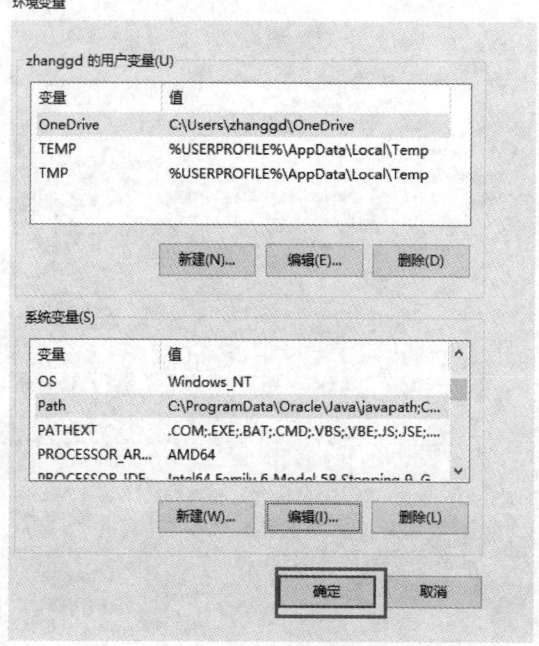

图 7.14　环境变量窗口

再单击“确认”按钮退回到系统属性界面。在系统属性界面单击“确定”按钮，完成环境变量配置。

4. 环境变量测试

点击键盘上的 Windows 系统的“开始”按键，弹出如图 7.15 所示界面。

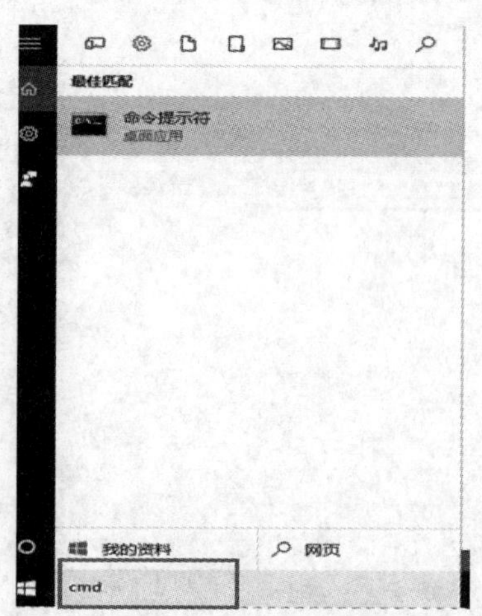

图 7.15　打开命令提示符界面

弹出位置输入“cmd”，回车进入 DOS 环境，如图 7.16 所示。

图 7.16　DOS 环境

输入“java -version”命令，出现如图 7.17 所示的 java 版本信息，表示环境变量设置成功。

```
命令提示符
C:\>
C:\>
C:\>
C:\>java -version
java version "1.8.0_25"
Java(TM) SE Runtime Environment (build 1.8.0_25-b18)
Java HotSpot(TM) 64-Bit Server VM (build 25.25-b02, mixed mode)

C:\>
```

图 7.17　测试 JDK 环境变量配置

5. 下载安装 Android Studio

用户可以直接使用网盘“iTOP4412 开发板资料汇总(不含光盘内容)\iTOP-4412 开发板搭建编译环境所需要的工具包以及补丁包\07-AndroidStudio 开发工具包以及插件”路径下的“android-studio-ide-141.2422023-windows.zip”压缩文件安装，也可以去网络中下载。

Android Studio 的下载网址如下：http://www.android-studio.org/index.php/download。

6. 安装 android studio

双击文件“android-studio-ide－141.2422023-windows.exe”，直接安装，如图 7.18 所示。

在图 7.18 界面单击“Next”按钮，进入图 7.19 所示的界面。

单击“Next”按钮，进入图 7.20 所示的界面。

选择“I Agree”按钮，进入如图 7.21 所示的路径选择对话框。

默认安装路径即可，单击“Next”按钮，进入如图 7.23 所示的界面。

图 7.18　Android Studio 启动安装

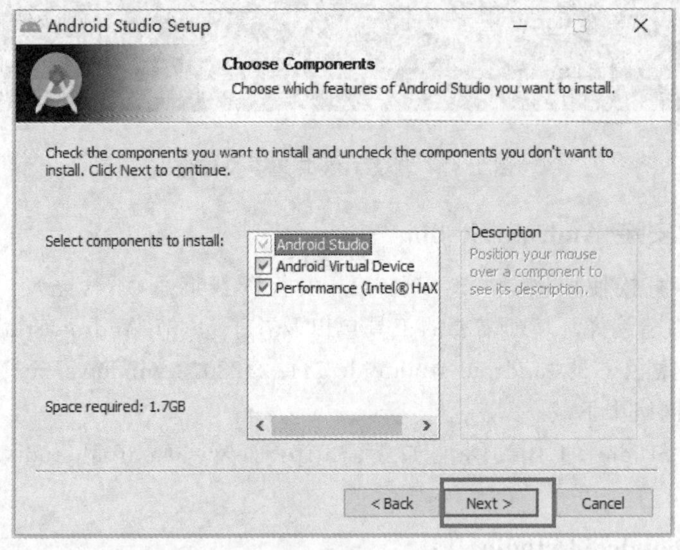

图 7.19　选择组件

默认选中即可，单击“Next”按钮，进入如图 7.23 所示的界面。

单击“Install”按钮，开始安装 Android Studio，进入如图 7.24 所示的界面。

单击“Next”按钮，显示如图 7.25 所示的界面，表示程序安装完成。

单击“Finish”按钮，完成安装，并开始启动 Android Studio，如图 7.26 所示。

选中图 7.26 方框中的单选项，单击“ok”按钮，进入如图 7.27 所示的界面。

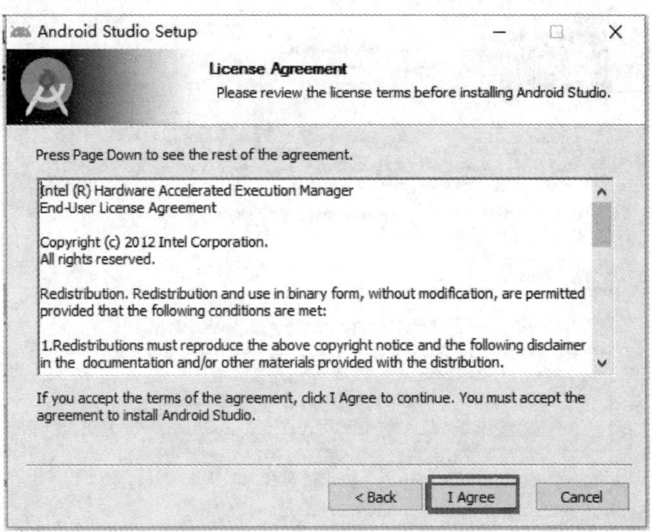

图 7.20　选择 License term

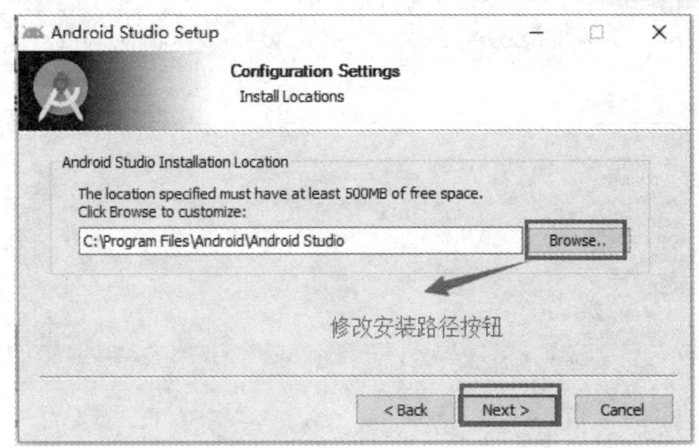

图 7.21　选择 Android Studio 安装路径

若没有安装 Android SDK，软件启动的时候自动给配置，如果用户不熟悉这个环境，按着默认设置即可，单击“Finish”按钮，开始自动下载 SDK 组件，如图 7.28 所示。

图 7.28 显示下载 SDK 组件的过程。下载过程比较久，当组件下载结束，进入如图 7.29 所示的界面。单击“Finish”按钮完成设置。

图 7.30 是进入 Android Studio 的启动界面。

7. 创建 Android 模拟器

在 Android Studio 软件中，选择“Tools”→“Android”→“AVD Manager”选项。弹出如图 7.31 所示的对话框，单击方框中的按钮，进行模拟器创建。

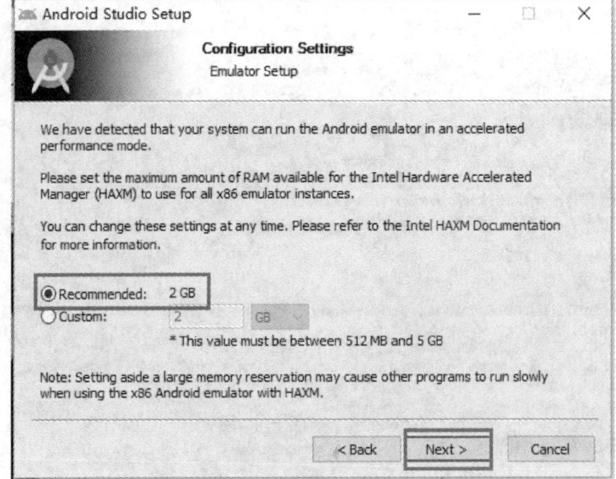

图 7.22　配置设置

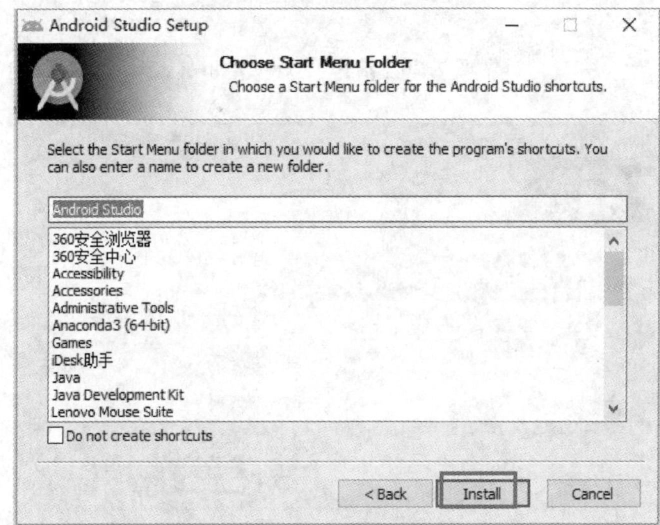

图 7.23　选择开始菜单文件夹

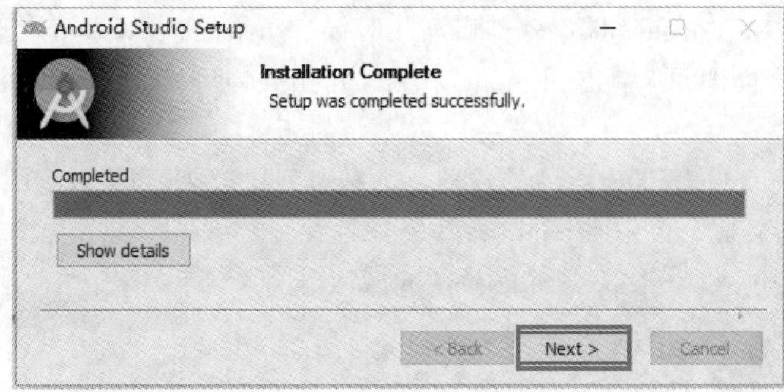

图 7.24　Android Studio 安装过程

图 7.25　Android Studio 安装完成

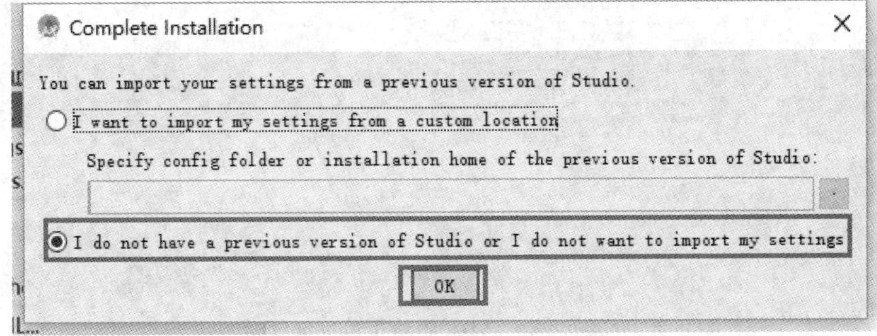

图 7.26　启动 Android Studio

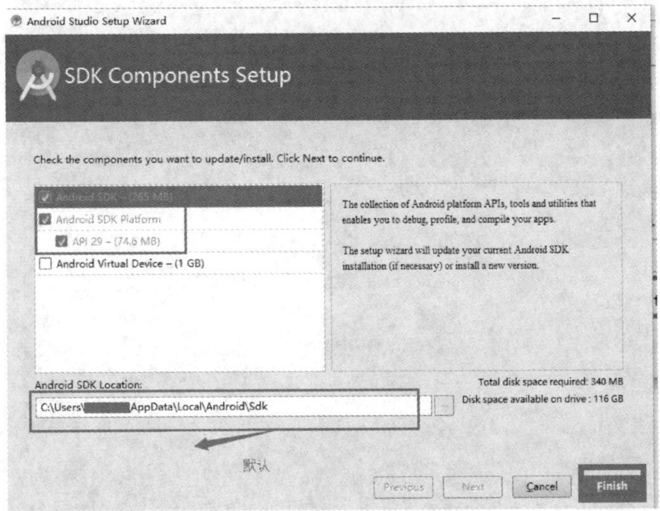

图 7.27　SDK 组件设置

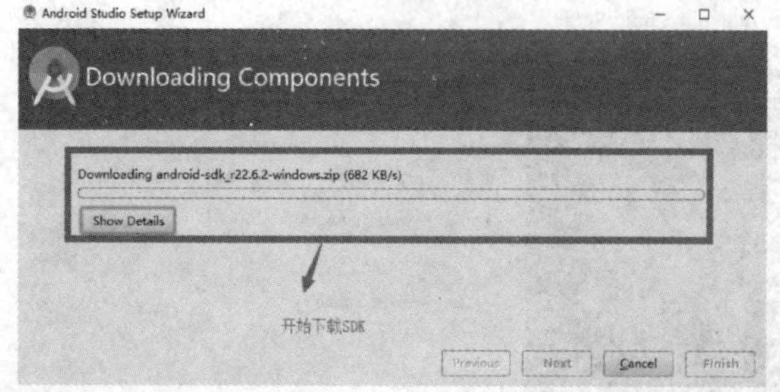

图 7.28　下载 SDK 组件

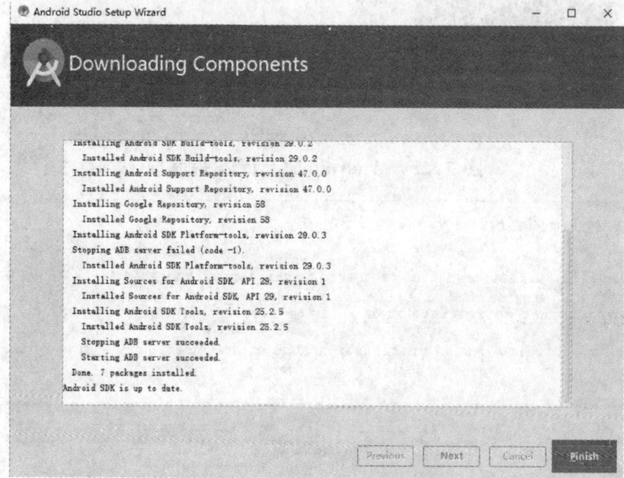

图 7.29　SDK 组件下载完成

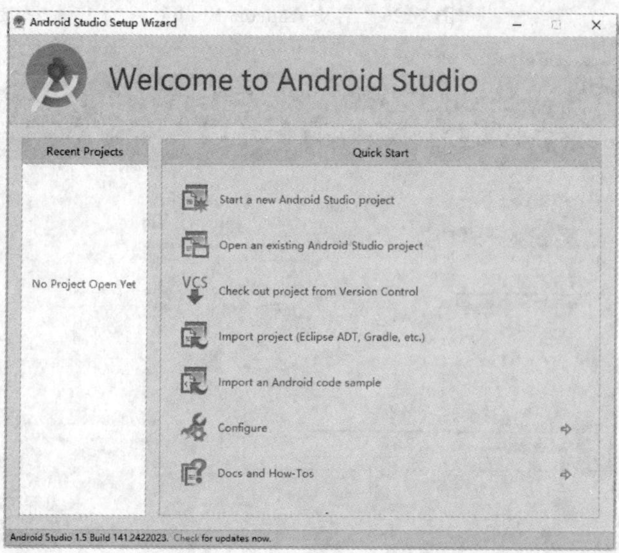

图 7.30　Android Studio 启动界面

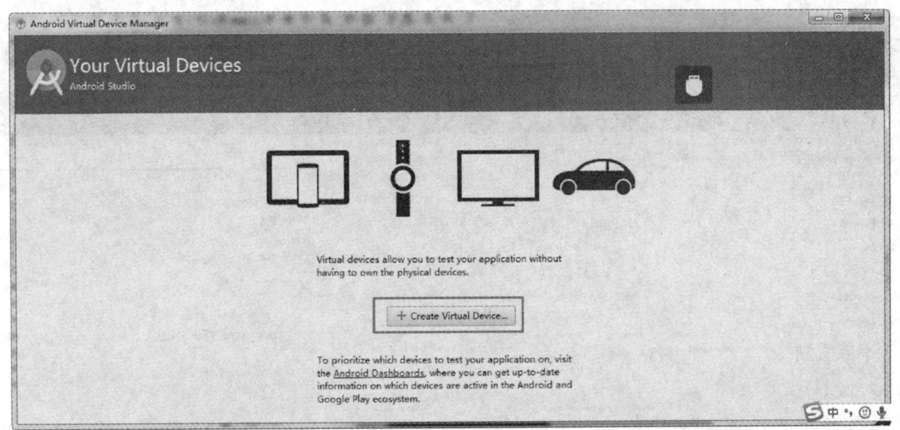

图 7.31 创建 Android 模拟器

单击图 7.31 中的按钮后弹出如图 7.32 所示的对话框，选择方框中的选项，单击“Next”按钮。

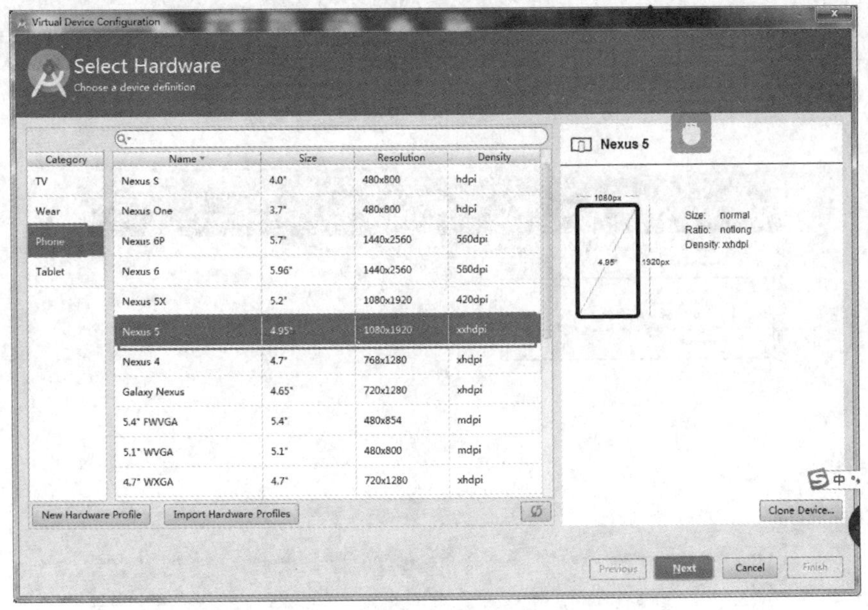

图 7.32 选择手机硬件型号

在图 7.33 中，选择方框中的选项，即模拟器所需的 Android SDK 版本。

用户第一次使用时没有 image 文件，在图 7.33 中需要单击“Download”下载。单击 API 24 位置的“Download”，软件自动下载 image，下载完成后如图 7.34 所示。

在图 7.34 界面中，单击“Finish”按钮，回到配置界面，如图 7.35 所示。

在图 7.36 界面，单击“Next”按钮，进入图 7.36 所示的界面。

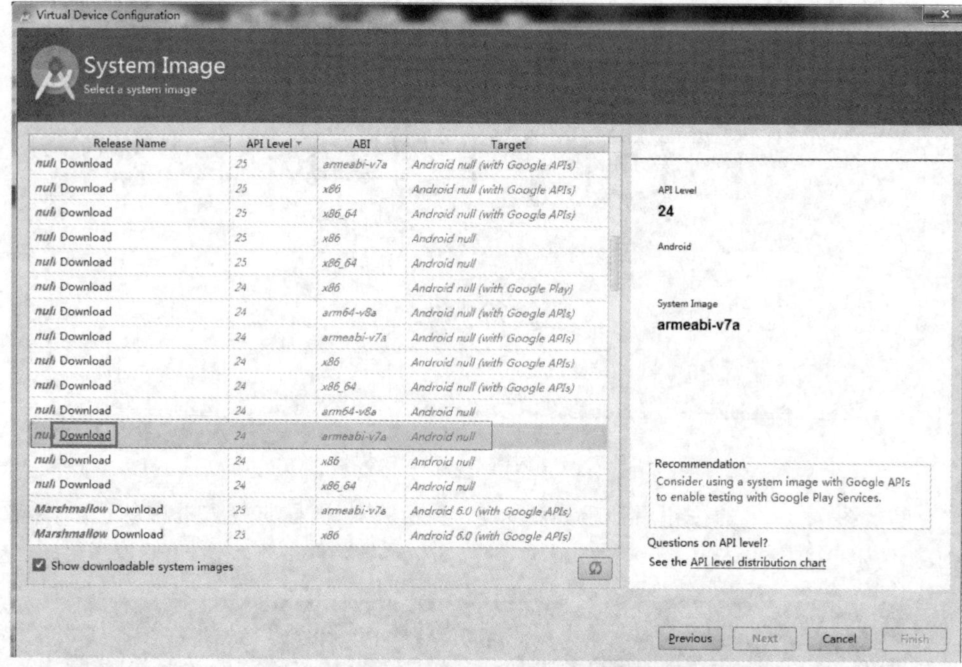

图 7.33　下载模拟器需要的系统映像

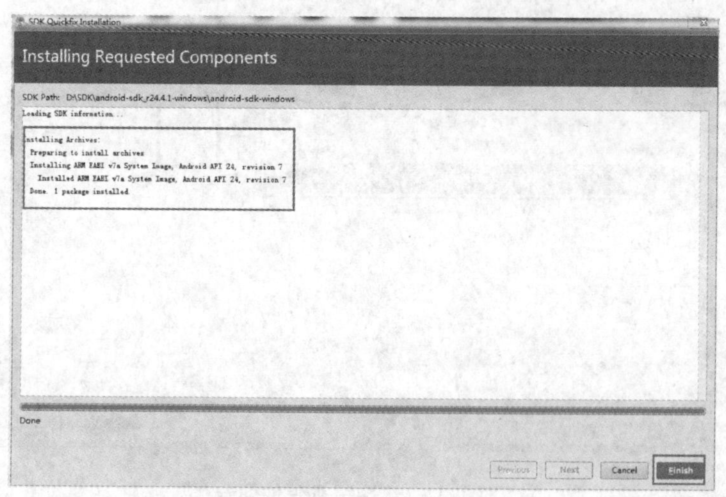

图 7.34　安装 SDK 组件

在图 7.36 界面中，用户可以看到下载好的硬件设备系统映像文件。接下来按照默认设置选择“Finish”按钮，进入图 7.37 所示的界面。单击图 7.37 界面中方框标注的运行按钮运行模拟器。

耐心等待 3～5 分钟，模拟器启动后的界面如图 7.38 所示。

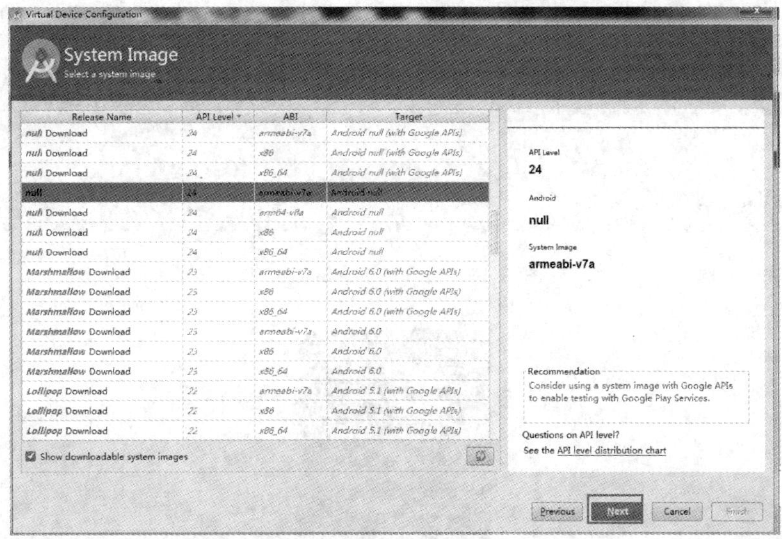

图 7.35 回到 Android 模拟器系统映像界面

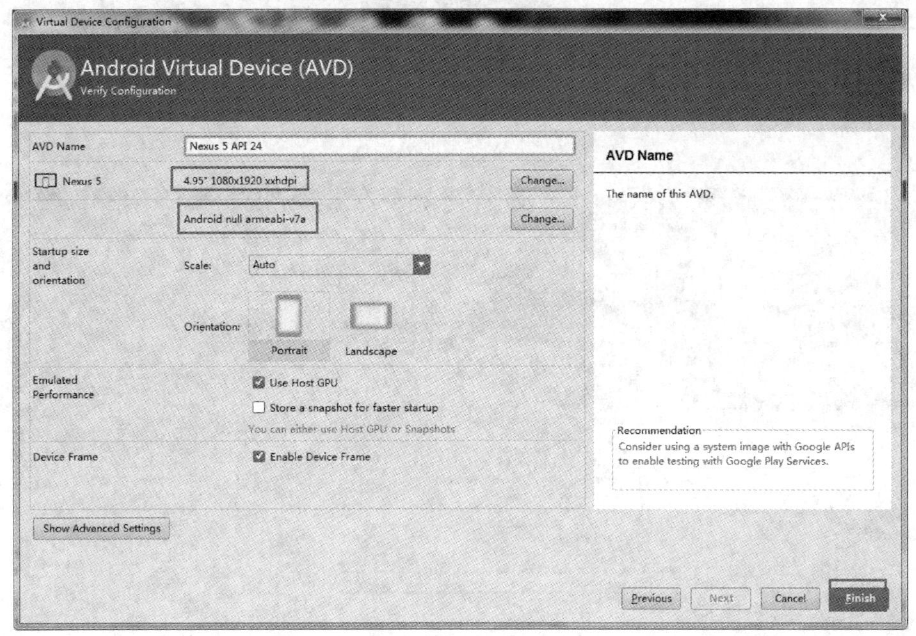

图 7.36 Android 模拟器

创建模拟器过程中失败的话，需要注意查看有没有相应的SDK以及创建模拟器的版本是否正确，如图7.39所示。

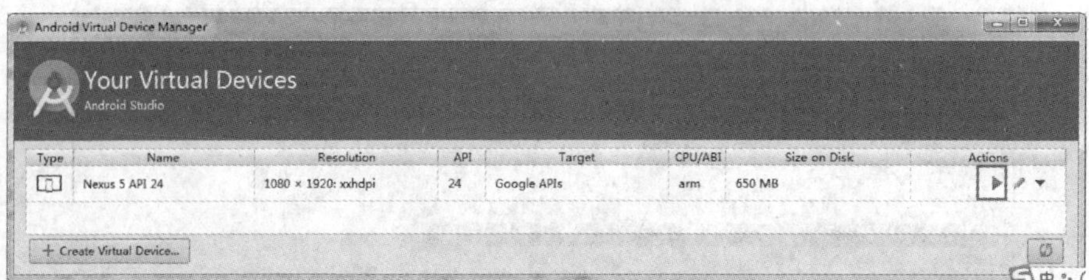

图 7.37　打开 Android 模拟器

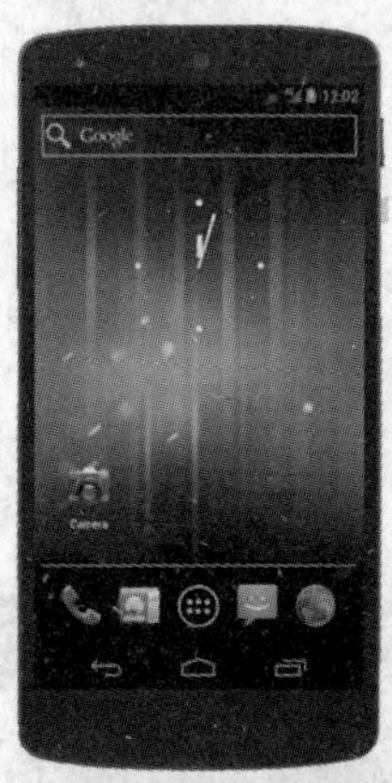

图 7.38　模拟器界面

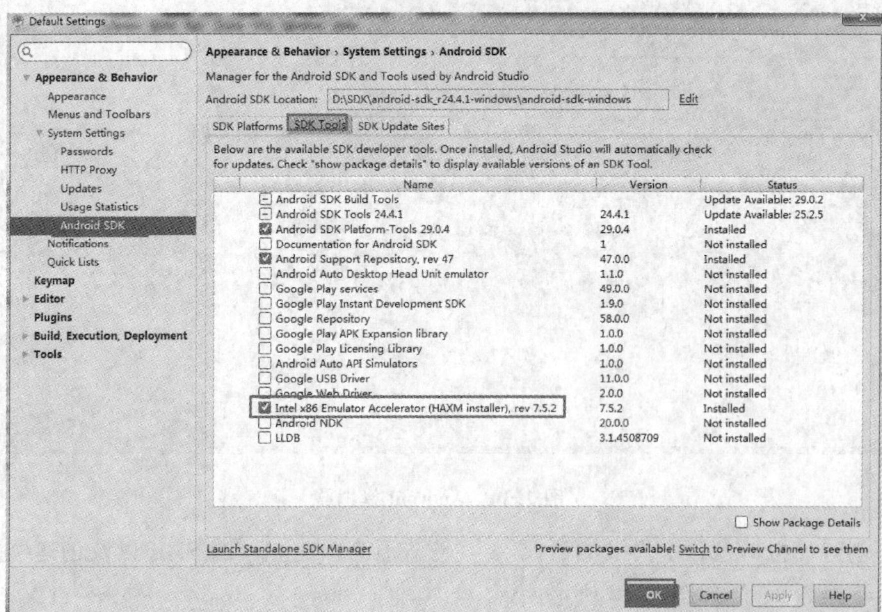

图 7.39　Android 查看 SDK 版本

7.2 第一个 Android 应用程序 Hello World

7.2.1 实验目的

(1) 学习使用 Android Studio 新建一个工程。

(2) 配置 Android 模拟器并学会使用。

(3) 配置嵌入式 Android 调试环境,联机调试。

7.2.2 实验简介

Android studio 的几个重要内容介绍:

R.java 是 android_main.xml 里的控件 ID 号,方便在 MainActivity 里找到对应的 ID 号来确定这个控件,从而做出业务处理。

App 目录中存放 Android 的各个组成部分。其中 res 目录存放一些资源文件,例如图片、layout、values 等资源文件。

Activity 文件是一个人机交互的程序,类似于 Linux 系统的 shell。在 Activity 文件里面写 Java 代码,从而达到用户要实现的业务处理。

activity_main.xml 是 Android 界面显示的视图文件,所有的配置控件以及各种控件都可以通过它进行设计。它有两种设计方式,文本(命令行)和控件拖动。下面给出本次实验的 layout 文件以及 AndroidManifest.xml 文件的程序代码以及注释。

Layout 文件内容:

```
    <? xml version = "1.0" encoding = "utf-8"? >          //XML 版本号和编码格式
< RelativeLayout  xmlns: android = http:              //schemas. android. com/apk/
res/android
    xmlns: tools = http://schemas.android.com/tools//设置 tools
    android: layout_width = "match_parent"              //宽度为铺满父窗口
    android: layout_height = "match_parent"             //高度为铺满父窗口
    android: paddingBottom = "16dp"                     //设置 padding 底部边距
    android: paddingLeft = "16dp "                      //设置 padding 左边距
    android: paddingRight = "16dp "                     //设置 padding 右边距
    android: paddingTop = "16dp "                       //设置 padding 顶部边距
tools: context = "com.example.administrator.helloworld.MainActivity">
    //布局关联是程序中 activity
    <TextView                                           //定义一个文本框
        android: layout_width = "wrap_content"          //定义控件的宽度为自适应大小
        android: layout_height = "wrap_content"         //定义控件的高度为自适应大小
        android: text = "Hello World!" />               //定义文本框文本内容
</RelativeLayout>                                       //采用 relativeLayout 布局
```

AndroidManifest.xml:主配置文件,用于配置各个组件的访问权限。

AndroidManifest 官方解释是应用清单(manifest 意思是货单),每个应用的根目录中都必须包含一个,并且文件名必须一模一样。这个文件中包含了 APP 的配置信息,系统需要根据里面的内容运行 APP 的代码,显示界面。

```
<? xml version = "1.0" encoding = "utf-8"? >          //定义 XML 版本,编码格式
<manifest xmlns: android = "http://schemas.android.com/apk/res/android"
//xmlns: android 定义 android 命名空间,
    package = "com.example.administrator.helloworld">      //指定本应用程序的包名

    <application                                        //定义 application
        android: allowBackup = "true"
        android: icon = "@mipmap/ic_launcher"           //指定 app 的图标
        android: label = "@string/app_name"             //指定 label 名称
        android: supportsRtl = "true"
        android: theme = "@style/AppTheme">             //指定应用使用的主题
        <activity android: name = ".MainActivity">//指明 activity
            <intent-filter>                             //定义 intent-filter
                <action android: name = "android.intent.action.MAIN" />
                //android.intent.action.MAIN 表示作为主 activity 启动。
                <category android: name = "android.intent.category.LAUNCHER" />
                //这是 action 元素的额外类别信息,//android.intent.category.LAUNCH-
                                                  ER 表示这个 activity 为当前应用
                                                  程//序优先级最高的 Activity

            </intent-filter>
        </activity>
    </application>
</manifest>
```

以上代码的运行效果如图 7.40 所示。

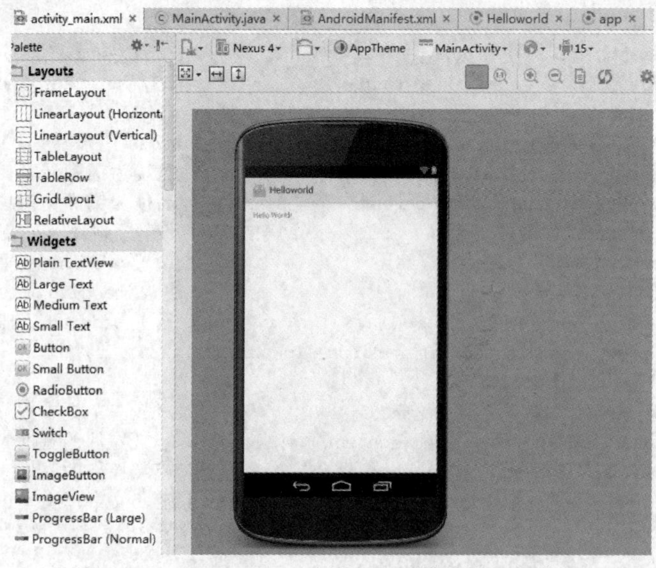

图 7.40 Android Studio 界面以及模拟器运行效果

7.2.3　实验步骤

(1) 运行 Android Studio 软件。如图 7.41 所示，选择创建一个新的 Android Studio 工程。

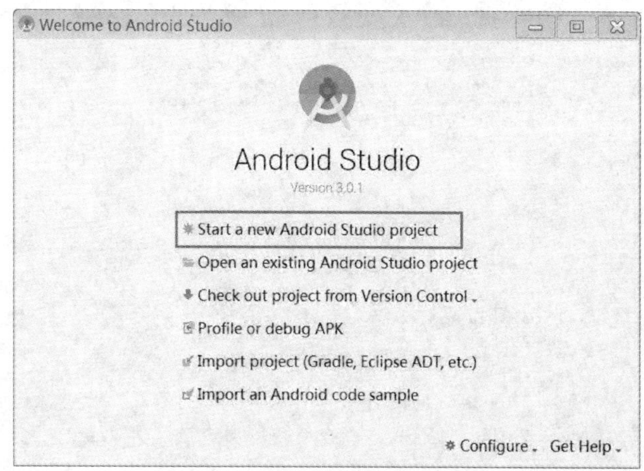

图 7.41　创建一个新的 Android Studio 工程

在图 7.41 界面中单击“Start a new Android Studio project”，弹出如图 7.42 所示的界面，在界面中给新建工程命名为“Helloworld”。

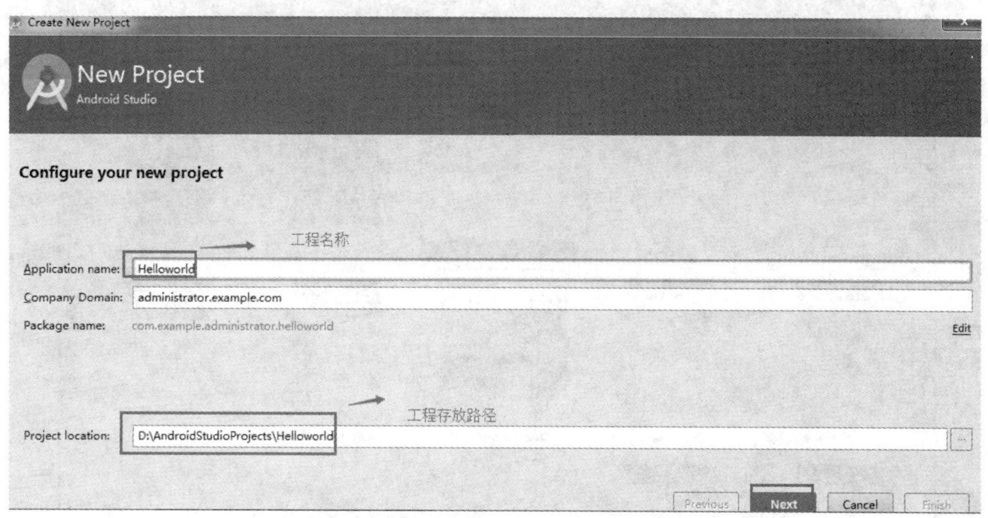

图 7.42　命名新建 AndroidStudio 工程

在图 7.42 所示的界面上修改 Project location(工程存放位置)，单击“Next”按钮，进入图 7.43 所示的界面。

在图 7.43 所示的界面中，选择“Phone and Tablet”选项。其他部分选择默认设

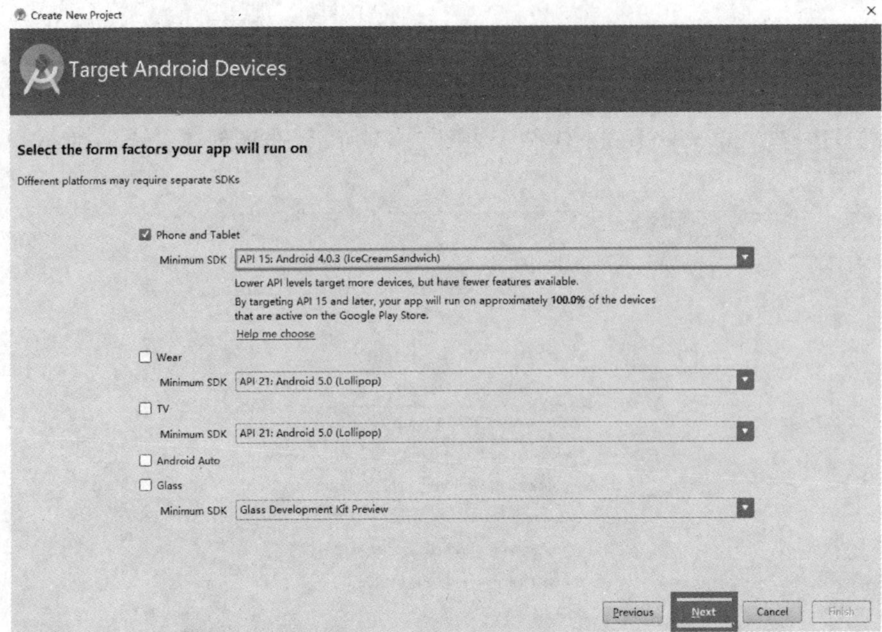

图 7.43　选择设备类型

置即可，单击“Next”按钮，进入图 7.44 所示的界面。

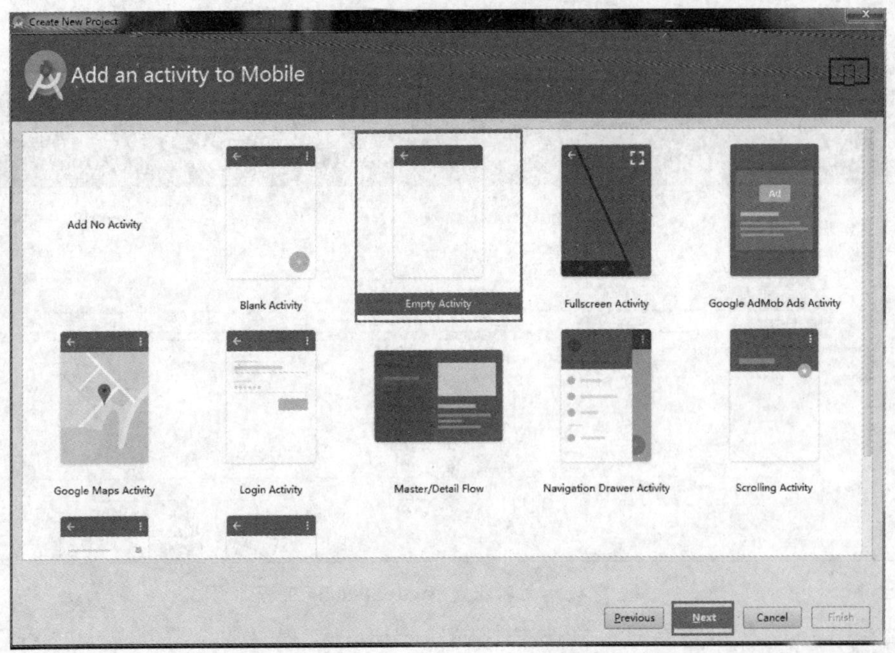

图 7.44　添加空 Activity

图 7.44 界面中选择“Empty Activity”，单击“Next”按钮，进入图 7.45 所示的界面。

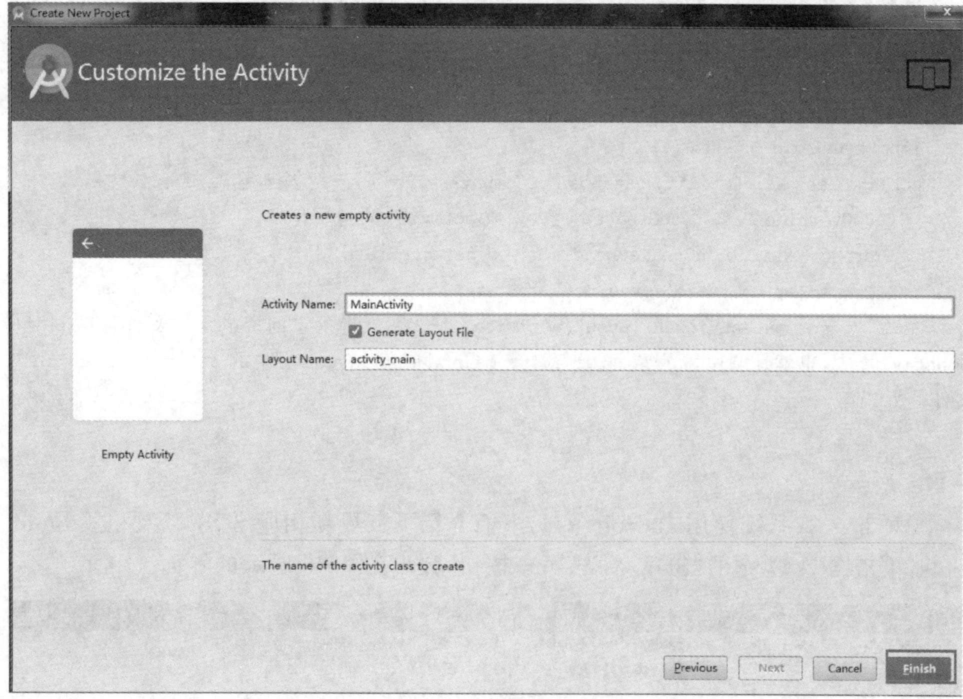

图 7.45　定制 Activity 文件

在图 7.45 界面中单击“Finish”按钮，新工程创建完成，出现如图 7.46 所示的界面。

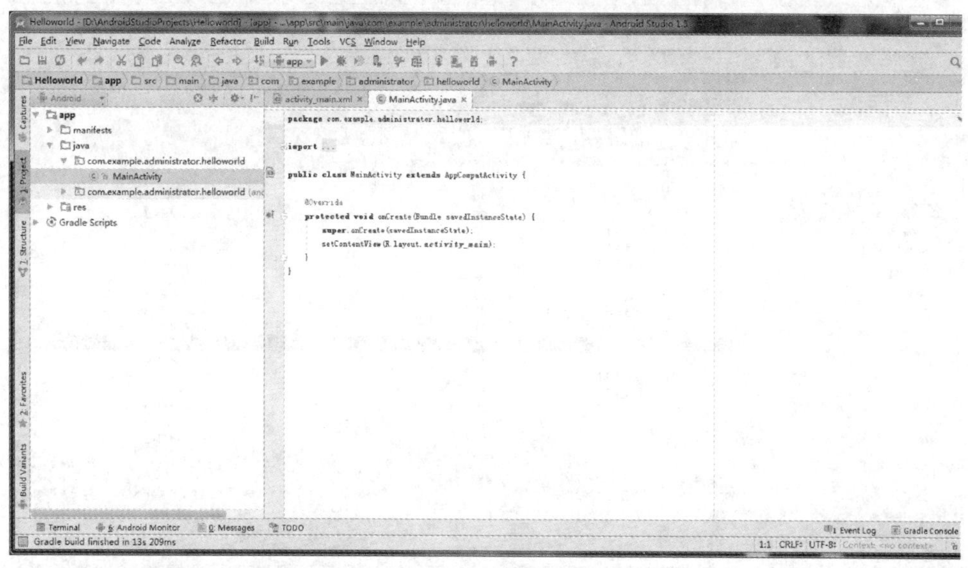

图 7.46　Helloworld 工程界面

（2）Android 关键代码分析

MainActivity. java 源码分析：

```
package com.example.administrator.helloworld;   //定义包名
import android.support.v7.app.AppCompatActivity;--import 引用包
import android.os.Bundle;
public class MainActivity extends AppCompatActivity {   //创建类 MainActivity
    @Override //重写 onCreate 函数,完成 activity 的初始化
    protected void onCreate(Bundle savedInstanceState) {
        super.onCreate(savedInstanceState);
        setContentView(R.layout.activity_main);// 将指定的资源 xml 文件加载到对应的 activity 中,也就是调用显示界面,activity_main 对应着 layout 层中的 activity_main.xml UI 文件
    }
}
```

（3）嵌入式系统使用 android 4.4，下面介绍下载更新相应 SDK 以及相关 build_tools，单击图 7.47 中的"SDK Manager"按钮，弹出图 7.48 所示的界面。

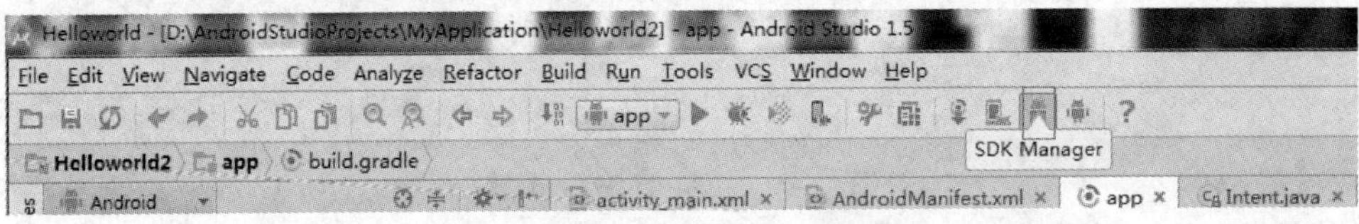

图 7.47　启动 SDK Manager

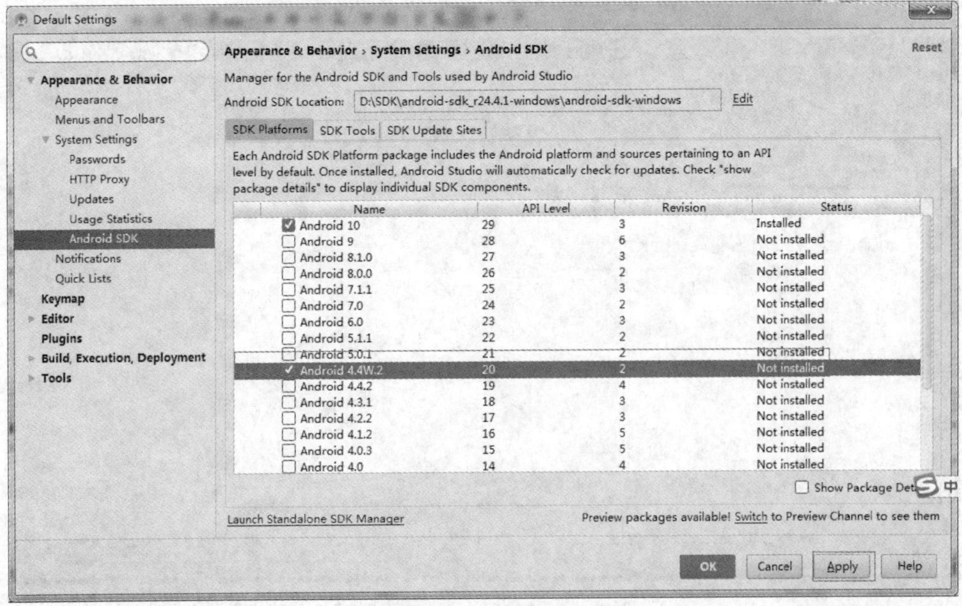

图 7.48　Android SDK 界面

在图 7.48 中，选择 SDK Platform，选中 Android 4.4w.2，单击“Apply”按钮，弹出图 7.49 的界面。

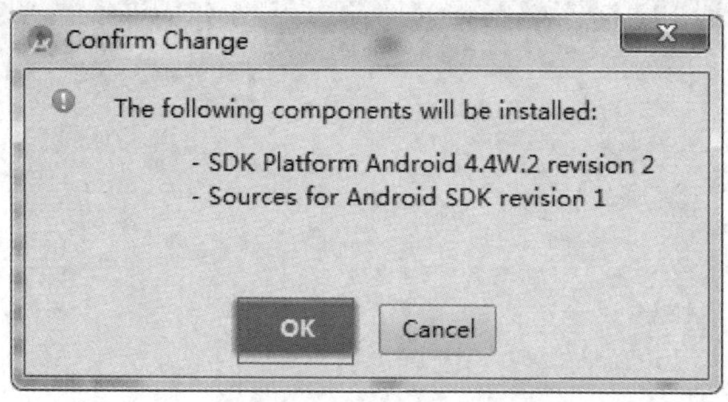

图 7.49　确认选择界面

在确认选择界面中单击“OK”按键，开始下载本次实验所需要的 SDK，如图 7.50 所示。

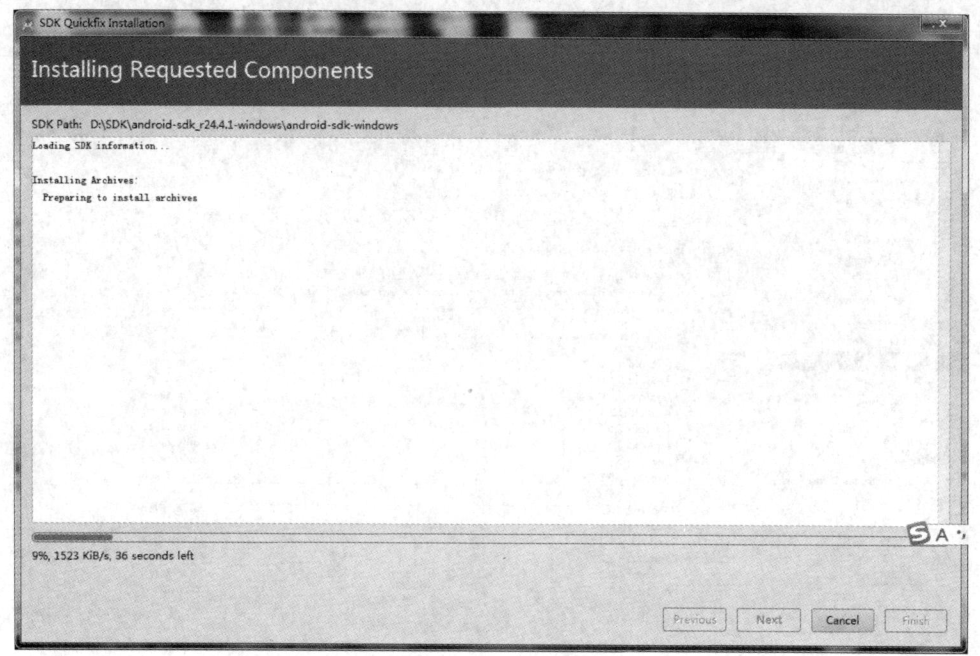

图 7.50　下载 SDK

整个过程会持续一段时间，当 SDK 下载完成后，界面如图 7.51 所示。

下载完成后，单击“Finish”按钮，退回到图 7.52 所示的界面。

在图 7.52 界面中，可以看到 Android 4.4W.2 的状态是 Installed，表明当前所需要的 SDK 版本已经安装完毕。下面介绍 SDK Tools 的安装，选择“SDK Tools”菜单栏，选中“Show Package Details”选项，选择“Android SDK Build-tools 20.0.0”，如

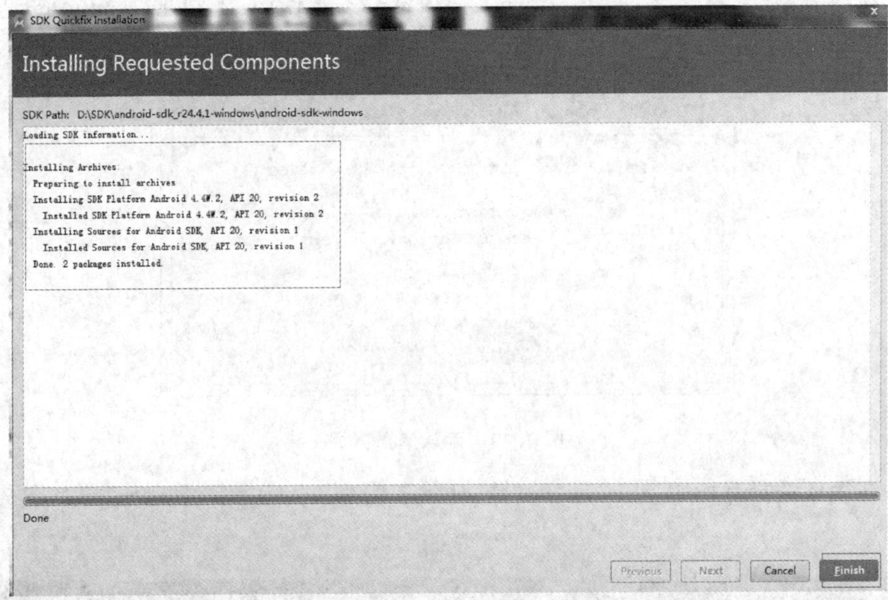

图 7.51　SDK 下载完成

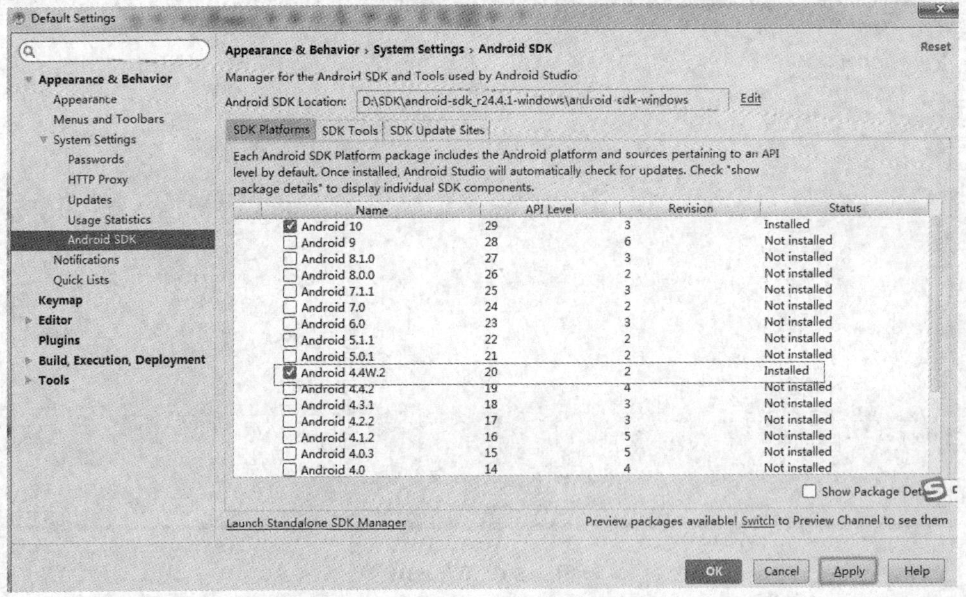

图 7.52　显示已下载好的 SDK 版本

图 7.52 所示。然后单击图 7.53 中的“Apply”按钮，进入图 7.54 所示的界面，单击“OK”按钮。

单击“OK”按键后，开始下载 SDK Tools，如图 7.55 所示。

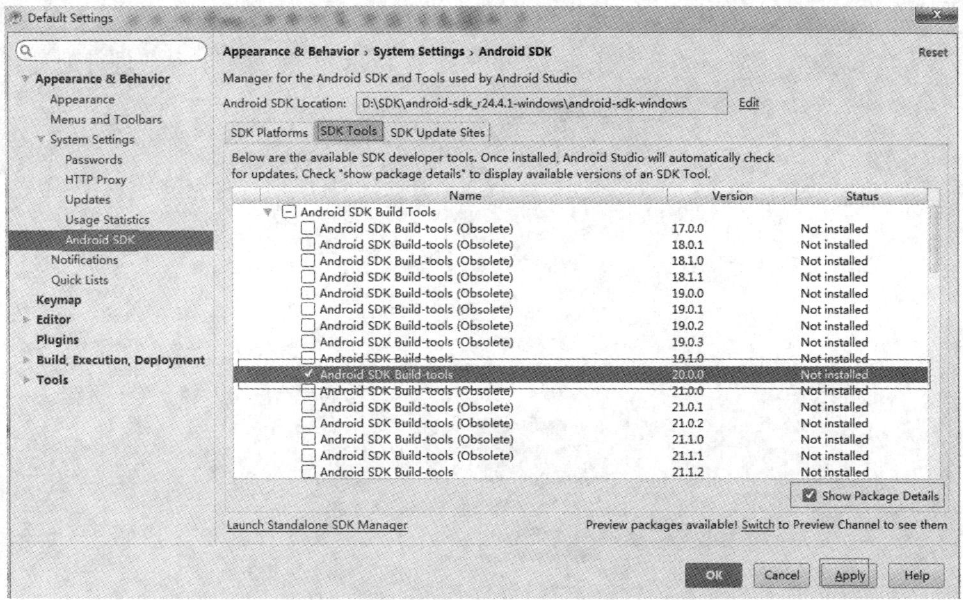

图 7.53　SDK Tools 界面

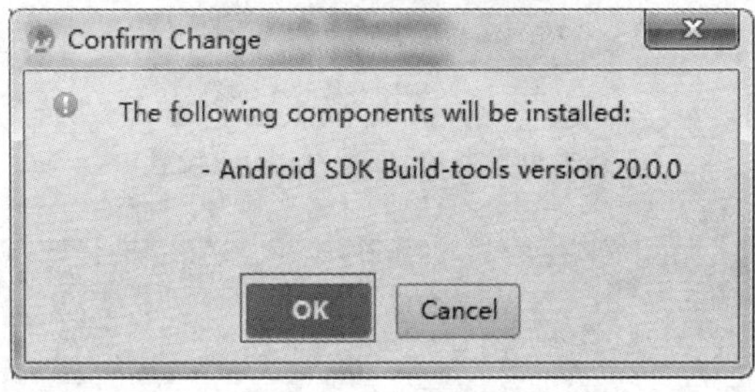

图 7.54　SDK Tools 安装确认界面

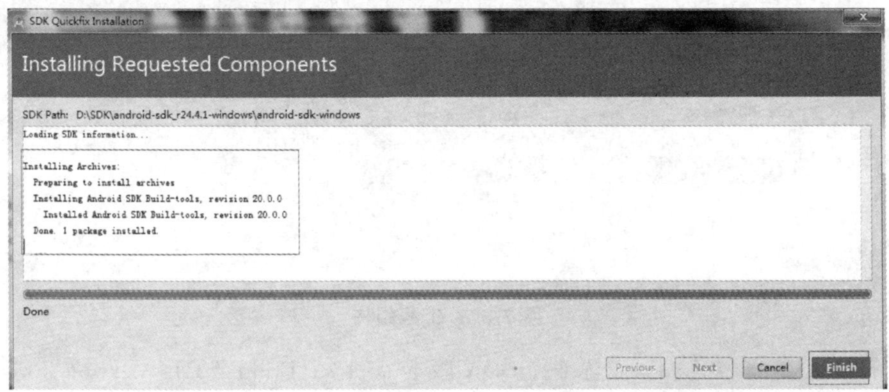

图 7.55　下载 SDK Tools

当 SDK Tools 下载完成后单击“Finish”按钮。

(4) 设置工程 Modules，如图 7.56 和图 7.57 所示，并按照图上参数进行配置。

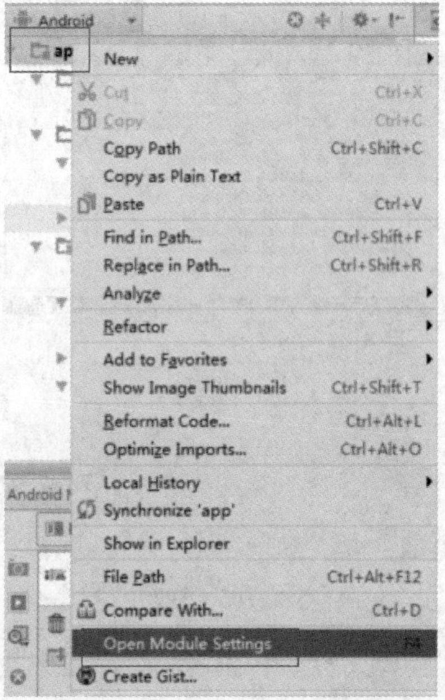

图 7.56 打开工程 Modules 设置

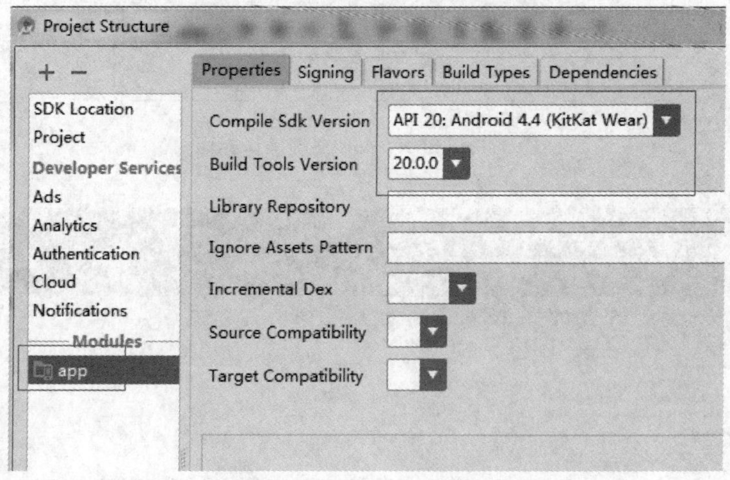

图 7.57 工程结构

打开 Flavors 选项卡，设置编译 SDK 版本 API 20，Build Tools Version 20.0.0，如图 7.58 所示。

继续打开 Dependencies 选项卡。因为当前 Android Studio 软件最小 SDK 版本

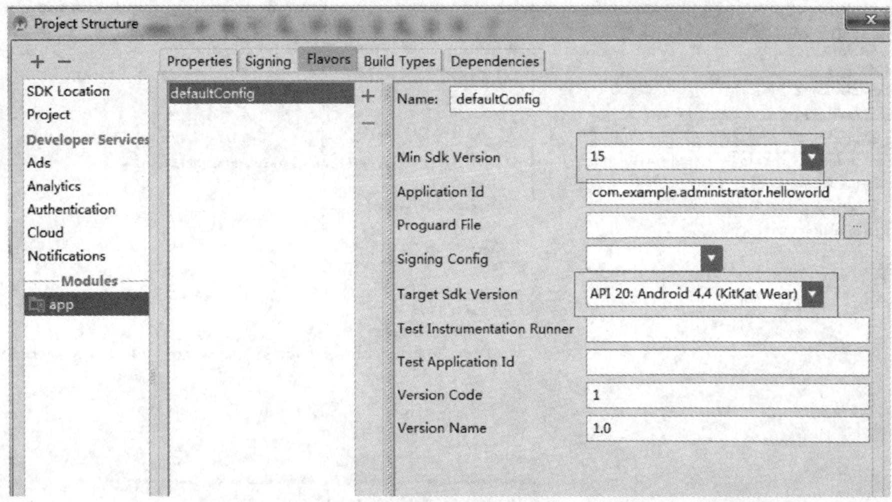

图 7.58　Flavor 选项卡设置

15，目标 SDK 版本 API 20 ，一般和编译的 API 一致，如图 7.59 所示。

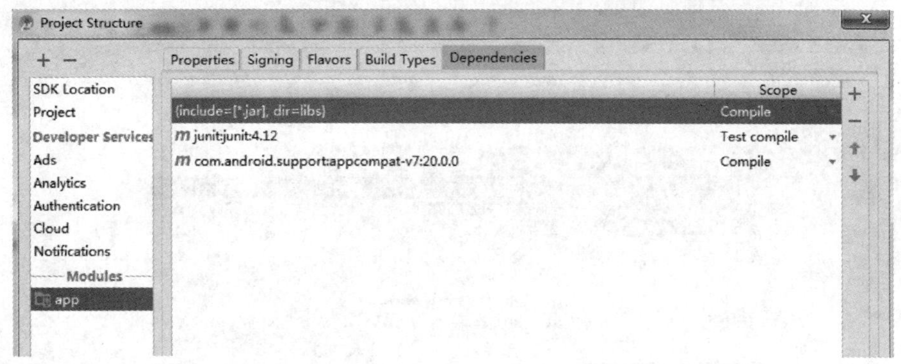

图 7.59　Dependencies 选项卡

在 dependencies 选项卡中配置 appcompat-v7：20.0.0。设置完成以后，回到 build.gradle 文件中可以看到修改后的源码，如图 7.60 所示。

(5) 下面介绍在模拟器上运行此项目。打开菜单栏的“Run”子菜单，选择单击“Run ‘app’”选项，如图 7.61 所示。

单击“Run ‘app’”选项后，模拟器界面打开，可以看到刚才创建好模拟器，如图 7.62 所示。选择当前仅有的模拟器。

在图 7.62 所示的界面上单击“OK”按钮，模拟器上就显示 app 界面，如图 7.63 所示。

(6) 在嵌入式系统上联调 Helloworld 应用程序

将 MPTS－A9 教学平台上电，Android 系统启动。Android 系统启动后，通过

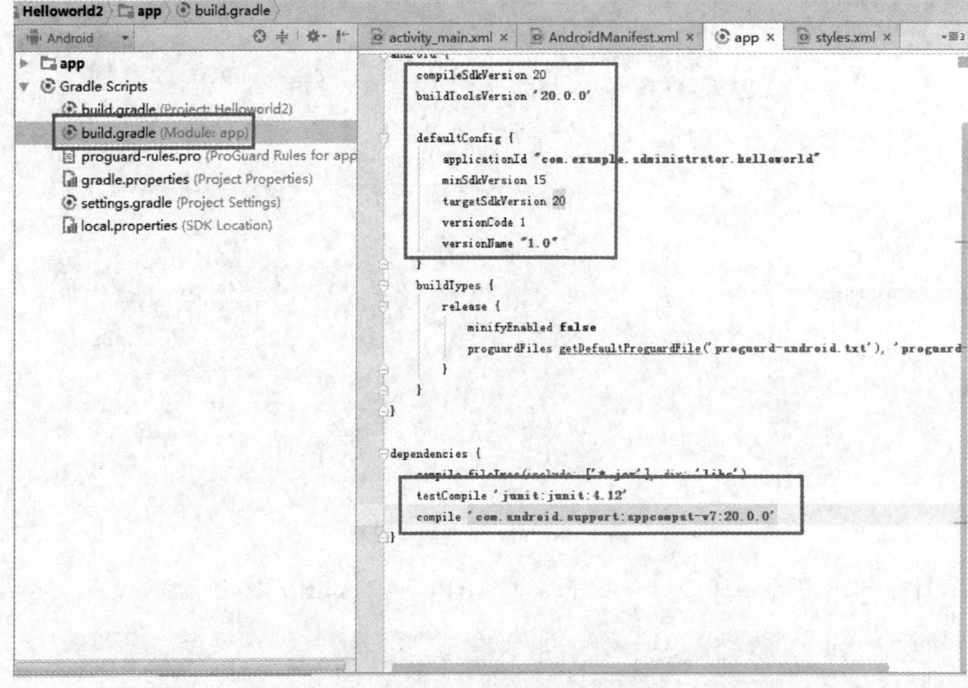

图 7.60 build.gradle 文件

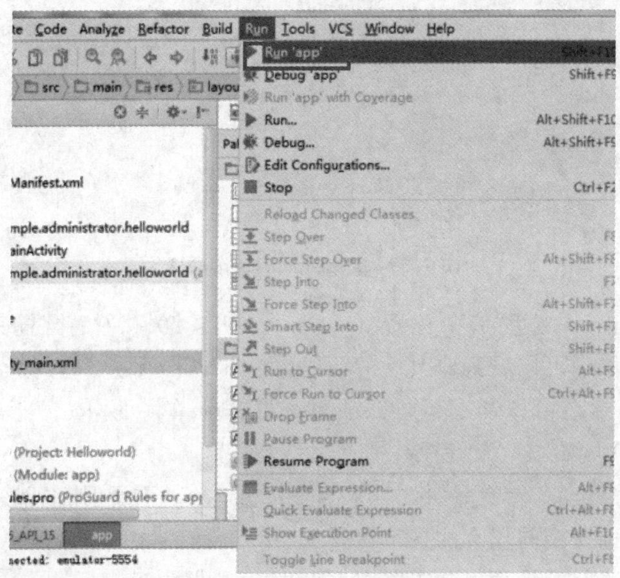

图 7.61 打开"Run 'app'"选项 1

USB 线连接电脑 USB 接口与 MPTS－A9 教学平台的 OTG 接口。图 7.64 为 MPTS－A9 教学平台上的 USB 接口。

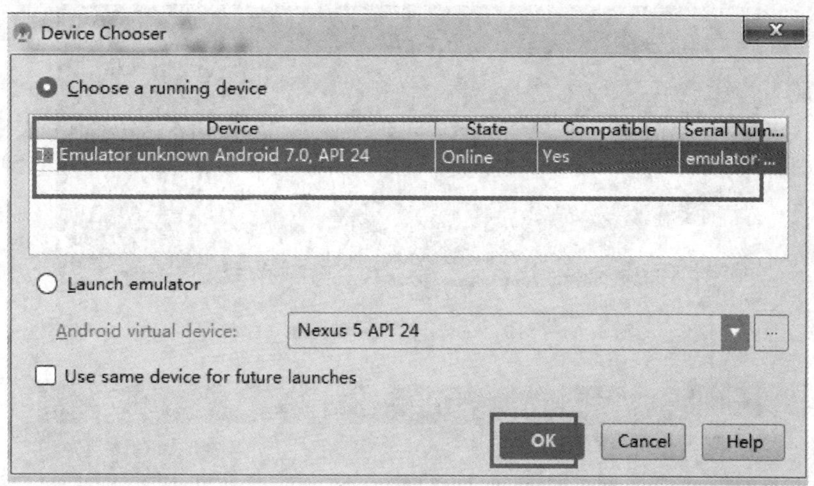

图 7.62　选择模拟器

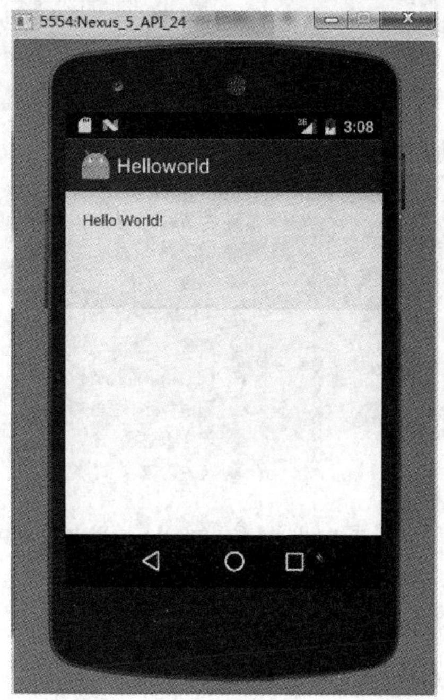

图 7.63　Helloworld 工程显示

打开 Windows 系统自动识别出 USB 设备，如图 7.65 所示。

开启嵌入式系统上运行 Android 系统需要设置开发者模式，允许 USB 调试。

设置→开发者选项→USB 调试打开

选择工具栏上的“Run”→“Run app’” 选项，如图 7.66 所示。

图 7.64　MPTS－A9 教学平台上的 USB 接口

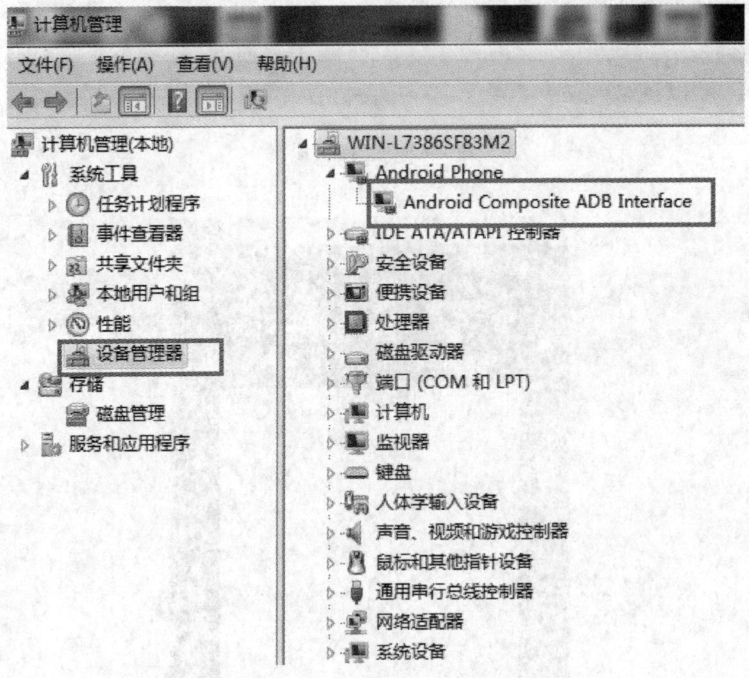

图 7.65　显示 Android Composite ADB Interface 接口

弹出如图 7.67 所示的对话框。

查看 MPTS－A9 教学平台的液晶屏，出现如图 7.68 所示的样式。

在图 7.68 中单击“确认”按钮，允许调试。然后 Android Studio 软件界面识别到“SMKD4X12”设备，如图 7.69 所示。

在图 7.69 中选中“SMKD4X12”，单击“OK”按钮，下载程序到嵌入式系统中，并运行。

液晶屏幕上显示“Hello World!”字样，如图 7.70 所示。到此整个实验完成。

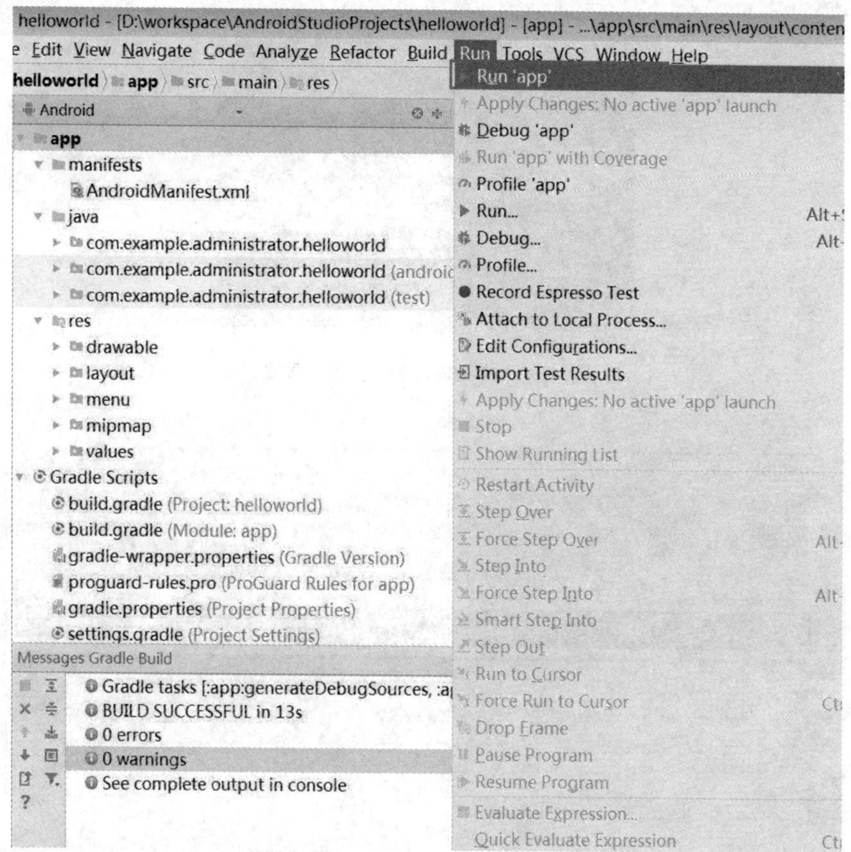

图 7.66　打开“Run ‘app’”选项 2

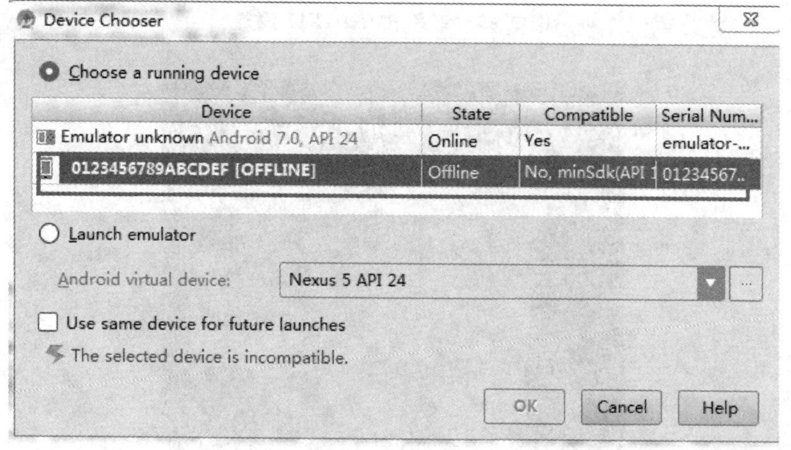

图 7.67　选择设备运行 Helloworld 工程

图 7.68　Android 系统 USB 调试

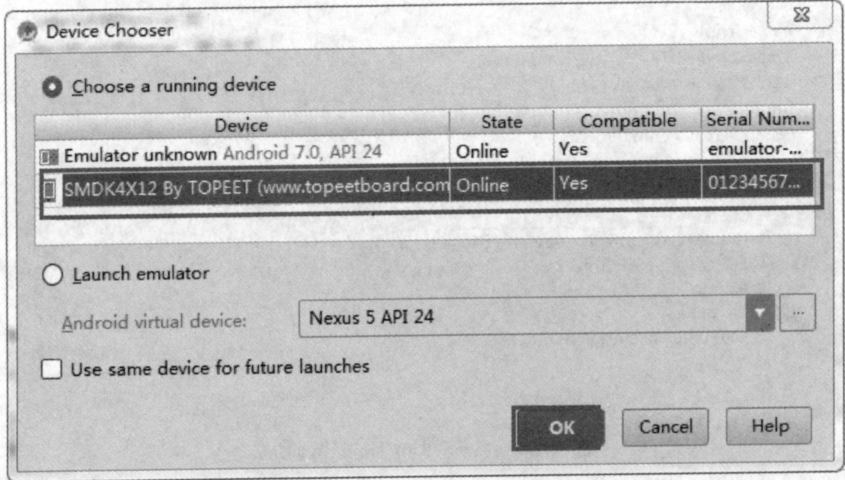

图 7.69　识别 SMKD4X12 设备

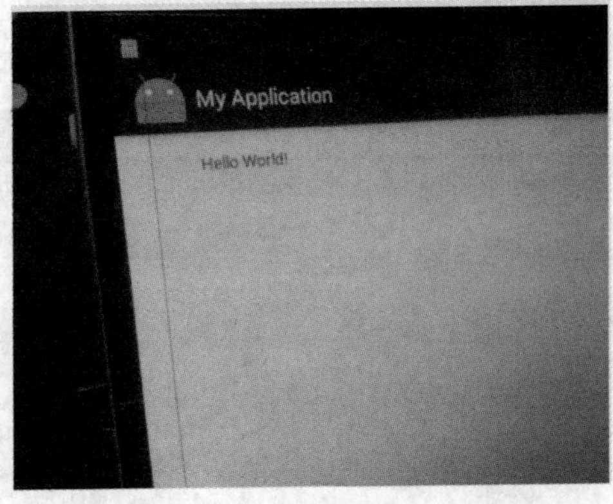

图 7.70　MPTS－A9 教学平台上显示 Helloworld 工程

7.3　LED test 实验

7.3.1　实验目的

（1）学习 Android Studio 导入工程方法；
（2）学习 JNI 设计的方法；
（3）学习 android studio 编程；
（4）配置嵌入式 android 调试环境，联机调试。

7.3.2　实验原理

1. JNI 标准简介

（1）Java Native Interface（JNI）标准是 java 平台的一部分。它允许 Java 代码和其他语言编写的代码进行交互。Android 上层的 Application 和 Application Framework 都使用 Java 语言编写。底层包括系统和使用众多的 LIiraries 都是 C/C++编写的。若上层的 Java 代码要调用底层的 C/C++函数库则必须通过 Java 的 JNI 来实现。JNI 目录如图 7.71 所示。用户可以通过 JNI，让 Android 的 APK 文件使用 C/C++编写的 so 库，从而让 Android 调用 Linux 底层的驱动，或者调用 C/C++编写的高效率程序。与 JNI 相关的文件有 Android. mk，com_ledtest_led. c，com_ledtest_led. h，libled. so。

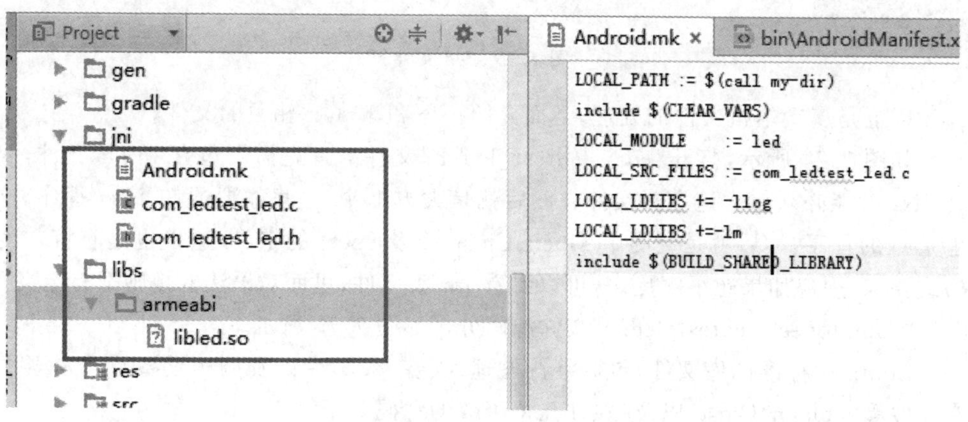

图 7.71　JNI 目录

2. 程序调用 JNI 的方法和步骤

如图 7.72 所示，首先找到“MainActivity. java”文件，找到代码“System. loadLibrary("led");"这个代码就是包含了 led 库,也就是 C 的库。

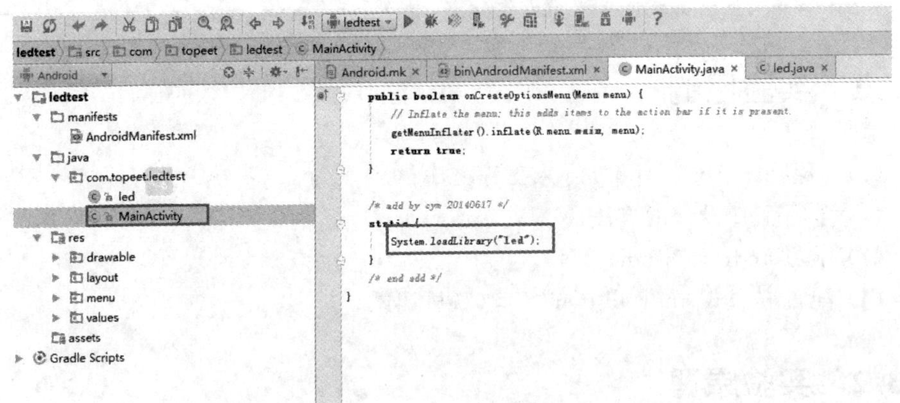

图 7.72 "MainActivity.java"文件

其次,如图 7.73 所示,找到文件"led.java",led 类中包含了 Open、Close 以及 Ioctl,分别对应对底层字符驱动的打开、关闭以及输入数据的操作。

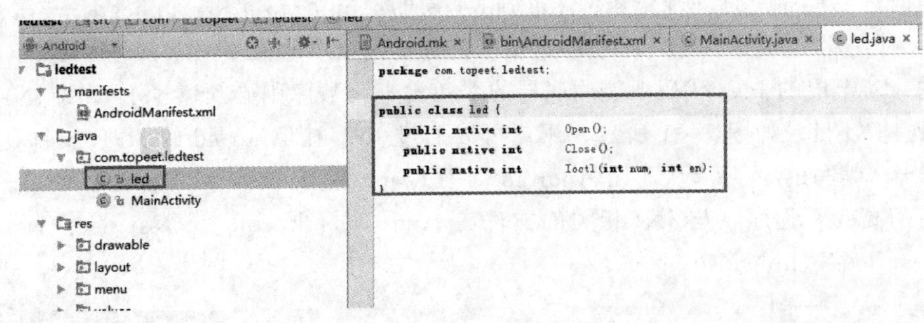

图 7.73 led 文件

以上是属于本机文件的处理,下面介绍一下和 Linux 相关的文件。

如图 7.74 所示,打开"com.ledtest_led.h"文件。首先需要包含 jni.h 文件,实现 JNI 功能必须包含这个头文件。然后就是大方框中,这里需要通知 Java 程序,这里是 C 的程序,然后就是上图中 Open、Close 以及 Ioctl 的定义,这里也是有特定的格式要求,用户如果想了解更多,可以看看 jni 头文件,里面对语法的规则都有定义。

"com.topeet.ledtest_led.c"文件源码分析如图 7.75 所示。

Linux 中标准的库文件,包括字符处理、报错、数学库以及调用设备节点需要的头文件等。Open、Close 以及 Ioctl 几个函数的源码如下。

```
    //open 函数定义
JNIEXPORT jint JNICALL Java_com_topeet_ledtest_led_Open
  (JNIEnv * env, jobject obj)
  {
```

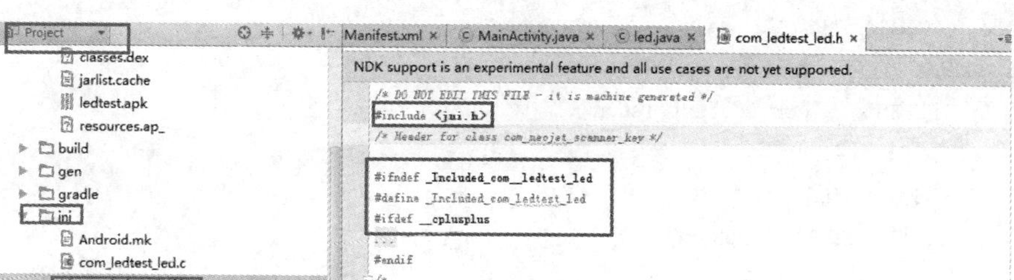

图 7.74　"com. ledtest_led. h"文件

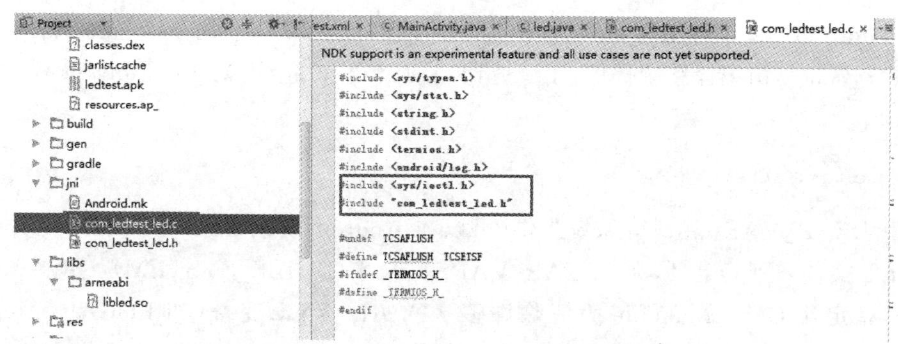

图 7.75　"com. ledtest_led. h"文件源码分析

```
    //打开/dev/leds 设备节点
   if(fd<=0)fd = open("/dev/leds", O_RDWR|O_NDELAY|O_NOCTTY);
   if(fd <= 0)__android_log_print(ANDROID_LOG_INFO, "serial", "open /dev/leds Error");
   else __android_log_print(ANDROID_LOG_INFO, "serial", "open /dev/leds Sucess fd = %d",
fd);
  }
//close 函数定义
JNIEXPORT jint JNICALL Java_com_topeet_ledtest_led_Close
  (JNIEnv * env, jobject obj)
  {
   if(fd > 0)close(fd);//关闭/dev/leds 设备
  }

//ioctl 函数
JNIEXPORT jint JNICALL Java_com_topeet_ledtest_led_Ioctl
  (JNIEnv * env, jobject obj, jint num, jint en)
  {
   ioctl(fd, en, num);//linux 下熟悉的 ioctl 函数,向底层发送控制命令
  }
```

Android.mk 编译 lib.so 库使用的文件,程序源码如下:

```
LOCAL_PATH := $(call my-dir)
```

```
include $(CLEAR_VARS)
LOCAL_MODULE     := led
LOCAL_SRC_FILES := com_ledtest_led.c
LOCAL_LDLIBS += -llog
LOCAL_LDLIBS += -lm
include $(BUILD_SHARED_LIBRARY)
```

程序解释：

```
LOCAL_PATH :=  $(call my-dir)
```

Android.mk 文件必须定义好 LOCAL_PATH 变量。它用于查找源文件。宏函数'my-dir'，由编译系统提供，用于返回当前路径（即包含 Android.mkfile 文件的目录）。

```
include $(CLEAR_VARS)
```

CLEAR_VARS 由编译系统提供（可以在 Android 安装目录下/build/core/config.mk 文件看到其定义，为 CLEAR_VARS：＝ $(BUILD_SYSTEM)/clear_vars.mk)，指定让 GNU Makefile 为清除许多 LOCAL_XXX 变量（如 LOCAL_MODULE，LOCAL_SRC_FILES，LOCAL_STATIC_LIBRARIES，...)，除 LOCAL_PATH 以外。所有的编译控制文件都在同一个 GNU MAKE 执行环境中，因此所有的变量都是全局变量。

```
LOCAL_MODULE:= led
```

LOCAL_MODULE 变量必须定义，用以标识 Android.mk 文件中描述的每个模块。它的名称必须是唯一的，不包含任何空格。注意的是编译系统会自动产生合适的前缀和后缀。被命名为 led 的共享库模块，将会生成"libled.so"文件（也可以直接使用 libled 命名）。

```
LOCAL_SRC_FILES:= com_ledtest_led.c
```

LOCAL_SRC_FILES 变量必须包含将要编译打包进模块中的 C 或 C＋＋源代码文件。不需要列出头文件和包含文件，但需要列出直接传递给编译器的源代码文件。

```
LOCAL_LDLIBS+ = -llog
LOCAL_LDLIBS + =-lm
```

编译模块时要使用附加的链接器选项。LOCAL_LDLIBS ：＝ -llog 表示告诉链接器生成的模块要在加载时刻链接到"/system/lib/liblog.so"可查看 docs/STABLE-APIS.TXT 获取使用 NDK 发行版能链接到的开放系统库列表。

include $(BUILD_SHARED_LIBRARY)在这里表示生成的是动态库。

UI 界面,如图 7.76 所示,实现两个 LED 灯的开关控制。

3. 本实验的实验源码

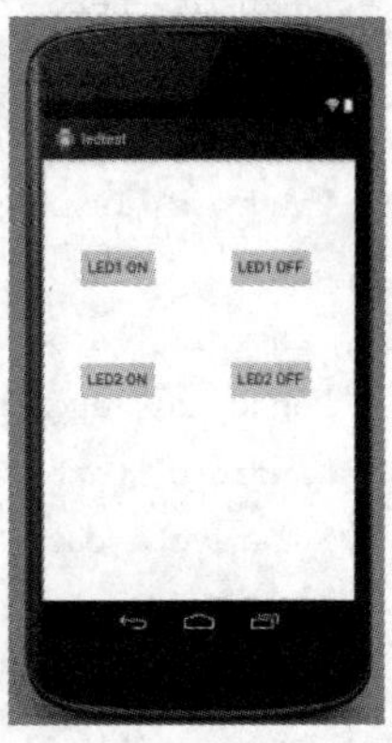

图 7.76 LED 项目的 UI 实验

(1) Layout 文件代码如下:

```
<RelativeLayout xmlns: android = " http://schemas. android.com/apk/res/android"
    xmlns: tools = "http://schemas.android.com/tools"
    android: layout_width = "match_parent"  //指定宽度铺满父窗口
    android: layout_height = "match_parent" //指定高度铺满父窗口
    //以下指定周边边距
    android: paddingBottom = "16dp"
    android: paddingLeft = "16dp "
    android: paddingRight = "16dp "
    android: paddingTop = "16dp "
    tools: context = ".MainActivity" >
    //定义按钮 LED1 OFF
    <Button
        android: id = "@ + id/button2"                          //新增 id
        android: layout_width = "wrap_content"
        android: layout_height = "wrap_content"
        android: layout_alignBottom = "@ + id/button1" //此按钮底部和按钮 button1 对齐
        android: layout_alignParentRight = "true"       //当前控件相对于父元素的有边缘
                                                          对齐
        android: layout_marginRight = "36dp"            //设置右边距 36dp
        android: text = "LED1 OFF" />                   //指定按钮的 text
    <Button
        android: id = "@ + id/button1"
        android: layout_width = "wrap_content"
        android: layout_height = "wrap_content"
        android: layout_alignParentLeft = "true"
        android: layout_alignParentTop = "true"
        android: layout_marginLeft = "28dp"
        android: layout_marginTop = "87dp"
        android: text = "LED1 ON" />
    <Button
        android: id = "@ + id/button4"
        android: layout_width = "wrap_content"
        android: layout_height = "wrap_content"
        android: layout_alignBottom = "@ + id/button3"
```

```
    android: layout_alignLeft = "@ + id/button2"
    android: text = "LED2 OFF" />
<Button
    android: id = "@ + id/button3"
    android: layout_width = "wrap_content"
    android: layout_height = "wrap_content"
    android: layout_alignLeft = "@ + id/button1"
    android: layout_centerVertical = "true"
    android: text = "LED2 ON" />
</RelativeLayout>                                              //采用的相对布局
```

（2）MainActivity.java 程序分析：

```
public classMainActivity extends Activity {
led led = new led();  //新建 led 灯控制对象
//定义 4 个按钮,和 UI 界面中的对应
private Button led1_on;
private Button led1_off;
private Button led2_on;
private Button led2_off;
@Override
protected void onCreate(Bundle savedInstanceState) {
  super.onCreate(savedInstanceState);
  // setContentView 调用显示 UI 界面
 setContentView(R.layout.activity_main);
  //以下 4 句是关联 UI 界面上按键和定义的按键变量
 led1_on = (Button)findViewById(R.id.button1);
  led1_off = (Button)findViewById(R.id.button2);
  led2_on = (Button)findViewById(R.id.button3);
  led2_off = (Button)findViewById(R.id.button4);

  led.Open();//调用 JNI 接口,打开 led 设备
  // setOnClickListener 点击监听事件,监听 onClick(View view)中写的方法
  led1_on.setOnClickListener(new manager());
  led1_off.setOnClickListener(new manager());
  led2_on.setOnClickListener(new manager());
  led2_off.setOnClickListener(new manager());
  }

class manager implements OnClickListener{
  public void onClick(View v) {//按键点击响应函数
     switch (v.getId()) {//获取点击对应的资源 id
     case R.id.button1:
```

```
            led.Ioctl(0, 1);//调用JNI函数控制led动作
            break;
        case R.id.button2:
            led.Ioctl(0, 0); //调用JNI函数控制led动作
            break;
        case R.id.button3:
            led.Ioctl(1, 1); //调用JNI函数控制led动作
            break;
        case R.id.button4:
            led.Ioctl(1, 0); //调用JNI函数控制led动作
            break;
        }
    }
}

@Override
public boolean onCreateOptionsMenu(Menu menu) {//创建菜单menu
  // Inflate the menu; this adds items to the action bar if it is present.
  getMenuInflater().inflate(R.menu.main, menu);//布局菜单menu
  return true;
}

static {
    System.loadLibrary("led");//调用libled.so库
}
}
```

7.3.3 实验步骤

(1) 导入 ledtest 工程

从菜单"File"中选择"Open"选项,如图 7.77 所示。

进入图 7.78,选择"ledtest 工程"中"build.gradle"文件。

单击图 7.78 中"OK"按钮,弹出"Building Gradle"窗口,如图 7.79 所示。

导入完成后,就进入 Android Studio 软件界面,如图 7.80 所示。

(2) 通过 Project Structure 来查看工程设置,如图 7.81 所示。

选择"Open Module Settings"选项,打开设置界面,如图 7.82 所示。

可以看到设置的 Gradle 版本和 Plugin 版本,如图 7.83 所示。

图 7.84 对应图 7.83 编译的 SDK 版本和 Build Tools 版本。

上图对应最小 SDK 版本和目标 SDK 版本。

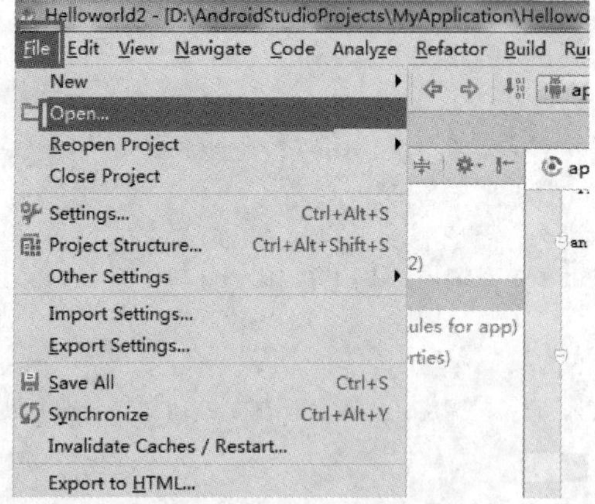

图 7.77　打开“Open”选项导入

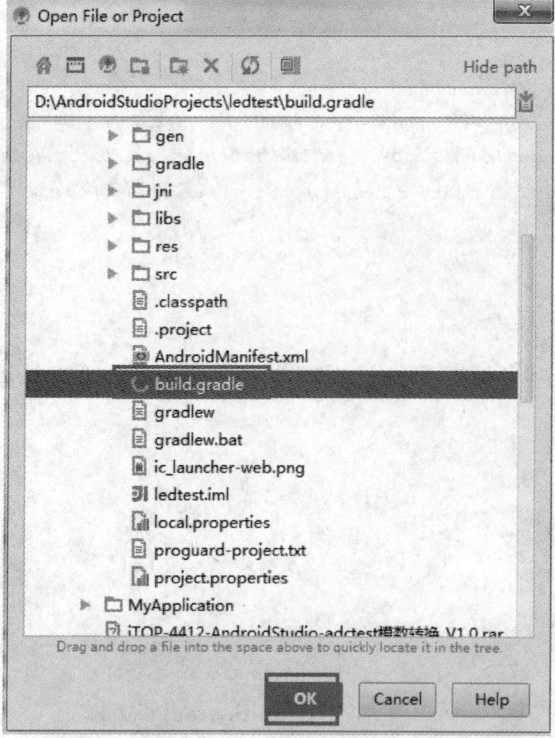

图 7.78　选择“ledtest 工程”中“build. gradle”文件

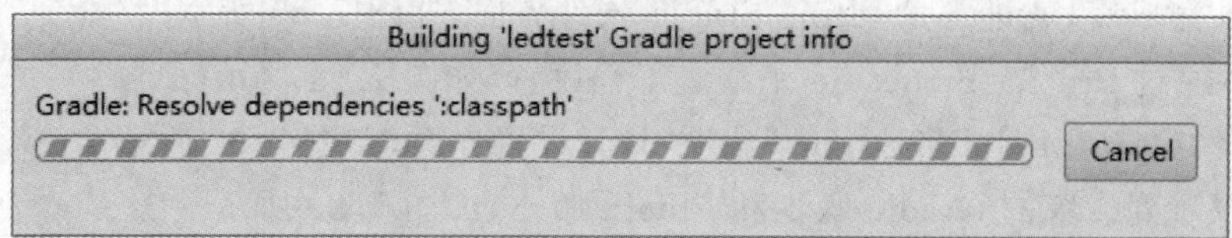

图 7.79　“Building Gradle”窗口

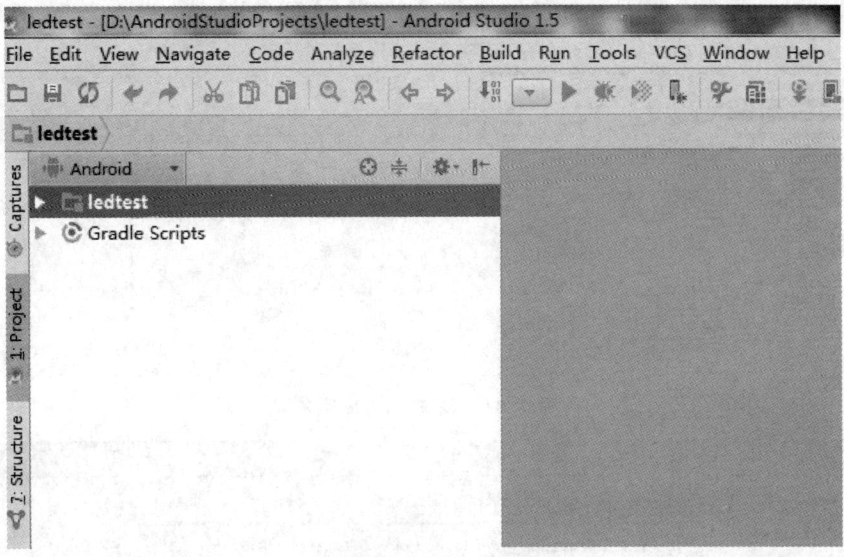

图 7.80　ledtest 项目

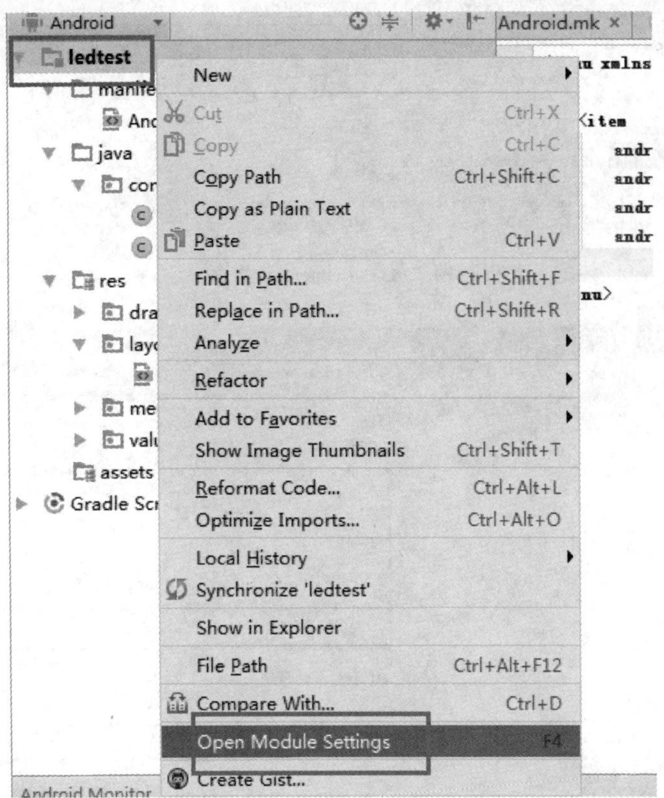

图 7.81　打开“Open Module Setting”选项

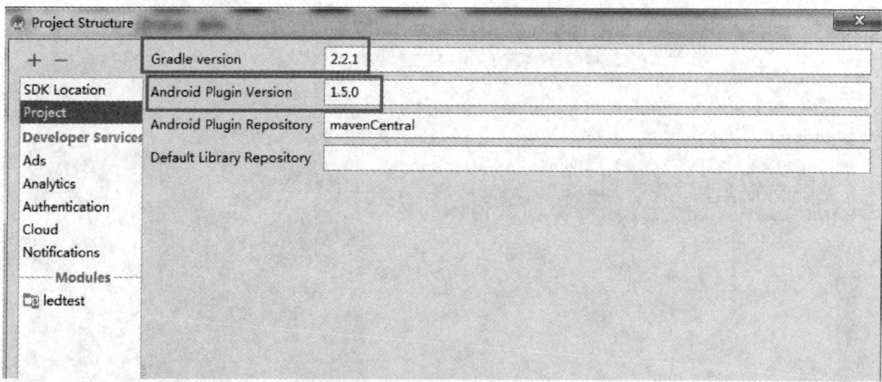

图 7.82　设置 Gradle 版本

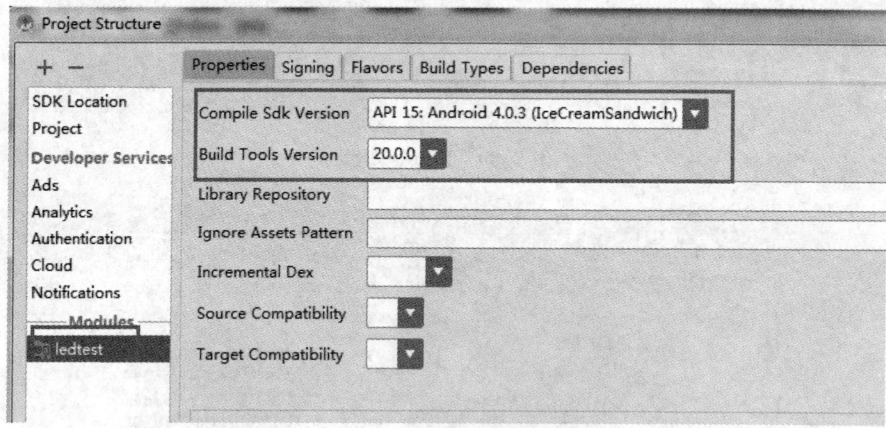

图 7.83　Properties 界面

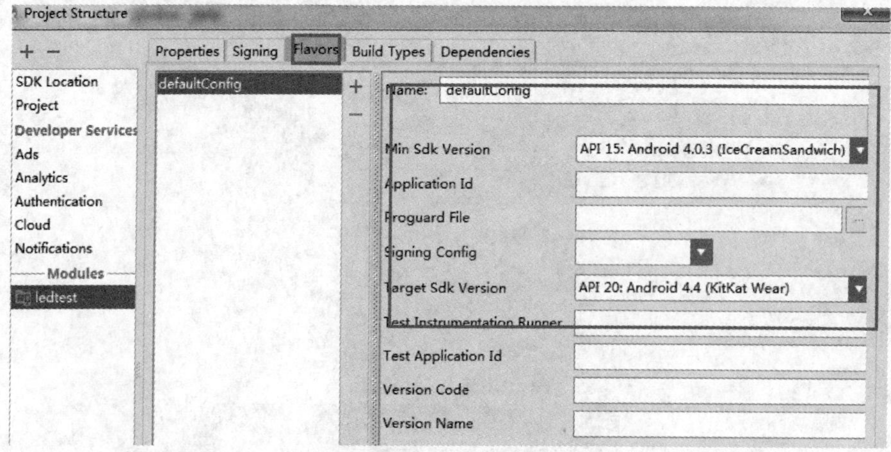

图 7.84　Flavors 界面

(3) 同步刷新 Gradle Projects，查看依赖是否存在问题，如图 7.85 所示。

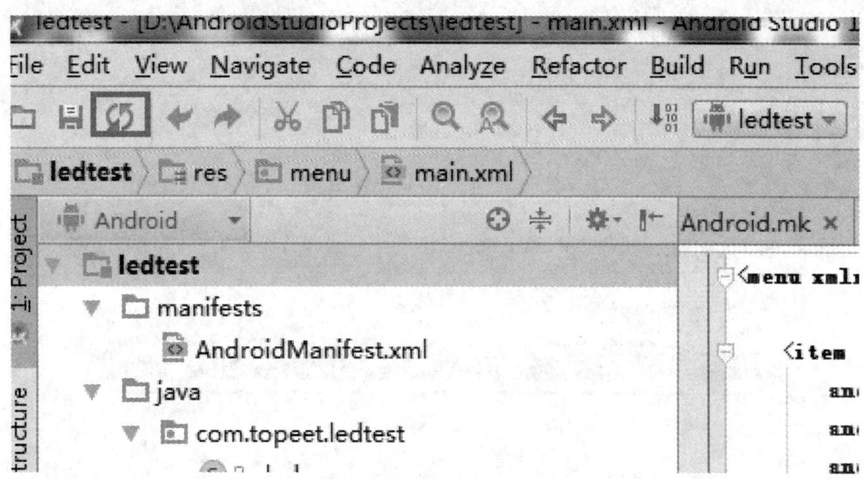

图 7.85　同步刷新

(4) 编译程序，如图 7.86 所示。

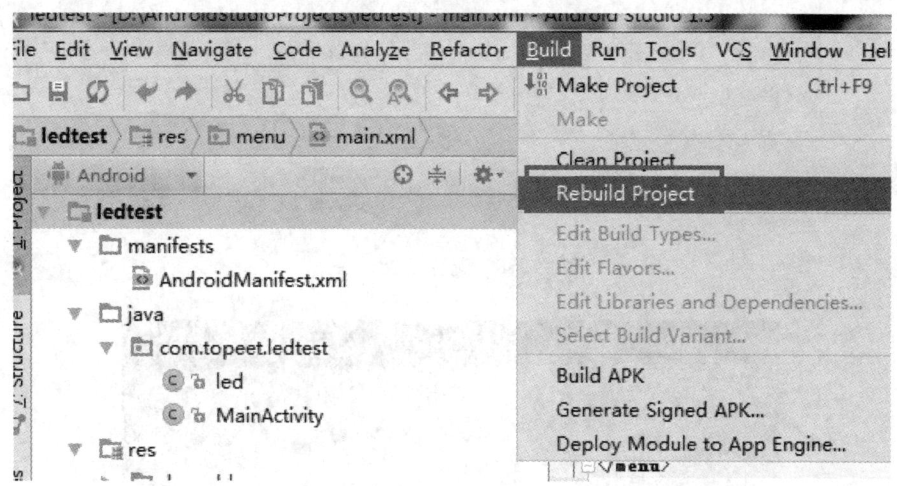

图 7.86　编译工程

(5) 用 USB 线连接 PC 和 MPTS－A9 教学平台的 OTG 接口，上电。参考上一个实验的设置，然后运行程序。单击"Run"，如图 7.87 所示。

运行 ledtest 工程以后，Android Studio 提示选择运行设备，如图 7.88 所示。选择此时的唯一设备，单击"OK"按钮。

如此 Android Studio 软件就把程序下载到 MPTS－A9 教学平台上，运行，液晶显示如图 7.89 所示。单击对应的按钮，LED 灯被控制。到此本实验完成。

图 7.87　运行 ledtest 工程

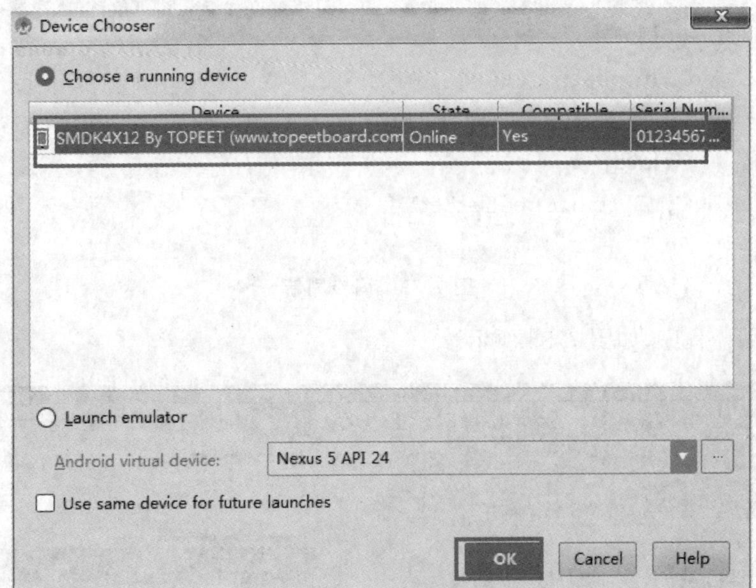

图 7.88　选择运行设备

图 7.89　MPTS－A9 教学平台显示 ledtest 项目

参考文献

[1] 曾毓,吴占雄. 嵌入式 Linux 系统设计实践教程[M]. 北京:电子工业出版社,2017.

[2] 朱华生,吕莉,熊志文,徐晨光. 嵌入式系统原理与应用——基于 ARM 微处理器和 Linux 操作系统[M]. 修订版. 北京:清华大学出版社,2018.

[3] IMX6 嵌入式教学科研平台 Linux 系统实验指导书 V3.0. 北京北京博创智联科技有限公司,2017.

[4] 张思民. 嵌入式系统设计与应用[M]. 第 2 版. 北京:清华大学出版社,2014.

[5] 克里斯・西斯蒙. 嵌入式 Linux 编程[M]. 王春雷,梁洪亮,朱华,译. 北京:机械工业出版社,2017.

[6] 田卫新,张莉莉. 嵌入式 Linux 程序设计[M]. 北京:清华大学出版社,2017.